地理视频大数据语义建模与分析

谢 潇 张叶廷 薛 冰 著

科 学 出 版 社

北 京

内 容 简 介

本书从地理信息科学的视角，挖掘监控视频网中的多维地理关联大数据核心价值特征，以地理视频内容的时空变化过程为创新切入点，融合传统视频内容语义和变化的地理环境语义，提出语义感知的地理视频大数据自适应组织新模式。全书系统介绍了地理视频内容的变化语义解析、面向时空变化的地理视频语义关联建模、网络监控环境多摄像机地理视频数据的内容变化特征、内容变化感知的多摄像机地理视频数据关联聚类方法等主要技术内容，并从提高涉案数据快速整合能力和案件知识理解效率的角度，介绍了应用系统实现的平台技术与综合实例。

本书可作为测绘地理信息相关学科的各类专业技术（管理）人员进行科学研究、教学、生产和管理等工作的参考书。

图书在版编目(CIP)数据

地理视频大数据语义建模与分析/谢潇，张叶廷，薛冰著. —北京：科学出版社，2023.3

ISBN 978-7-03-075120-1

Ⅰ.①地… Ⅱ.①谢… ②张… ③薛… Ⅲ.①地理信息系统-视频系统-数据采集 Ⅳ.①P208

中国国家版本馆 CIP 数据核字（2023）第 040741 号

责任编辑：董 墨 赵 晶 / 责任校对：樊雅琼
责任印制：吴兆东 / 封面设计：无极书装

科 学 出 版 社 出版
北京东黄城根北街 16 号
邮政编码：100717
http://www.sciencep.com

北京建宏印刷有限公司印刷
科学出版社发行 各地新华书店经销
*
2023 年 3 月第 一 版 开本：787×1092 1/16
2024 年 6 月第三次印刷 印张：12 1/4
字数：300 000
定价：**128.00 元**
（如有印装质量问题，我社负责调换）

前　言

地理视频是具有地理位置语义增强信息的视频。地理视频数据内容具有动态、实时和真实感地理场景表达的突出优势，符合人类分析、理解和决策的直观视觉感知认知特点。全网安防监控系统中动态产生 TB 级/天的实时视频流和总量 PB 级的视频档案由此成为智慧城市和城市安全领域普适化、社会化的重要战略性大数据资源。复杂城市环境中公共安全事件大范围流动、多阶段动态演化以及单体引发群体的多因素影响与并发不确定性等新特征，使涉案地理视频数据的空间范围迅速从局部扩大到整体。网络环境中离散的多摄像机地理视频由此产生包括视频内外监控场景和场景对象等在内的多要素间多维(时空、对象、行为、尺度等)地理关联的核心价值。我们将网络环境中多摄像机地理视频作为研究对象，从强调其"地理关联核心价值"的角度，称为地理视频大数据。

常用地理视频大数据组织策略由于缺乏数据内容相关性并存在数据组织粒度的核心机制局限，与公共安全事件复杂性特征间的矛盾日益突出。基于这类组织条件的涉案数据检索，不仅虚警输出规模迅速扩大，还存在急剧降低的涉案价值密度问题。复杂地理社会环境下应急需求的实时性、综合性与知识性，亟须发展地理视频大数据组织新机制，支持涉案数据的快速整合和案件知识的高效理解，该问题也由此成为智慧城市与城市计算等多领域以及计算机与地理信息系统等多学科共同关注的前沿科学问题，而我们很有幸加入这个问题的研究与探讨中。

本书的出版得到西南交通大学朱庆教授、德国慕尼黑工业大学孟立秋教授和武汉大学闫利教授的悉心指导和帮助。感谢在本书撰写过程中史振华、朱伟、郑善喜、郭霞等前辈们的关心和支持，同时感谢丁林芳博士、杨剑博士、周熙然博士给予的宝贵修改建议，还要感谢伍庭晨等同学的帮助。

由于地球空间信息学科和技术的发展很快，我们的视野有限，书中不妥之处敬请读者批评指正。

作　者

2022 年 12 月

目　　录

第1章 绪 论

视频监控系统是目前我国公共安全事件监测和应急管理的主要技术手段(高勇,
2010)。作为面向城市公共安全综合管理的物联网应用中智慧安防和智慧交通的重要组成
部分,以非结构化视频媒体数据为基础的安防监控信息已包含总量 PB 级甚至 EB 级的
历史档案和实时接入的大规模密集型视频流(李清泉和李德仁,2014;李德仁等,2014a,
2014b;Wang et al.,2012),它们构成国家公共安全和应急管理科技支撑体系的重要基
础数据,标志着安防行业面临大数据时代跨越式发展的战略机遇与挑战(Manyika et al.,
2011;牛文元和刘怡君,2012;Labrinidis and Jagadish,2012;曹建明,2013;Cukier and
Mayer-Schoenberger,2013)。复杂地理社会环境下应急需求的实时性、综合性与知识性
亟须新的监控视频处理模式支持数据的快速整合和知识的高效理解,从而真正发挥监控
视频的大数据价值,提高视频监控系统在突发公共事件中智能化处理水平与实时决策能
力(Jian et al.,2019;Wang et al.,2011;Kong and Liu,2011)。研究安防监控大数据深
层次且高效的知识表达理论与数据组织策略,正是当下的重大基础理论与核心科学问题
(Labrinidis and Jagadish,2012;Helbing,2013;Abbasi et al.,2016)。

面向上述科学问题,以下逐点介绍地理视频的概念及其数据组织研究背景,分析地
理视频作为大数据的价值内涵及自适应组织研究策略的意义,总结相关核心问题在国内
外的研究进展,并分析现有方法的适用性,最后提出地理视频大数据自适应关联组织研
究的目标与意义,阐述关键内容与概念边界,介绍总体方案与主要技术思路。

1.1 地理视频大数据组织方法科学研究的意义

1.1.1 地理视频大数据组织研究的背景与需求

城市化进程的快速发展在聚集财富的同时也在聚集风险,城市公共安全由此成为决
定国家安全形势的重要基石,并成为国家安防管理的重要命题(马凯,2009;李强,2010)。
突发公共事件(Public Emergency)因其严重的社会危害性成为国内外公共安全保障领域
的焦点(李强和顾朝林,2015)。日益严峻的社会安全形势迫切需要实现从传统事后处置
向主动预防模式的根本转变(Kwan and Lee,2005)。我国为此在《国家中长期科学和技
术发展规划纲要(2006—2020 年)》中特别强调"加强对突发公共事件快速反应和应急处
置的技术支持"。

视频监控(Video Supervisory)作为城市安防应急管理中最常用的技术手段,产生融
合空间信息技术和计算机视觉技术的监控视频,形成一类包含地理时空信息的新型媒体

数据，地理视频(Kim et al.，2003a)的概念由此被提出。作为感知环境动态变化的新型地理空间数据，地理视频不仅具有"侧面看世界"的能力，还具有对城市环境动态、实时和真实感表达的突出优势(刘学军等，2007；Lin et al.，2017)，能提供可量测的实景影像(李德仁和胡庆武，2007；Nie et al.，2012)，并能支持地理场景的增强现实(杜清运和刘涛，2007；宋宏权等，2012)；相较于其他数字信号类型的监测数据，地理视频的数据内容更加符合人类分析、理解和决策的视觉感知认知特点，有助于人们直观透彻地感知城市自然环境与人文活动规律。基于视频监控系统的突发事件感知和应急响应，成为应对城市犯罪高发、警力资源不足、人力成本过高等警务犯罪防控中现实挑战的有力手段，对于提升重大突发事件应急综合信息服务能力、提升突发公共事件危机应对水平均具有重要意义。为此，国务院启动平安城市战略，投入 3200 亿元在 660 个城市的交通要道和公共场所安装总数超过 2000 万台的监控摄像机，初步建成全世界首个大规模的多级(街道、区、市、省、国家)视频监控网(高勇，2010；杨淑珍和赵源，2010)，产生时空分辨率越来越高的 TB 级/天动态接入的实时视频流和总量 PB 级的视频档案。这些承载监控场景丰富信息价值的地理视频为公共安全和应急管理科技支撑体系提供了研究与应用的重要基础数据。

　　现有监控网获取的地理视频多以摄像机为数据采集基本单元，在接入并存储每个摄像机获取的地理视频数据的同时，基于摄像机时空参考信息，采取以行政区划为数据组织管理单元，并以交管、公安等职能部门为管理单位的分布式存档管理模式，以应对兼具数据密集与计算密集，并具有时效性的监控视频并行处理需求。典型的存档管理模式如图 1-1 所示，其中，数据中心作为元数据服务器，存储各子数据中心元信息；子数据中心在对其管理的几十至上千条监控线路进行区域划分的基础上，存储该区域内的所有视频数据；子数据中心的一个区域数据库存储该区域范围内所有监控线路获取的视频流信息；区域和子区域间通过摄像机时空元数据统一组织管理。因此，现有地理视频组织模式主要面向并适用于大数据流并行处理与持久存档管理。

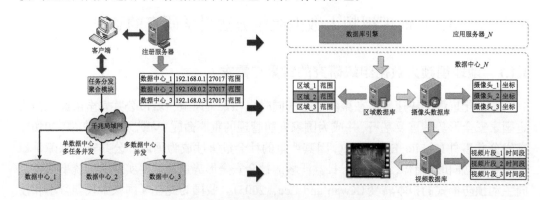

图 1-1　现有地理视频存档管理模式
基于摄像机时空元数据区划分组的分布式存储

　　然而，通过对涉案数据和案件信息进行快速整合和理解分析，可以发现，跨区域流动犯罪演变成为近 20 年犯罪的主要形式，流动犯罪已占各地犯罪总数 70%～90%(李志俊，2006；张璇，2007）；随着城市环境日趋复杂，公共安全事件逐步呈现出时间上多频次、空间上跨区域的多尺度流动性，以及多阶段演化、单体引发群体等多因素复杂性的新特征。这些特征一方面使涉案地理视频的时空范围从局部扩大到整体，迫使现有数据组织管理方式下的视频数据的处理范围和数据量急剧膨胀，大数据量和低价值密度的矛盾日益突出；另一方面还使涉案视频的内容特征从局部图像相似发展为全局内容相关，且相关性呈现地理空间局部稠密与全局稀疏特征（Heyer et al.，1999）。现有分散独立存档和局部解析分析的地理视频数据存档管理的组织模式，其由于缺乏"数据内容相关性"并存在"数据组织粒度的核心机制局限"，割裂了数据内容的整体性，制约了其知识的高效表达能力，从而导致现有组织策略与公共安全事件复杂性特征间的矛盾日益突出；特别是在涉案数据的检索中，基于现有组织条件的涉案数据检索，不仅存在急剧降低的涉案价值密度问题，还造成迅速扩大的虚警输出规模。由于缺乏信息的有机关联和检索的有效约束，监控视频检索局限于像素域中视觉特征的相似性分析，采取低维图像特征单模态独立匹配的主要方式进行；这种方式将产生低维图像与高维语义间的"语义鸿沟"（Semantic Gap）（Hauptmann et al.，2007；常军，2011），现有组织模式下的检索虚警输出难以避免（陆泉等，2014）：以目标检测方法为例，固定单路监控视频平均虚警数为 12%；然而，随着数据内容的多样性发展和数据规模的快速膨胀，搜索范围将急剧扩大，多路监控视频中目标检测的平均虚警输出率呈指数增长，从而需要大量的人工判读以获取真正有效的涉案信息。但考虑到人工判读时，人类视觉对两路及以上的视频图像进行连续观察将产生的错误与误差，如连续观察 12min 后平均错过 45% 的视频场景，甚至在连续观察 22min 后错过率将达到 95%（http://www.baike.com/wiki/视频浓缩）。因此，在现有数据规模的背景下，基于图像相似性检索策略的虚警输出信息量必将大大超出人工判读能力的极限（Zhong et al.，2014）。"查不准"的难题也直接导致当前监控视频信息量不断累积，难以有效应对新兴犯罪模式，极大地限制了全网监控视频的综合利用。

综上分析，面对现有分布式存储管理，且数据规模和复杂性急剧增长的全网地理视频数据集，如何在现有公共安全事件复杂演化新特征的背景下，高效准确地发现和获取涉案数据，成为以"从数据到决策"（Data to Decisions，D2D）为服务宗旨的监控网建设及其深度应用面临的瓶颈。为了满足应急需求日益迫切的实时性、综合性与知识性，"支持涉案数据快速整合和案件知识高效理解"的地理视频组织策略不仅是涉及计算机与地理信息系统（Geographic Information System，GIS）等多学科发展的基础理论，更是决定安防应急管理需求下地理视频数据集分析处理能力的科学问题，亦是视频监控系统理论方法与关键技术研究亟须解决的核心问题，因此，亟须发展缩小涉案知识深度挖掘所需搜索空间的地理视频数据组织技术，增强对涉案信息的准确定位能力，提高检索结果中的涉案价值密度，形成全网监控视频组织的新机制。

1.1.2 地理视频大数据价值特征与创新组织方法研究策略

随着监控网络的普遍大规模布设和联合监控作业，地理视频的生产方式从依赖传统社会媒体的被动运营阶段，进一步发展为自动感知阶段。生产方式的转变提供了既快又易的数据获取途径，使大范围地理视频动态持续地"整体获取"成为可能：全网地理视频动态、海量、多源异构的非结构化复杂数据集，由此呈现兼具大数据体量大(Volume)、类型多(Variety)、变化速度快(Velocity)的"外部特征"和高维关联、低价值密度(Value)、非平稳的"内部特征"(Chen et al., 2011；郑宇，2013)，不仅符合数字媒体大数据的定义，也符合典型的时空大数据特征。大数据的核心价值不在于其规模的"大"，而在于数据所反映的隐含规律或知识的"全"(李德仁等，2014a)；也取决于数据内容中全局相关等科学特性(Helbing，2013)；其少量依赖因果关系而主要面向关联性的任务，已成为大数据研究的主流科学模式(郭华东等，2014)。

　　相较于广义的时空大数据和计算机领域的专题数字媒体大数据，城市监控网络环境中多摄像联合获取的地理视频具有"面向多尺度城市运行空间整体获取"的特殊性(Mehboob et al.，2017)。城市运行空间是"城"所代表的地理空间和"市"所代表的人文空间紧耦合的二元空间，80%以上的城市运行信息涉及空间实体、实体的空间关系以及时空过程等空间概念(李德仁等，2014b)。由于地理空间的自相关特征，地理视频作为一类能够整体获取城市运行空间，并且紧密集成时空信息与媒体信息的新型地理空间数据，其数据内容所面向的城市运行过程，包括主要被关注的人文活动时间、地点、目的、行为方式、行为结果、影响以及对象间可能的交互关系，都具有与地理环境紧密相关的广域整体性；这种整体性决定了地理视频数据内容的地理属性与其非时空特征属性紧耦合，由此产生区别于传统数字媒体大数据存在于视频内外监控场景和场景对象要素之间的时空、对象、行为、尺度等多维地理关联的核心价值特征(He et al.，2017)。从重点刻画联网环境下地理视频之间全局地理关联的角度，将这类数据称为地理视频大数据(GeoVideo Big Data)。由此，地理视频大数据的独特价值不在于其海量的数据规模，而在于其对监控环境多时空尺度、多方位、多层次的全局展示，更在于其数据内容对应的多尺度城市运行环境中局部小尺度、阶段中尺度和多阶段联合的大尺度共同构成的多尺度复杂公共安全事件信息。时间、空间和尺度等地理要素间的多维相关性构成了挖掘和理解地理场景中复杂行为事件信息的基础(图 1-2)。

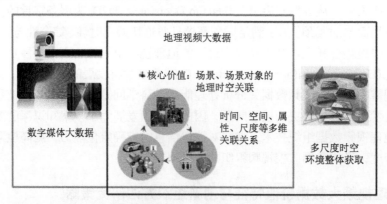

图 1-2　地理视频大数据价值特征：地理场景及场景对象的多维地理关联

　　综上分析，地理视频大数据存档组织管理对涉案数据快速整合和案件知识高效理解存在适用性的局限，因此"面向关联性"的大数据科学研究模式被重点关注，着重挖掘地理视频数据内容"多维地理关联"的大数据价值特征的组织研究策略被提出。这种策略的要点是在传统丰富视频内容语义的基础上,充分利用多维地理语义相关性发展地理视频大数据组织理论方法。

1.2　国内外研究现状及趋势

针对地理视频大数据关联组织研究核心问题,从视频/地理视频数据组织策略和关联机制两方面总结现有研究进展与趋势,分析现有方法适用性,归纳凝练自适应组织方法研究需要侧重考虑的科学问题。

1.2.1　地理视频数据组织策略研究

数据组织策略是决定数据应用能力的基础理论和关键问题。合理组织地理视频数据,可以有效缩小数据检索、分析和深度挖掘的搜索空间。传统地理视频数据的组织策略主要依托计算机多媒体领域的研究成果。面向视频数据高效检索的组织任务,分别从基于视频标注编目、基于视频低层图像特征以及基于视频高层语义信息三个层次归纳现有研究。

1. 基于视频标注编目的数据组织机制

基于视频标注编目的数据组织机制始于 20 世纪 70 年代末,是最早出现的一类视频数据组织研究机制(高广宇,2013),在如新闻、数字图像资源管理等领域中被广泛使用(谢毓湘等,2004;黄波士等,2005),并发展出一系列图像元数据标准和规范,包括 VRA Core、CDWA、Photo RDF、EXIF 等(宋宁远和王晓光,2015)。该组织机制的核心思想是:基于视频图像的文本标注信息,以编目形式构建数据列表,从而可以基于有序数据列表,构建以标注信息为检索关键域的索引结构组织视频数据;该组织机制实现的基本策略是在视频流的基础上叠加一个标注层,用于记录文本标注信息,具体实施则通过将视频流划分为逻辑视频段,对每一个视频段采用人工或半自动方式添加一个与之对应的文本注释(胡宏斌,2000),然后依据自由文本或图形符号等结构数据描述性注释信息访问视频数据。

根据关键问题的不同侧重,现有基于视频标注编目的数据组织方法研究可进一步划分为两大主题:①视频分割与标注定位;②特征识别与注释语言的结构建模。其中,在视频分割与标注定位的研究中,从分割策略的角度分类:对于无特定主题的流媒体视频,大多采用的处理方式为基于时长的视频分段分割方法,常用于简单且易于理解的视频文件存储(谢建国和陈松乔,2002;Bertini et al.,2002;吕金娜等,2009;陈利等,2010;Liu et al.,2014);对于面向特定主题,如固定场所的定点监控、新闻媒体、医疗视频影像与体育赛事等视频数据,则多采用融合数据压缩思想的基于变化检测的视频分段分割方法(Bouthemy et al.,1999;Gargi et al.,2000;余卫宇等,2005;Kushwaha and Srivastava,2015)。在另一个研究主题"特征识别与注释语言的结构建模"的研究中,其主要目标是实现编目语义的完整性、规范性和一致性,编目形式主要包括自然语句、关键词、源注释等类型(丁国祥等,2005)。在不同的编目形式中,自然语句的用户灵活和表达能力强,但计算机可自动处理的性能弱且存在主观判断造成的不精确性,容易导致检索过程中的匹配误差;关键词和源注释降低了表达形式的多样性,但限制了信息的完备性表达。

总体而言,基于视频标注编目的数据组织机制虽具有支持动态更新和多粒度的灵活性,但由于计算机视觉和图形处理技术的局限,通常采用人工或半自动方式实现文本标注(胡宏斌,2000;丁国祥等,2005),因此,其存在主观判断造成的不准确性,容易导致视频数据组织和检索过程中的匹配误差(CCF Multimedia Technology Committee,2013);此外,由于标注信息主要采用对视频图像的定性特征描述,因此结构性和可度量性较弱,对于地理视频数据而言,难以支持地理环境复杂性导致的图像内容多样性和多义性。

2. 基于视频低层图像特征的数据组织机制

基于视频低层图像特征的数据组织机制是基于视频图像视觉特征,包括颜色、纹理、形状和运动信息等特征模型构建索引的视频组织机制,伴随着基于内容的视频数据组织需求,其在 20 世纪 90 年代应运而生(余卫宇等,2005;王煜等,2007;CCF Multimedia Technology Committee,2013)。该组织机制实现的主要思想是:基于静态的颜色、形状、纹理及其分布和动态的运动等单一或多视觉特征空间的定量描述来进行数据访问(Flickner et al.,1995;罗霄月等,2022)。其中,视觉特征通常采用人工辅助或基于先验知识的自动分割获取;在分割精度方面,形状特征要求更高精度的分割而颜色分布等可采用粗糙分割(Rui et al.,1999)。

根据关键问题的不同侧重,现有相关研究主要分别面向:①视觉特征提取;②索引构造;③基于特征的压缩存储设计三方面展开(Zhu et al.,2005;Bloehdorn et al.,2005);特别地,对于大规模视频数据库的检索系统设计,对大量视觉特征进行压缩编码,并采用内外存协同的方式分别管理索引和源数据以提高系统检索效率成为当前研究趋势(CCF Multimedia Technology Committee,2013)。

总体而言,基于视频低层图像特征的数据组织机制面向视频的定量特征描述建立组织视频数据(杨朝阳和刘永坚,2013;刘振东等,2020),克服了文本标注结构性和可度量性的技术难题,有助于实现高自动化,是服务于现有安防视频、图像等多媒体检索的主要数据组织机制。然而,其受视觉低层次特征的局限,因"语义鸿沟"的存在难以体现视频高层语义内容、语义关系及其变化特征,其是造成面向公共安全的地理视频检索虚警输出膨胀的主要原因。

3. 基于视频高层语义信息的数据组织机制

基于视频高层语义信息的数据组织机制是基于高层语义概念构建索引的视频组织策略,于 21 世纪初被提出,已成为当前视频检索的研究热点(CCF Multimedia Technology

Committee，2013）。尽管现有对高层语义信息的具体内容有多样的理解和定义，但对其内涵的基本共识是人能够从图像或视频中所得到的信息，包括视频中存在的重要对象、对象关系及背后所隐含的内容（余卫宇等，2005）；其组织机制的最终目标是实现计算机自动理解人的行为并做出相应反应。

现有基于视频高层语义信息的数据组织机制研究主要面向：①视频语义建模；②视频事件识别和标注。其中，视频语义建模主要面向从低层特征到高层语义概念间的映射方法展开，核心问题是视频内容中包含的对象、事件及其相互关系的表达，其可以为语义查询提供检索入口和特征依据（Agius and Angelides，2001；Xiu et al.，2018）；王煜等（2007）详细归纳了现有地理视频语义模型，并针对建模表达能力建立了评价准则：已有面向较高抽象层次和适应不同查询需求的多种丰富语义模型被提出，除了可以支持时空查询、聚集查询、浏览等查询方式外，还可以支持连续视频对象、事件、属性及其局部范围时空关系查询，一些模型还具备对查询重写、利用推理进行查询求解中等特性，已能在一定程度上满足基于语义内容相似性的视频语义查询需求。视频事件识别与标注的关键问题是有效地抽取和表述事件特征，以及根据得到的特征进行建模和分类，这类方法主要基于模板匹配、基于状态空间、基于参数模型和基于半监督学习进行分析，研究目标跟踪、特征提取和简单理想事件识别等问题（Kompatsiaris and Hobson，2008），基于高层语义关联的视频数据组织能够充分利用地理视频蕴含的丰富时空语义，地理视频的高维度语义关联有助于发掘地理视频对象和地理实体之间的语义相似性和复杂时空关联，其适合地理视频数据的关联分析与检索，具有很大发展潜力和研究空间。

然而，考虑到现有研究的整体技术水平仍处于初级理论探索阶段（CCF Multimedia Technology Committee，2013），特别是公共安全事件大范围流动、多因素演化的新特性导致地理视频大数据所记录的行为事件同时具有时空跨度大、行为多阶段演化和阶段内行为相似、阶段间行为相关的特性，现有基于理想模板的视频事件识别研究难以支撑空间媒体大数据的多尺度复杂行为事件理解；同时，地理环境时、空、对象、尺度等要素之间的复杂关系和动态演化使得地理视频语义内容和语义关系的表达变得繁复困难，现有侧重对象内容的语义描述模型缺乏多尺度语义和所涉及专题的约束表达，也难以支持地理视频大数据的准确语义检索，是限制地理视频大数据安防能力的瓶颈。

4. 现有地理视频数据组织策略小结

综上所述，现有地理视频数据组织策略研究主要面向通用视频媒体特征的精细化定量定性描述。表 1-1 归纳了典型的地理视频数据组织策略发展的优势和针对跨区域感知的适应性挑战。

表 1-1 地理视频数据组织策略研究现状对比分析表

典型组织策略	优势	适应性挑战
基于视频标注编目	结构简单，灵活性、交互性强；技术需求性低；支持对多种粒度数据的标注；支持动态、增量地创建和修改	人工参与具有局限性，自动能力弱，且存在标注的多义性；仅能实现视频数据的定性描述，结构性和可度量性弱

续表

典型组织策略	优势	适应性挑战
基于视频低层图像特征	自动化程度高；结构性和可度量性强	受视觉低层次特征的局限，因"语义鸿沟"的存在，难以体现视频高层语义内容、语义关系及其变化特征
基于视频高层语义信息	支持对象、事件及局部关系等语义信息的描述，已能满足部分视频语义查询的需求	侧重语义描述而缺乏多尺度语义相关和领域相关约束

(1)在内容的侧重方面，缺乏兼顾低价值密度数据特征和复杂图像内容抽象表达的研究，所以难以实现用最少量和形式化的表达体现地理视频大数据的最大价值。因此，发展针对地理视频大数据多尺度复杂行为事件本体模型和阶段演化模型，以及实现针对地理视频场景和场景对象精简紧凑的结构性语义表达，成为支持地理视频大数据的高性能组织和自适应检索的研究方向。

(2)在内容的组织方面，主要支持单一或顺序的关键域，缺乏多维信息关联约束的表达，限制索引结构多特征域的扩展。由此可见，相对于专题监控应用中日益迫切的面向监控场景多尺度复杂公共安全事件信息的地理视频关联约束检索需求，现有地理视频组织策略应用功能单一、检索方式单调；不仅缺乏与地理环境中监控场景的耦合交互能力，也缺乏面向地理视频事件价值特征的组织与关联检索核心机制，因而制约了视频数据的检索效率和准确性，导致大数据环境下快速膨胀的虚警输出规模。因此，需要在突破地理视频表达机制的基础上，发展多维特征约束的地理视频组织机制。

1.2.2 地理视频数据关联机制研究

空间信息技术、计算机技术和网络通信技术的快速发展，为具有时空信息的地理视频数据获取提供了支持(宋宏权，2013；赵维淞等，2020；游雄和田江鹏，2020)。根据地理信息与视频的不同融合方式，现有地理视频数据关联机制研究主要可分为以下两类：①地理信息系统领域基于摄像机时空参考信息的关联机制；②计算机领域基于视频图像内容语义信息的关联机制。

1. 基于摄像机时空参考信息的关联机制

在监控网络普遍大规模布设的环境下，地理视频数据大范围动态持续获取，使地理视频的存储与利用成为当前国际上地理空间信息领域的研究热点和新兴产业增长点：早在1978年，麻省理工学院的Lippman教授首次将视频影像与空间位置集成，面向地图视觉增强(Visual Enhancement)的超媒体地图的概念被提出(Lippman，1980)；随后多媒体数据逐步被引入GIS领域，空间视频(Spatial Video)和地理超媒体系统(Geographic Hypermedia System)的理论方法得到系统发展(Nobre and Câmara，2002；Stefanakis and Peterson，2006；Klamma et al.，2006)；与此同时，庞大的市场需求也促使了研究成果的产业化，大型商业公司和科研机构也开始重视视频GIS技术探索，如北京世纪乐图数字技术有限责任公司的 i-Patrol 视频监控设备,其融合了全球定位系统(Global Positioning System, GPS)的相机具备在拍摄时同时记录 GPS 数据的功能;一系列地理视频相关的原型系统框架也相继被提出,典型的如视频地图(Video Mapping)系统(Berry, 2000)、GeoVideo 原型系统(Kim et al., 2003b)等;此外,大型商业公司和科研机构也开始重视视频 GIS 技术探索,如 Microsoft 推出的 Live Maps、Google 地图加入的 StreetView 功能、Skyline 推出的 Video on Terrain、ArcGIS 在最版本中加入的视频图层(Video Layers)、开放地理空间信息联盟(Open Geospatial Consortium, OGC)也发布了面向 GIS 的 GeoVideo Web Service 草案。

地理视频的时空属性决定了 GIS 在地理视频大数据关联表达和组织中扮演的核心基础作用(Lewis et al., 2011; Miller and Goodchild, 2014; Aleksandar et al., 2016)。将具有空间参考信息的地理视频和 GIS 融合已成为国际上地理空间信息领域的研究热点,其进一步促进了其与视频的融合研究并发展出新一代多媒体 GIS——视频 GIS(Video GIS):GIS 日益强大的综合分析、解析分析、定量分析和可视化分析等功能,使其成为人们在广泛的领域内理解现实世界和解决复杂地理问题的重要工具,尤其是 GIS 的地理空间信息处理优势,能为地理视频大数据的关联提供统一的地理框架和基本的地理参考基准,因此其是进行全局时空关联的核心纽带。地理视频大数据作为一类新型时空数据是 Video GIS 组织管理与分析应用的核心数据内容(刘学军等, 2007; 朱杰和张宏军, 2020)。

视频影像与摄像机空间参考信息的融合是现有超媒体地图系统和多媒体 GIS(包括 Video GIS)中,视频与地理信息融合的主要模式。该模式从融合的空间参考信息内容差异和逐步丰富的发展趋势出发,可分为以下三个阶段:

(1)融合视频获取时相机的 GPS 定位信息,这类方法通过视频数据空间化的方式实现视频拍摄的空间位置标定,其实现方案根据标定模式主要分为时间关联模式(Lippman, 1980; Openshaw et al., 1986; Negroponte, 1996)、定位信息与视频信息实时调制模式(Berry, 2000; Nobre and Câmara, 2002; Hwang et al., 2003)和元数据文本描述模式(Kim et al., 2003a)。

(2)同时融合相机 GPS 定位信息、姿态和相机参数,这类融合表示的是摄像机 GPS 定位信息基础上的扩展(Christel et al., 2000; Kim et al., 2003a; 刘学军等, 2007; O'Connor et al., 2008; 孔云峰, 2010; Kim et al., 2010; 宋宏权等, 2012; Zhang and Zimmermann, 2012; 韩志刚等, 2013; Miller and Goodchild, 2014; Zhao et al., 2015a; Aleksandar et al., 2016),由于信息量的增加,其实现方案主要采用视频元数据的描述形式。

(3)融合相机成像的视锥体、视景体模型(Lewis et al., 2011)。这类方法的主要融合形式是在视频流的逻辑视频段叠加标注层。

归纳这几个阶段的数据关联的表达能力:

(1)GPS 定位信息很好地支持了视频影像与空间位置的映射,为视频影像与空间数据的交互检索提供了支持,统一的空间参考基准也为多视频数据提供了基于空间位置全局关联的基础,广泛应用于基于二维地图的视频 GIS 系统中。

(2) GPS 定位信息、姿态和相机参数共同描述了视频图像完整的成像关系，提供了视频图像特征与地理空间配准的基础，为视频图像解析、几何量测、3D 地理场景建模等提供了支持，是视频面向三维地理环境融合的有效方式。

(3) 视锥体、视景体模型提供了地理视频场景描述的基础，有助于将地理空间信息与监控对象、监控区域的视频或模型信息相结合，支持重点目标的可定位实时监控以及顾及视域的视频覆盖分析、警戒线分析和包围圈分析等基于 GIS 的分析功能。

然而，这类方法缺乏对地理视频场景对象的表达，因此无法表示地理视频大数据所记录的对象之间、事件之间以及对象和事件之间复杂的关系。

2. 基于视频图像内容语义信息的关联机制

视频图像与内容时空信息的融合是现有计算机多媒体领域研究中，视频与地理信息融合的主要方式。这类融合方式主要面向视频内容所涉及的时空对象，基于视频内容的时空信息建模，实现视频图形对象和语义对象的时空信息及对象间关联关系的表示。根据内容差异，融合的空间信息可分为以下三类：

(1) 关联视频帧中的地理对象及其空间位置(Rui et al., 1999; Koh et al., 1999; Agius and Angelides, 2001; Lin et al., 2002; Navarrete, 2006; Cai et al., 2015; Olawale et al., 2015)。

(2) 关联连续视频序列中地理对象的时空连续性信息(Pissinou et al., 2001; Lin et al., 2002; 许源, 2006; Ren et al., 2009; Haan et al., 2010; Caudle and Vitt, 2015)。

(3) 关联连续视频序列中视频对象和事件及其关系等元素的时空特征(王煜等, 2007; 陈贤明和王小铭, 2007; Kompatsiaris and Hobson, 2008; Ren et al., 2009; Yin et al., 2015; Xue et al., 2016)。这些方法主要是基于 MPEG-7 多媒体内容的 XML 文件，其中用于描述视频图像或视频流的逻辑视频段数据可以用来实现融合。

归纳这几种类型的数据关联的表达能力：

(1) 地理对象及其空间位置提供了帧对象内"地理对象间空间关系描述"的基础，支持视频图像中对象空间位置的查询以及包含指定地理对象的视频数据的查询。

(2) 逻辑视频段中对象的时空连续性支持了视频序列内容中地理对象运动轨迹的空间关系分析与查询，开始对面向视频内容的时空特征的操作和检索有了一定的支持。

(3) 描述连续视频序列中视频对象和事件及其关系等元素的时空特征的综合信息，有助于连续视频序列内容语义查询。

然而，这类方法主要面向视频内容的对象特征、视频图像中相邻/连续视频片段中的局部时空关系描述，因此难以支持大尺度时空下，地理视频内容时、空、对象、尺度等要素之间多维复杂关联表示。

3. 现有地理视频数据关联机制小结

综上所述，表 1-2 归纳了现有地理视频数据关联机制研究的优势与适应性挑战。

表 1-2　地理视频数据关联机制研究现状对比分析表

	典型关联机制	优势	适应性挑战
基于摄像机时空参考信息	基于视频获取时相机的 GPS 定位信息的关联	① 为视频帧提供了统一的空间参考基准，建立了空间位置与视频帧的映射，支持视频帧的空间索引，支持视频影像与空间数据的交互检索，支持视频数据基于空间位置的全局关联	仅面向摄像机的空间信息，缺乏对视频内容时空信息的描述和关联的表示，难以支持对视频内容时空特征的操作和检索
	基于相机 GPS 定位信息、姿态和相机参数的关联	② 在优势①的基础上，还原了成像关系，支持视频图像特征与地理空间的配准，支持视频图像解析、几何量测、3D 地理场景建模	
	基于相机成像的视锥体、视景体模型的关联	③ 在优势①、②的基础上，还支持视域分析相关的视频覆盖分析、警戒线分析和包围圈分析等基于 GIS 的查询分析功能	
基于视频图像内容语义信息	基于视频帧中的地理对象及其空间位置的关联	④ 提供了帧内地理对象间空间关系描述的基础，支持视频图像中对象空间位置的查询，以及包含指定地理对象的视频数据的查询	仅面向视频内容局部小尺度时空关系，支持的关联类型简单，缺乏大尺度时空下地理视频内容中时、空、对象、尺度等要素之间多维复杂关联关系的基础，难以支持视频数据的全局关联表达
	基于连续视频序列中地理对象的时空连续性信息的关联	⑤ 在优势④的基础上，还支持连续视频序列内容中地理对象运动轨迹的空间关系分析与查询，开始对面向视频内容的时空特征的操作和检索有了一定的支持	
	基于连续视频序列中视频对象和事件及其关系等元素的时空特征的关联	⑥ 在优势④、⑤的基础上，支持连续视频序列内容语义查询	

（1）在 GIS 领域，由于 GIS 长期面向具有结构性、体量有限性和静态持久性特征的传统空间数据进行表达、组织存储和管理研究，在数据结构上不仅几乎没有涉及非结构化数据类型，也缺乏对地理对象或地学现象的成熟表达方法。因此，难以实现结构化地理实体数据和与之异构的，具有非结构化、连续并无限增长特性的流质地理视频数据的统一表达、管理和分析。地理视频和地理实体间矛盾且对立的数据特征，使传统 Video GIS 难以将包含大量地理实体及其多媒体属性的地理视频进行整体表达，GIS 领域的地理视频关联方法也受限于地理视频摄像机的时空参考信息，进而难以在整体视频流的数据粒度层次建立时间序列和空间位置的时空数据关联映射。现有 GIS 领域的地理视频模型研究，主要面向摄像机空间参考信息与视频影像的关联表示，基于此，上述系统均主要将地理视频处理为以"时长基准"或"固定场景背景基准"分割的整体数据块，并以时空元数据标签描述（XML/KML/GeoRSS 等）的方式进行可定位视频媒体文件组织、存储与管理，以支持利用摄像机时空参考信息，实现与地理空间位置/时间相关联的交互调用或实现三维场景的增强现实可视化表达（Wang，2013；李锋等，2018）。这些关联方法与建模方法虽然为地理视频影像与空间位置的映射和交互检索提供了支持，统一空间参考基准下的摄像机坐标信息也为多摄像机地理视频数据提供了的外部关联基础；但相较于含义丰富的高维视频内容，其支持关联信息项单一，仅适用于整体地理视频数据与摄像机 GPS 时间或定位信息间的相互调用与查询，难以支持视频内容中监控对象、监控区域与地理环境信息的关联，特别是难以支持低价值密度的地理视频内容中非连续和跨区域监控场景动态演化过程的关联（孙新博等，2018；徐丙立等，2017）。

(2) 在计算机领域，基于内容的视频检索需求促进了视频语义建模的发展，这些模型不仅为基于视频内容的时空查询和推理奠定了基础，也促进了视频事件探测等专题研究的发展；计算机领域的相关研究虽然面向视频内容，但主要侧重于从局部时空关系角度，建立其在单帧视频图像内或连续有限视频帧间的时空关联映射。研究虽然涉及视频内容中图形对象、语义对象及其时空关系，但由于其主要面向特定场景中对象识别、跟踪和事件探测等微观尺度或小尺度中的局域问题，在数据的关联方法中主要采用实体对象的距离和方位等空间关系为关联要素，进而在视频帧的粒度层次，建立独立视频帧间对象特征的相似性关联，或连续视频序列中对象的局部空间关联。这些关联方法缺乏对地理空间宏观格局的语义和语境思考，难以支持跨时空区域问题所需要的语义关联，特别是离散时空窗口下面向多尺度地理问题的视频内容关联。由于与局部数据对应的是对象在特定地点的短时行为，因此其也难以实现对数据中所蕴含的多尺度复杂行为事件信息的理解。

1.3　地理视频语义关联的复杂性与数据组织的关键问题

面向语义关联的地理视频大数据组织策略符合大数据研究的科学研究模式。然而，虽然地理视频大数据内容包含了丰富时空语义，但复杂城市环境中公共安全事件和多级监控网络中监控场景的复杂性，将共同导致地理视频大数据中时间、空间、属性等地理信息基础维度间错综复杂的关联关系。从成因角度，地理视频数据关联的复杂性可以归类为以下两方面。

1.3.1　复杂性一：城市地理环境中事件过程的复杂性

复杂城市环境中的人口、资源、设施及其安全性等方面的变化日趋频繁，呈现出多维高动态的时空演变特征。复杂城市环境下行为事件的高突发性和动态演化的不确定性，使得公共安全事件不仅具有大范围流动性，还具有多因素复杂性，具体表现如下。

(1) 大范围流动性：公共安全事件的大范围流动性体现在时间上的不确定、涌现性、多频次以及空间上的非线性、跨区域特征，使得涉案数据的时空分布参数与分布状态呈现出典型的非平稳特征，涉案数据的时空范围从区域扩大到整体。

(2) 多因素复杂性：公共安全事件的多因素复杂性体现在内容的多阶段演化和内容中"对象、场景、行为"等多要素并发特征。各要素间存在普遍的非线性相互作用，使涉案数据从局部图像相似发展到全局范围各阶段内的行为相似与阶段间的行为相关。

高时频监控视频的数据内容反映和表征着复杂城市监控环境中的自然规律、社会现象和科学过程，由于这些规律、现象和过程的内在自相关性，因而其外部表征数据也具有高度的数据相关性和多重数据属性，这反映在监控视频时、空、对象、尺度等要素之间相互作用、相互依赖、相互制约，既存在同尺度要素的横向关联，也存在不同尺度间的纵向关联，同时还可能存在跨不同语义空间和时空尺度的多层次关联。

1.3.2 复杂性二：监控场景多级摄像机布设的复杂性

单摄像机存在成像视域和视角的时空局限性，监控系统普遍采用多摄像机网络联合采集监控数据。城市大立体环境下的监控网由此构成了一个室内外立体综合的联动体系，地理视频内容也由此存在多摄像机成像产生的场景间时空关联关系。其复杂性具体表现在面向室内外多语义层次和多时空尺度的监控场景。

（1）多语义层次室内监控场景：在室内空间，面向"功能单元—楼层—建筑部分—建筑整体"建筑结构，构成多语义层次的室内监控场景。室内建筑环境（特别是为人们进行各种公共活动提供的公共建筑内部环境）具有立体的空间拓扑结构、复杂且空间密集的功能语义划分与语义关系。不同层次室内语义对象在空间结构组成上，同一楼层内呈现空间上的横向分布，不同楼层之间呈现空间上的纵向分布。建筑结构空间和分布于建筑物内部的摄像机成像区间在几何上交错分布，因此摄像机成像区间呈现跨室内建筑语义对象横纵分布的特点，使得监控视频内容与室内语义场景间呈现多对多的交错映射关系，如图 1-3(a) 所示。

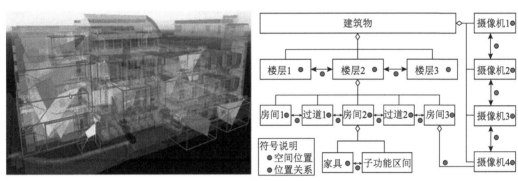

(a) 面向多语义层次建筑结构的室内监控场景

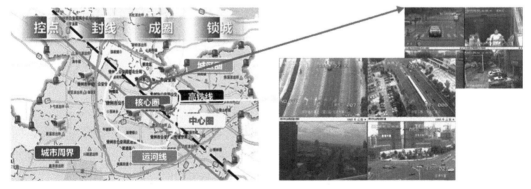

(b) 面向多级行政区划与多级交通网络的室外监控场景

图 1-3 监控场景多级摄像机布设的复杂性示意图

（2）多时空尺度室外监控场景：在室外空间，面向多级行政区划与多级交通网络构成"控点、封线、成圈、锁城"的监控场景。监控网的多尺度布设使不同摄像机对应的地理场景存在多样关联性，可主要归纳为：①多传感器类型（Multi-kinds of Sensors），现有公安与交管系统中采用的枪式摄像机、半球/球式摄像机普遍存在"低分辨率小视角"

和"高分辨率广视角"的特征，对不同类型摄像机的多分辨率关联表达，有助于侦察工作对低分辨率数据的快速搜索和高清数据的目标快速定位。②多视点(Multi-view)，基于视频数据外部特征中摄像机位置语义，描述隶属指定语义位置范围的摄像机获取的地理视频数据间的关联关系，如共同监控某街道日常生活的若干摄像机拍摄的地理视频。③多视角(Multi-perspective)，基于视频外部特征中摄像机成像的语义特征，描述共同存在的成像时空区间，或在指定时空区域内存在交集的地理视频镜头间的语义关系。多视角关联关系具有关联的可传递性，如镜头 A 与 B、镜头 B 与 C 分别存在多视角关联关系，则镜头 A 与 C 也存在多视角关联关系。该语义关系可用于如监控盲区分析、摄像机网络规划分析等应用中数据的快速检索，为实时巡逻警力部署等专业需求提供支持。④多时间粒度与多时空分辨率(Multi-level Spatial-temporal Resolution)，基于视频数据外部特征中不同类型摄像机的多分辨率特征语义，描述具有不同分辨率且存在共有成像时空区间的地理视频镜头间的语义关系，如图 1-3(b)所示。

此外，不同场景片段间还存在时空窗口的重叠性和间断性等特征，其中，视角和尺度异构条件下的重叠场景将存在时空语义匹配的一致性分析问题，而场景的间断性则需要处理监控盲区时空演化推演等问题(宋宏权，2013)。

1.3.3　面向复杂性的地理视频语义关联组织关键问题

综上可见，面向地理视频大数据的多维地理相关核心价值，不仅公共安全事件自身的复杂性使其全局时空关联关系的定义和映射规则的表达变得异常困难，而且监控场景的复杂性还进一步加剧了时空关联关系解析的复杂度。为了支持地理视频大数据中多尺度复杂行为事件信息的数据快速整合和对事件知识的高效理解，地理视频语义关联组织要点需求如下。

(1)要点 1：(针对复杂性一)城市地理环境中事件过程的复杂性造成了地理视频数据内容复杂的多维相关关系，加深了关系理解、抽象表达与利用的难度。因此，需要深刻理解地理视频内容蕴含的复杂公共安全事件的时空特征和动态演变规律，建立地理视频数据中地理对象、地理场所、活动过程等要素和公共安全事件之间的深度关联模式，支持对公共安全事件外在时空格局和内在演化规律的综合表达。

(2)要点 2：(针对复杂性二)监控场景多级摄像机布设的复杂性造成了涉案相关地理视频数据的复杂时空离散分布，加剧了现有存档管理方式下的时空检索局限。因此，需要准确认识离散视频监控场景和连续城市监控环境的对应关系，实现时空尺度离散分布的地理视频间的全局关联分组聚集，灵活支持对公共安全事件连续演变过程和发展态势的整体感知。

基于以上要点，语义关联的地理视频大数据组织核心机制研究的关键问题如下。

(1)关键问题 1：(针对要点 1)如何抽象地理视频的多维关联关系，实现高效的事件知识表征；如何有效地集成地理视频大数据各维度的时空语义信息，发展更高层次的关联表达机制，支持其广域范围下全局统一的语义关联表达；如何抽象地理视频和地理实体对象之间的关联类型和映射规则，支持视频内容动态信息深层次秩序的挖掘和多尺度复杂行为事件的语义理解。

(2)关键问题 2：（针对要点 2）如何实现高效表征事件信息的数据整合；如何定义地理视频数据中的异常变化与事件，支持涉案信息的准确识别与涉案数据的准确定位；如何实现面向异常信息的地理视频大数据复杂关联关系的度量和协同计算机制，支持地理视频大数据内容自适应的分组聚集，进而支持高效准确的关联约束检索。

上述关键问题构成了地理视频大数据组织研究的焦点。

1.4 章 节 内 容

1.4.1 目标与意义

本书着眼于视频监控安防管理的大数据跨越式发展机遇与挑战，面向安防监控网中多摄像机时空离散的地理视频大数据，针对现有用于监控视频并行接入和大规模存档管理的组织模式局限，以及复杂地理社会环境中实时性、综合性和知识性应急处置任务对涉案监控视频快速整合与高效理解的迫切需求，发展支持关联约束检索与分析的地理视频组织新模式，重点突破时空数据组织方法研究中以下核心机制和关键问题：

(1)决定复杂数据集知识表达效率的"全局表达理论"；

(2)决定离散数据集协同计算能力的"分组聚集策略"。

具体发展面向复杂社会地理环境的"全局时空关联的地理视频表达与建模理论"，以及"面向涉案信息的多摄像机地理视频关联分组与聚集方法"，实现网络环境监控视频的关联约束检索，从而提高视频监控安防管理中涉案数据的快速整合与高效的知识理解的能力。

本书研究的意义如下。

(1)从理论方法的角度，有助于充分发挥 GIS 科学特征，丰富和发展视频 GIS 基础理论方法，并提高其领域应用与服务能力。

(2)从专题应用的角度，有助于提升视频监控系统在突发公共事件中的智能化处理水平，进而有助于提升突发事件应急工作的实时决策能力和公共事件的危机应对水平，真正发挥全网监控视频的大数据价值。

1.4.2 内容与边界

1. 研究内容

以监控网络环境中整体获取的地理视频大数据为研究对象，面向地理视频大数据多维地理关联的核心价值，发展"语义感知的地理视频大数据自适应关联组织方法"。具体面向地理视频语义关联组织的关键问题如下：①研究地理视频语义关联建模机制，实现地理视频高层语义关联的统一表达；②研究语义关联约束的地理视频自适应聚合方法，缩小地理视频关联检索的搜索空间；③研发支持地理视频关联约束检索的数据管理系统，实现基于任务特征的数据准确定位与关联约束检索。

具体研究内容与关键问题组织关系如图 1-4 所示。

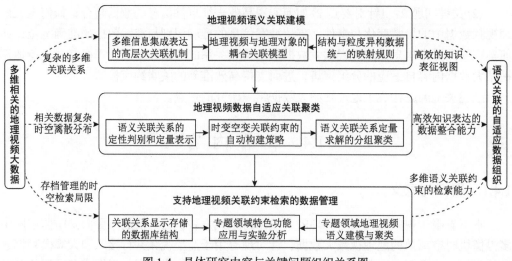

图 1-4　具体研究内容与关键问题组织关系图

1）地理视频语义关联建模

面向"决定复杂数据集知识表达效率"的"全局时空关联的地理视频建模理论"，研究"地理视频语义关联模型"，具体包括以下关键问题：

（1）研究集成地理视频大数据各维度时空语义的高层次关联表达机制；

（2）研究结构与粒度异构的地理视频和地理环境的统一描述与映射规则；

（3）研究地理空间数据和视频数据对象紧耦合的统一数据模型。

该研究旨在克服传统视频数据小尺度局部建模难以表达和发现全局多尺度复杂公共安全事件的问题，增强地理视频多尺度复杂行为事件的微观感知和宏观理解能力，从而支持广域时空范围地理视频大数据可认知计算与推理的时空关联分析，提高地理视频对复杂时空关系的认知计算能力与表达效率，为地理视频大数据深度挖掘和关联分析奠定基础（王磊等，2021；张兴国等，2022）。

2）地理视频数据自适应关联聚类

面向"决定离散数据集协同计算能力"的"多摄像机地理视频分组与关联聚集策略"，研究"地理视频数据自适应关联聚类方法"，具体包括以下关键问题：

（1）研究地理视频语义关联关系定性判别和定量表示；

（2）研究面向任务的时变空变关联约束自动构建策略；

（3）研究语义关系定量求解的地理视频自适应分组聚集方法。

该研究旨在解决传统基于行政区划的分区组织和基于视觉内容相似性的视频检索机制存在的缺乏语义约束、难以快速可靠地检索目标数据的问题，从而支持地理视频大数据复杂时空关联关系的定量计算，实现海量监控视频搜索任务的关联约束，显著减小搜索任务的计算代价。

3）支持地理视频关联约束检索的数据管理

面向支持涉案数据快速整合的高效准确地理视频关联约束检索需求，基于地理视频语义关联模型和关联聚类方法，研究与设计支持地理视频关联约束检索的数据管理系统，实施专题实例数据组织，具体包括以下关键问题：

(1)设计关联关系显示存储的核心数据结构、数据库结构与关联查询接口；

(2)实施典型公共安全专题领域地理视频语义建模及其面向关联聚类的数据组织实例；

(3)开展专题领域特色功能实验。

该设计内容旨在采用创新理论方法，研发支持涉案事件探测与涉案数据关联检索的数据管理系统，为地理视频大数据多维关联约束的智能检索与分析计算提供功能平台，并落地相关理论方法的应用价值。

2. 研究范围

为了区分地理视频与计算机等领域中媒体视频研究，特别从研究对象和研究方法两个方面明确研究范围。

1)研究对象方面

以面向城市监控场景"整体获取的地理视频大数据"为研究对象。其中：

(1)"整体获取"的内涵为数据集来源于多路摄像机，且各路地理视频能基于统一时空基准实现内容解析。

(2)"大数据"的内涵侧重数据内容全局相关的科学特性，具体为地理视频数据集内容中地理场景及场景对象所具有的时间、空间、属性和尺度等地理要素间的多维关联；本书为阐明所提出的理论方法原理与特点，以体现该特征的典型室内安全监控专题实例数据集为例进行技术方法论述，但理论本身不局限于该专题数据的组织，且数据量也不局限于示例和实验采用的数据集。

2)研究方法方面

以"语义感知的自适应组织"为理论方法特征。其中：

(1)"语义"信息面向地理视频大数据内容，特别重点发展以地理位置为核心参考的地理语义，并同时融合传统媒体视频所主要考虑的内容语义。

(2)"自适应"特征体现在以地理视频大数据内容中的多维地理关联性为着眼点，联合内容语义与地理语义发展地理视频大数据"内容自适应"的特色组织机制。

(3)"感知"方法上，着眼于从数据组织核心机制层面研究支撑数据组织的表达与建模理论，以及针对地理视频大数据时空离散分布特点的分组与关联聚集策略，进而从思想和策略上探求新的突破点；但是，为从理论、方法、实证与应用上提出一个较为完整的研究视图，对语义的"感知"在侧重语义要素的表达、建模及利用的同时，也将从方法系统性和可实施性角度，在分析现有计算机领域"面向图像特征解析和图像对象提取等处理技术"的基础上，根据所侧重表达的语义特征解析需求，介绍可采用的适用性处理技术，但不涉及对相关技术成果的研究。

1.4.3　方案路线

1. 研究方案

针对现有地理视频大数据存档管理的价值局限，面向地理视频"多维地理关联"的大数据价值特征，从核心组织机制角度，以"地理视频内容的时空变化"为创新切入点，在传统视频内容语义的基础上有机融合变化的地理环境语义，依次针对上述研究内容，发展"语义感知的地理视频大数据自适应组织"新模式，具体包括：

(1)面向时空变化的多层次地理视频语义关联模型；

(2)内容变化感知的地理视频数据自适应关联聚类方法；

(3)视频 GIS 数据组织管理原型系统与综合实例。

通过支持面向多层次事件的多粒度地理视频的关联约束检索，提高涉案数据快速整合能力和案件知识理解效率。

2. 技术路线

本书的总体技术路线如图 1-5 所示。

1)面向时空变化的多层次地理视频语义关联模型

针对其中的关键问题，提出以下创新建模技术路线：

(1)针对关键问题 1 "研究高层次关联表达机制"，将地理视频内容变化作为建模对象，在系统分析地理视频变化语义的基础上，面向高层次综合表达动态地理空间变化过程语义层次，综合抽象"参与者—驱动作用—呈现模式"共性变化特征和特征间的映射规则，实现面向时空过程的变化语义关联机制。

(2)针对关键问题 2 "研究地理视频和地理环境的统一描述与映射规则"，面向变化过程共性特征语义，抽象面向统一描述的"特征—过程—事件"三域层次，支持面向三域的多粒度地理视频数据结构和多层次语义结构的规则映射，并通过内容语义与地理语义的融合实现全局关联关系的表示，实现结构与粒度异构的视频数据和地理场景的统一描述与映射，支持地理视频数据的语义关联表达。

(3)针对关键问题 3 "研究地理空间数据和视频数据对象紧耦合的统一数据模型"，面向结构与内容统一描述与映射规则的地理视频变化语义表达，基于变化特征，建立围绕尺度变化呈现的地理空间数据对象与视频数据对象紧耦合的统一数据模型，用于支持关联约束的对象共享、异构数据互操作的数据组织、存储，从而提高地理视频大数据的复杂时空关系计算能力和多尺度复杂行为事件表达效率。

2)内容变化感知的地理视频数据自适应关联聚类方法

针对其中的关键问题，提出以下创新方法技术路线：

(1)针对关键问题 1 "研究地理视频语义关联关系定性判别和定量表示"，在分析变化过程与事件特征关系的基础上，建立异常变化以及面向异常变化认知驱动的事件定义，综合事件特征相关的地理视频内容语义相似性关联和地理时空相关性关联，支持地理视频内容异常变化语义关系判别与变化关系度量，实现面向事件异常时空变化过程的语义关联度量机制。

(2)针对关键问题 2 "研究面向任务的时变空变关联约束自动构建策略"，在分析面向数据组织任务的事件感知需求的基础上，以表达变化过程的事件特征为依据，基于地理视频内容变化的异常事件概念与事件对象表达，提出联合异常状态发现与变化过程关联的事件感知模型，定义事件分层的感知测度与感知测度计算函数，实现面向异常事件特征的时变空变关联约束自动构建。

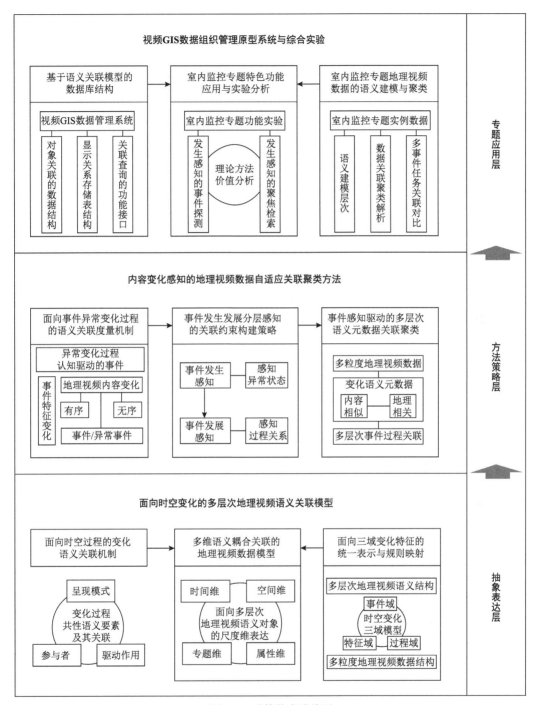

图 1-5 总体技术路线图

　　(3)针对关键问题 3 "研究语义关系定量求解的地理视频自适应分组聚集方法",面向地理视频内容变化的事件感知模型,继而实现以事件为核心并基于地理视频变化语义元数据的多层次概念聚类,从而支持多维约束的地理视频语义元数据检索机制,进而支持蕴含多尺度复杂公共安全事件信息的网络监控环境多摄像机地理视频数据快速整合与高效知识理解的关联组织需求。

3) 视频 GIS 数据组织管理原型系统与综合实验

针对其中的关键问题，提出以下创新管理技术路线：

(1) 针对关键问题 1 "设计关联关系显示存储的核心数据结构、数据库结构与关联查询接口"：充分利用 "地理视频语义关联模型" 面向视频数据内容变化共性要素提出的 "层次结构框架及框架中多粒度数据对象与多类型、多要素语义对象"，从决定系统组织管理能力的核心数据模型和数据结构层面，为 "监控网络环境多摄像机地理视频数据" 提供一种 "面向变化语义" 的新型组织管理模式，提高对涉案数据的处理和利用能力。

(2) 针对关键问题 2 "实施典型公共安全专题领域的地理视频语义建模及其面向关联聚类的数据组织实例"：在分析面向数据组织任务的事件感知需求的基础上，以表达变化过程的事件特征为依据，基于地理视频内容变化的异常事件概念与事件对象表达，提出联合异常状态发现与变化过程关联的事件感知模型，定义事件分层的感知测度与感知测度计算函数，实现面向异常事件特征的时变空变关联约束自动构建。

(3) 针对关键问题 3 "开展专题领域特色功能实验"：在实现了视频 GIS 数据管理原型系统的基础上，本节阐述基于原型系统实现的面向公共安全事件自适应处理和检索的特色功能实例，包括 "基于内容变化的地理视频数据自动事件探测" 和 "事件特征约束的离散地理视频数据聚焦检索"，以验证 "地理视频语义关联模型" 和 "地理视频数据自适应关联聚类方法" 用于数据表达和组织的科学性和创新价值。

第2章　面向时空变化的多层次地理视频语义关联模型

本章提出一种面向时空变化的多层次地理视频语义关联模型：将地理视频变化作为一种新的地理信息类型和建模对象，基于人们理解地理环境复杂动态性的过程认知规律，从综合表达地理视频数据和地理视频内容变化共性要素的特征域—过程域—事件域，定义地理视频多粒度层次的数据结构和多语义层次的对象描述，进而构建地理视频数据多粒度层次的语义表达框架，并建立层次间面向变化过程的关联性。本章依次系统地分析地理视频的时空变化语义；提出时空变化关联的地理视频语义层次结构；设计面向语义层次的地理视频数据多粒度结构；实现多层次语义耦合关联的地理视频数据模型，旨在为地理视频数据提供一个高效表征知识的高层语义视图，并实现结构与粒度异构的地理视频与地理对象的紧耦合集成表达。

2.1　引　　言

形式化的地理视频数据建模是支持关联约束检索的地理视频组织研究的基础方法之一，不仅决定了数据的全局表达能力，而且对于设计数据的高效组织与协同计算策略也至关重要。

城市环境是以人为主体，同时包含社会、经济、资源与灾害等要素之间相互作用、相互依赖、相互制约的高动态空间地域（徐志胜等，2004）。面向动态城市环境的监控场景构成了一个时空状态与结构连续变化的复杂动态系统（李强和顾朝林，2015）。地理视频作为感知环境动态变化的信息承载体，其数据获取方式及数据内容具有紧密的时空相关性，对应了监控场景中跨空间、跨时间、跨尺度的离散时空窗口，反映了城市环境不同的并行变化片段。这些内嵌于复杂监控场景时空窗口中的变化片段由此并非相互独立，它们在继承城市动态监控环境地理复杂性的同时，还具有自身多维度监控场景设置带来的复杂性，从而构成了一个多维相关的复杂系统（Wu et al.，2018；Zhou et al.，2016）。

复杂系统建模的核心问题是如何表示系统中的要素并发现要素间的映射规则（Sotnykova et al.，2005）。在地理空间信息领域，将地理空间对象的时间、空间和属性三个固有要素作为关联的基本维度，建立函数映射和关联操作是具有代表性的研究思路（Yuan，1999）。在动态现象的表达中，这类研究主要通过表达空间和属性的时变特征，来构建地理视频数据多粒度层次的语义表达框架，从而通过地理实体的状态序列间接反映动态现象的演化秩序（谢炯等，2007）。然而，由于时间、空间和属性在表达语义整体性上的密切联系，将其人为割裂后再建立映射关系的建模形式容易造成不同对象中映射关系的特例性(薛存金和谢炯, 2010)。当系统中地理实体的数量增大, 特别是地理实体在动态环境中交互关系的复杂性增加时, 其时间、空间和属性要素间的关联复杂度也将随之激增, 难以抽象出统一的关联规则(谢炯等, 2011)。因此, 地理视频数据关联建模需要综合地理视频空间、时间和属性基本维度, 设计新的面向视频内容的有效关联机制, 而如何抽象关联要素并建立要素间规则的关联映射, 特别是支持监控场景时空过程动态演变的表达是其中的要点和难点。

根据时空认知理论, 时空动态特征的本质在于变化, 人们理解时间维度的有效性亦体现在事物所能呈现出的变化中(Hornsby and Egenhofer, 2000; Mahapatra et al., 2016)。因此, 对现实世界时空现象内在变化规律的表达成为时空动态研究的重要基础(舒红, 2007; 谢炯等, 2007)。美国国家科学基金会提出以地球表层变化为起点, 发展由"多元"到"系统"的地理学主题研究; 美国国家科学院研究理事会在其出版的《理解正在变化的星球: 地理科学的战略方向》一书中也指出, 地球表层的快速变化, 为地理科学战略方向的研究提供了一个逻辑起点(傅伯杰等, 2015)。时空变化作为一种新型地理信息对象, 为研究地理空间复杂动态现象提供了一种新的切入方式(孙俊等, 2013); 地理视频数据的高时频动态特征, 使其不仅能够记录地理实体和地理现象的状态, 还能通过时序数据集揭示动态的地理变化过程, 提供适于时空变化信息解析分析、符合人们对现实世界认知方式的数据要素化及其显示表达, 是理解时空变化在哪里、如何发生、为什么发生和所产生影响力的基础, 不仅有助于直观理解与分析变化过程和变化规律, 还能使人们快速聚焦专题需求下的变化内容并归纳变化关联类型, 从而有助于降低信息表达中的冗余(Xu et al., 2013; Yi et al., 2014; Li et al., 2019)。

为此, 本章提出一种面向时空变化的多层次地理视频语义关联模型。该模型的特点是将地理视频变化作为一种新的地理信息类型和建模对象: ①通过对公共安全监控场景变化过程涉及的参与者、驱动力和领域呈现模式等共性关键特征要素的抽象, 自下而上、层级递进地建立面向不同视频数据粒度, 以及人们在不同数据粒度层次上所能理解的视频内容变化的"特征—行为过程—事件"语义层次结构。语义层次结构的设计从面向变化过程表达的角度, 对地理视频数据和视频内容中地理场景在时空属性固有维度上的变化进行更高级别的综合与抽象, 为非结构化地理视频数据和结构化视频内容语义提供统一描述与规则映射形式化表达的基本框架。②在此基础上, 通过设计各层次语义对象的关联对象, 支持多粒度层次地理视频数据面向多层次事件的变化过程关联表达, 为多摄像机地理视频的语义理解和关联约束的组织检索提供语义描述框架(Chen et al., 2021; Zhang et al., 2016; Shkundalov and Vilutiene, 2021)。

2.2 节首先从人们层级递进理解地理视频内容变化的角度归纳其变化语义, 对比分析其中不同层次变化特征对变化关联性的表达能力, 从而阐述面向变化过程特征表达的必要性; 2.3 节提出面向变化过程的三域语义层次结构及各层次的核心语义概念, 形式化定义各语义层次中的变化特征要素对象和特征要素间的关联对象; 语义层次结构和语义对象的设计是为了更有效地描述地理视频数据, 因此, 2.4 节进一步对与各层次"语义"具有映射关系的"地理视频数据结构"展开论述; 为更深入阐述模型的实现并为后续数据组织管理方法设计提供基础, 2.5 节基于地理视频变化语义对象, 建立"尺度"核心维度的地理空间数据对象和视频数据对象紧耦合的统一数据模型，用于支持关联约束的对象共享以及异构数据互操作和数据组织存储的基础理论模型；2.6 节针对全章内容，总结关联建模研究的要点、特点与理论价值。

2.2　地理视频的时空变化语义

地理视频的时空变化主要体现在视频成像内容中，为了实现从视频图像信号到知识信息的转化，对视频内容变化语义的理解和抽象表达至关重要。为此，本节针对地理视频变化语义展开分析与讨论：首先，归纳地理视频内容变化的形成因素，并分析其在理解监控场景动态演变中的作用；然后，基于人们解析、感知和理解视频内容动态变化的认知规律，层级递进地从图像增量特征、地理要素特征及变化过程特征三个方面抽象地理视频数据变化对象的特征语义要素；在此基础上，归纳各语义要素层次对变化含义和变化关联性表达的能力。地理视频数据变化语义的核心概念如图 2-1 所示（Curtis et al.，2019）。

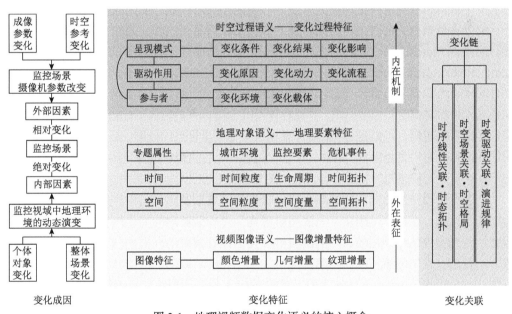

图 2-1　地理视频数据变化语义的核心概念

2.2.1　监控场景与监控环境联合作用的变化成因

地理视频数字化成像过程是将监控场景对应的高维动态地理环境面向不同时空窗口进行采样，并映射为低维数字信号的过程。为了通过低维数字化表征的变化去理解高维动态地理环境中监控场景演变的过程，需要理解数字化采样映射过程中地理视频成像内容变化和现实监控环境演变的作用关系。针对该问题，从面向监控环境动态性分析的角度，将地理视频数据内容的变化视为监控场景外部因素与监控环境内部因素联合作用的结果；其中，外部因素源于监控场景中摄像机拍摄参数的改变，内部因素则源于监控视域中地理环境的动态演变；以监控环境为参照，前者产生的变化可理解为相对变化，后者所带来的变化则是绝对变化。基于该假设，本节从相对于监控环境的外部和内部两大类因素进行分类归纳与参数化表达。分类解析和理解不同成因的变化是降维表达高维地理视频变化语义特征的直接有效手段。

1. 引发相对变化的外部因素

1)基于不同变化感知阶段的外部因素分类与参数化表达

监控摄像机的成像过程可归纳为：现实场景中的光线通过镜头投射到影像传感器上，使光信号首先转换为电信号，之后由模数转换器将电信号转换为数字信号，随后数字信号在影像处理器的作用下转换为图形图像信号，从而实现地理视频数字化成像。从该过程中摄像机对变化的感知和传递机制的角度分析，可将地理视频数字化成像过程划分为两个阶段。

第一个阶段是变化范围的感知阶段：面向地理空间的监控环境是时空连续的。然而，由于单个摄像机成像空间范围的有限性和时间频率的离散性，大于成像空间范围的监控场景部分将被裁减，同时小于时间采样间隔的变化信息被过滤，因此，处于摄像机成像的时空范围内是监控环境变化能被地理视频数字化成像过程感知的前提条件(Ra and Kim，2018)。感知阶段的实质是摄像机首先按照指定的时间分辨率，根据成像空间范围逐时间间隔地截取监控场景，监控场景信息以光能形式，通过视口变换从地理坐标系映射到感光元件所对应的图像坐标系，其流程涉及几个坐标系的转换：首先是世界坐标系到摄像机坐标系的转换，其次是摄像机坐标系到成像平面坐标系的投影，最后是成像平面上的数据转换到图像平面坐标系。因此，在这个过程中，若摄像机成像范围发生变化，则该变化不仅直接决定被感知的场景内容，还决定场景内容在图像坐标系中的位置。

第二个阶段是变化内容的感知阶段：摄像机需要顾及感光元件经过第一阶段传递的监控场景信息，在这个过程中，无法适应感光元件成像原理的变化内容将被直接过滤；因此，感光元件的可处理性成为摄像机数字化成像过程中地理视频内容变化感知的基本条件。目前，常用的监控摄像机感光元件为 CCD 或 CMOS，两者基本上是利用感光二极体(Photodiode)进行光与电的转换。能被感光元件所处理并能最终转换为可解析的图形图像信号的主要信息包括各地理实体对象产生的地理位置、几何形态以及外表颜色、纹理等特征，因此，表达上述特征的变化内容能被成像过程感知；与此同时，由于感光元件在尺寸等性能上的限制，对光信号强度处理具有最低条件阈值，小于感光元件单元感知阈值的变化内容也将被忽略(Chiang and Yang，2015)。由此，在这个感知阶段中，摄像机感光元件对成像区域变化内容的有效光信号采集与转换，最终生成对应于图像像素的编码信息。在这个过程中，摄像机的成像条件决定了可被数字化的变化内容，在其他条件不变的情况下，不同的摄像机成像参数决定了监控场景内容所能体现的细节特征。

监控场景中摄像机的成像条件可独立于监控场景造成地理视频成像内容的变化。图 2-2 中编号为 Camera 14 的摄像机从 $T1$ 到 $T2$ 时刻拍摄视频的位置和姿态发生了改变，即使面向[$T1$，$T2$]时间区间中不变的同一监控区域，所呈现的视频内容也产生了变化。

因此，从面向监控环境动态性描述的角度，将其称为引发地理视频成像内容相对变化的外部因素。

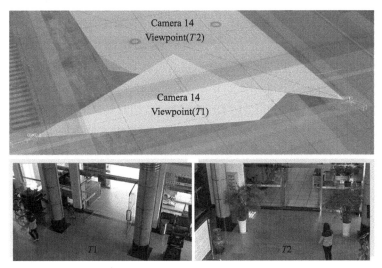

图 2-2　摄像机参数变化引发的视频内容变化示例

为了综合描述以上两个阶段中摄像机成像条件对地理视频图像变化的影响，本节提供定性理解和定量分析不同变化成因影响下地理视频内容变化的基础解析框架，首先参数化两个阶段对应的成像条件为与成像时刻对应的时空参考信息和摄像机自身的成像参数。

A.　"变化范围感知"的监控摄像机时空参考信息

时空参考信息需要描述拍摄视频的时刻/时段以及相机拍摄的空间位置、姿态、视域大小等。为了支持地理视频在三维立体环境中面向视域的定量空间分析能力，在综合考虑现有摄像机的三维空间表达能力的完备性、参数项精简性以及与现有行业标准融合度的基础上，引入 Lewis 等（2011）提出的表达视频空间参考信息的三维视点模型（Viewpoint Model）具体描述摄像机空间参考参数，如图 2-3 所示。

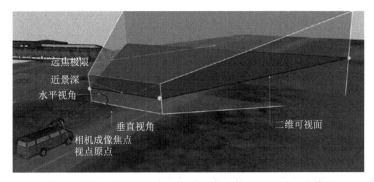

图 2-3　描述地理视频帧成像时空参考信息的三维视点模型

基于上述三维视点模型，具体将与帧对应的成像视域参数化为以视点为中心的六元参数组，各参数项及其对应的语义描述如下。

(1)相机成像焦点(Camera Focal Point，CFP)：描述相机空间位置；

(2)二维可视面(2D Visualization Plane，VP)：描述相机姿态(也即视线方向)，与OGC 标准 GeoVideo Service View Cone 概念对应；

(3)水平视角(Horizontal Angle-of-view，HAV)：描述视域相对大小的联合参数之一；

(4)垂直视角(Vertical Angle-of-view，VAV)：描述视域相对大小的联合参数之一；

(5)近景深(Near-depth-of-field，NDF)：描述视域相对大小的联合参数之一；

(6)远焦极限(Far Focus Limit，FFL)：描述视域相对大小的联合参数之一。

时空参考六元参数组共同决定了能呈现在监控视域中的地理场景范围，实现了地理视频成像时空窗口较为完备的定量表达。

B. "变化内容感知"的监控摄像机成像参数

将监控摄像机成像过程第二个感知阶段中涉及的仪器特性参数归纳为监控摄像机成像参数，各参数项与描述如下。

(1)分辨率/像元尺寸(Resolution / Pixel Size，R/PS)：描述对变化内容的空间感知能力；

(2)帧率/码率(Frame Rate / Code Rate，FR/CR)：描述对变化内容的时间感知能力；

(3)光谱响应特性(Spectral Response Properties，SRP)及附加参数：描述对变化内容的光学属性感知能力。

在实际监控网络的地理视频数据采集过程中，特定摄像机的连续成像过程通常对应一组特定的成像参数取值。该组参数取值将直接影响地理视频数字化成像过程的变化内容感知阶段，决定地理视频图像中细节信息的可感知性和语义信息的可表达性。监控摄像机成像参数决定了监控范围中可被记录于视频图像上的变化。

2)基于外部因素变化特征的相对变化模式分类与专题语义描述

由于网络监控地理视频数据的采集过程中外部参数类型及其变化组合具有突出的多样性，合理归纳现有监控网中对应具体含义的相对变化模式及其对应的参数变化特征，对于提高变化感知与认识效率具有重要意义。本节结合现有监控网中单摄像机的运动模式和多摄像机的布设模式，从涉及的变化参数角度对地理视频成像内容相对变化主要模式进行分类并赋予语义类型标注，同时归纳各模式涉及的参数变化特征，具体见表 2-1。

表 2-1　地理视频内容的相对变化模式及其参数变化特征

相对变化模式	专题监控语义	变化参数(核心/协同)	参数变化特征
变视点模式	单摄像机线性移动监控 多摄像机位置联合监控	CFP / VP	$\begin{cases} CFP = f_1(S,T), S \in \mathbb{R}^3 \\ VP = f_2(CFP) \end{cases}$
变视角模式	单摄像机变方位旋转监控 多摄像机视域联合监控	VP / CFP	$\begin{cases} VP = f_3(S,T), S \in \mathbb{R}^3 \\ CFP = f_4(VP) \end{cases}$
变分辨率模式	单摄像机变焦监控 多摄像机多分辨率联合监控	(VAV, HAV, NDF, FFL) / R	$\begin{cases} VHNF = (VAV,HAV,NDF,FFL) \\ VHNF = f_5(S,T), S \in \mathbb{R}^3 \\ R = f_6(VHNF) \end{cases}$

A. 变视点模式(Viewpoint-changed Mode，VCM)

变视点模式指具有"以相机成像视点(CFP)为核心变化参数，以二维可视面(VP)/视线方向为协同变化参数"的地理视频内容的相对变化模式。如表 2-1 所示，其参数变化的共性特征体现在：核心变化参数 CFP 可表达为空间和时间要素的相关函数；同时，在CFP 变化的基础上，协同变化参数 VP 可表达为 CFP 要素的相关函数。结合现有监控网中单摄像机的运动模式和多摄像机的布设模式，满足 VCM 的专题监控语义模式具体如下。

(1)单摄像机线性移动监控模式：指利用基于车载移动测量系统(MMS)或各类网络摄像机的移动视频监控设备，沿着各级道路网络获取地理视频的监控模式。道路网络呈线状分布，基于路网的摄像机移动随之呈现与道路相应的线性特征。因此，在这种模式下，监控摄像机成像参数和时空参考中的视域大小取值通常固定，表示 CFP 的函数 f_1具体通过对应摄像机移动时空轨迹的函数实现；同时，表示 VP 的函数 f_2 具体通过移动轨迹上两两相邻采样点的差值表示。

(2)多摄像机位置联合监控模式：指根据专题监控需求，在多个相关位置同时设定多个摄像机的监控模式，典型的相关位置，如公安系统中控点、封线、成圈、锁城等在立体监控网中的监控点位。在这种模式下，VHNF 函数 f_5 表示摄影机位置与特定监控区域范围或监控对象位置的空间距离关系随时间的变化。

B. 变视角模式(Perspective-changed Mode，PCM)

变视角模式指具有"以二维可视面(VP)/视线方向为核心变化参数，以相机成像视点(CFP)为协同变化参数"的地理视频内容的相对变化模式。如表 2-1 所示，其参数变化的共性特征体现在：核心变化参数 VP 可表达为空间和时间要素的相关函数；同时，在VP 变化的基础上，协同变化参数 CFP 可表达为 VP 要素的相关函数。结合现有监控网中单摄像机的运动模式和多摄像机的布设模式，满足 PCM 的专题监控语义模式具体如下。

(1)单摄像机变方位旋转监控模式：该模式具体对应两种专题监控模式，其一是摄像头以云台为轴心，执行以指定运动方向匀速旋转的周期性变方位监控模式；在这种模式下，摄像机在指定监控时间区间中的成像参数不变，VP 以固定的轴心位置为向量起点，表示 VP 的函数 f_3 具体通过监控时间区间中初始方位值与基于指定角速度的方向角增量之和实现，同时，表示 CFP 的函数 f_4 具体通过固定轴心位置的常值函数实现。其二是面向特定监控区域或监控对象的周期性变方位监控模式；在这种模式下，摄像机在指定监控时间区间中的成像参数也不变，而 VP 以特定的监控区域或监控对象位置为向量终点，表示 VP 的函数 f_3 具体通过监控时间区间中初始方位值与基于指定角速度的方向角增量之和实现，同时，表示 CFP 的函数 f_4 具体由对应 VP 矢量线段起始点的时序轨迹点实现。

(2)多摄像机视域联合监控模式：指通过设定多个摄像机，从不同视角对特定监控区域或监控对象进行多方位监控的模式，常用于如区域监控中盲区分析等特定主题监控。在这种模式下，多个摄像机具有面向特定监控区域或监控对象的公共视域区间，表示 VP的函数 f_3 具体通过终点包含于指定空间范围的一组矢量线段表达，同时，表示 CFP 的函数 f_4 具体表达为对应 VP 矢量线段起始点的点集。

C. 变分辨率模式(Multi-resolution Mode，MRM)

变分辨率模式指具有"以水平视角(HAV)、垂直视角(VAV)、近景深(NDF)、远焦极限(FFL)联合表示的视域大小(VHNF)为核心变化参数，以成像参数中的分辨率(R)为协同变化参数"的地理视频内容的相对变化模式。如表 2-1 所示，其参数变化共性特征体现在：核心变化参数 VHNF 可表达为空间和时间要素的相关函数；同时，在 VHNF 变化的基础上，协同变化参数 R 可表达为 VHNF 要素的相关函数。结合现有监控网中单摄像机的运动模式和多摄像机的布设模式，满足 MRM 的专题监控语义模式具体如下。

(1) 单摄像机变焦监控模式：指通过推拉镜头，对特定监控区域或监控对象实现在局部聚焦和全景展示间变换的监控模式。在这种模式下，表示 VHNF 的函数 f_5 具体基于摄像机位置与特定监控区域或监控对象位置的空间距离关系随时间的变化实现，同时，表示 R 的函数 f_6 具体利用特定监控区域范围或监控对象大小与 VHNF 的空间比值关系实现。

(2) 多摄像机多分辨率联合监控模式：指采用多个具有不同视域范围的摄像机，如现有公安与交管系统中普遍采用的低分辨率小视角的枪式摄像机和高分辨率广角的半球/球式摄像机，同时对特定监控区域或监控对象进行多分辨率监控的模式，主要用于支持低分辨率小数据的快速搜索和高清目标数据的快速定位。在这种模式下，VHNF 函数 f_5 表示摄像机位置与特定监控区域范围或监控对象位置的空间距离关系随时间的变化，同时，与单摄像机变焦监控模式类似，表示 R 的函数 f_6 具体也可利用特定监控区域范围或监控对象大小与 VHNF 的空间比值关系实现。

2. 引发绝对变化的内部因素

在引发相对变化的外部因素取值恒定的情况下，地理视频内容的变化源于监控场景中地理环境的动态演变。因此，从面向监控环境动态性描述的角度，将其称为引发地理视频成像内容绝对变化的内部因素。一个典型且极易被人眼感知与识别的监控视频内容变化如图 2-4 所示，图中编号为 Camera 13 的摄像机在[$T1$, $T2$]，摄像机成像参数与拍摄视频时设定的空间参考信息均保持不变，而监控视域中一个行人的位置和姿态的改变使 $T1$ 与 $T2$ 时刻的地理视频图像发生了变化。

图 2-4　监控视域中地理环境动态演变引发的地理视频内容变化示例

根据摄像机变化感知的两个阶段，可知处于变化感知时空范围内且适应感光元件感知能力的地理环境动态演变均能被摄像机感知，表现为地理视频内容的变化。因此，从理论上而言，监控环境地理事物动态演变中任何能被摄像机感知的发生、发展环节中的外部形式和表面特征均可作为引发地理视频成像内容绝对变化的内部因素。

然而，对于以面向城市地理环境为主的视频监控而言，不仅城市在人口、资源、设施及其安全性等方面的变化日趋频繁，而且城市环境变化系统中的对象、类型和形式也日趋多样化。为了避免表达中的信息过载和分析中的信息维度灾难，面向任务需求和主题特征的变化因素研究成为合理解析与利用数据的科学手段。由此，城市视频监控分析需要根据公共安全监控任务来具体化研究边界。

监控任务的目标是：通过对摄像机拍录的图像序列进行自动分析来对动态场景中的目标进行定位、识别和跟踪，并在此基础上分析和判断目标的行为，从而发现该场景中具有异常行为特征的安全事件并做出适当的反应。针对该目标，将公共安全重点关注并能通过序列图像增量解析的人类活动和地理环境变化作为引发成像内容变化的内部因素，具体如下。

(1)对象运动体现的个体变化：公共安全监控主题相关的个体变化又可具体化为位置变化、形态变化、表征属性变化等。以对象运动而造成的个体位置变化为例，其典型行为特征状态变化语义包括出现/消失、进入/退出、启动/停止等。

(2)多个对象间相互作用体现的整体变化：公共安全监控主题相关的整体变化又可具体化为多对象组合场景的结构变化、时空关系变化、物理属性变化等。多个对象相互作用而造成的整体时空关系状态变化包括靠近/远离、聚集/发散等。

3. 不同成因作用下的地理视频内容变化含义分类分析

根据以上分析可知，外部因素和内部因素引起的地理视频内容变化具有不同的含义：

(1)与外部因素对应的视频内容相对变化，是地理问题在不同时空范围和视角中的并行映射。描述成像参数和时空参考的各项参数通常记录为整体地理视频流的元数据。基于元数据取值差异或取值变化解析地理视频，是定性理解和定量分析不同成因影响下地理视频内容变化的基础。因此，对于外部因素导致的相对变化，可以利用摄像机元数据，恢复视频成像时的相对位置和姿态，建立视频帧之间、视频帧与监控场景之间的解析关系以及不同视频帧中影像特征、空间特征的对应关系，这类问题已被作为计算机视觉和数字摄影测量研究中的基本问题获得了广泛的研究(吴波，2005)。因此，对于外部因素引发的相对变化，可以通过对视频元数据的解析还原立体监控场景，首先实现从多方位的视角更全面地展示地理问题。

(2)与内部因素对应的视频内容绝对变化，是地理问题时空特征及其动态演变过程在时空窗口中时序串行的平行映射。由于高时空分辨率的地理视频在监控应用中的核心价值是记录监控场景的动态演变过程，反映动态演变过程中各种复杂连续的变化机制信息，包括变化将如何发生发展以及相互影响等知识。因此，对内部变化因素的建模成为地理视频内容表达的核心部分。对于面向公共安全的监控需求而言，人类活动过程和活动场所的个人与群体内部的时空间行为要素、特征和关系是地理视频内容变化表达等具体任务中的难点所在。现有地理视频语义模型由于基于对象离散建模思路的限制，尚难以表达上述具有变化过程的地理实体和地学现象。为了实现该目标，需要在深入理解地理问题专题属性的基础上，归纳能够表达高维监控场景中专题语义，同时能够从视频数字化成像过程映射到低维图像空间的特征，并建立特征项和语义概念之间的映射机制。该问题构成本章地理视频语义建模的重点研究内容。

视频成像内容的变化往往呈现出相对变化和绝对变化叠加作用的结果。在对降维后的地理视频图像数据内容所承载的高维地理问题的时空特征和动态演变过程时，首先认识不同类型因素作用下地理视频内容变化含义的差异性，并根据变化成因分析对应不同变化因素的地理视频数据内容变化，这样有助于快速区分地理视频内容变化与地理问题时空特征及其动态演变过程的关系，进而针对性地解析、理解和表达地理视频数据内容所承载的高维地理问题。

2.2.2　外在表征到内在机制层次递进的变化特征

基于人们解析、感知和理解视频内容动态变化层级递进的认知规律，将地理视频内容变化特征的语义抽象为视频图像语义、地理对象语义和时空过程语义三个层次。在此基础上，对应以上三个语义层次，将各层次地理视频内容变化的特征语义要素归纳为图像增量特征、地理要素特征和变化过程特征。各层次的语义要素，以及对变化含义和变化关联性表达能力的分析如下。

1. 层次一：视频图像的变化特征

1) 表达视频图像变化语义的图像增量特征项

视频图像的视觉特征作为最贴近原始地理视频图像数据内容的信息层次，由于具有较强的结构性和可度量性，不仅能够被计算机自动识别和处理，还能支持地理视频数据变化的定量描述，因此，对地理视频图像中变化对象的解析和提取至关重要，是视频高层语义概念理解与表达以及基于高层语义概念进行关联分析的基础（Kasamwattanarote et al.，2010）。

由内部因素和外部因素导致的地理视频内容变化综合地反映在视频图像的视觉特征变化中。

从信息构成的角度，可将图像视觉特征划分为"色"与"形"两大类。其中，"色"主要描述由光谱信息表达的颜色特征和亮度信息特征；"形"则主要包括几何形状、边沿特征、纹理结构与图形关系。

从技术解析的角度，根据现有图形图像处理算法的针对性和适应性，可将以上特征划分为颜色特征、几何特征和纹理特征（常军，2011）。各类方法主要支持的特征项可归纳为如图 2-5 所示的：①颜色特征项，包括颜色布局、颜色直方图、颜色相关图、颜色矩、颜色信息熵、主导色、平均亮度等；②几何特征项，包括长短轴比、边界范围、周长面积比和拐点等；③纹理特征项，包括结构特征、统计特征和频谱特征。其中，结构特征项可进一步具体化为边界图、形态学算子等；统计特征项可进一步具体化为由

Tamura 等提出的具有视觉含义的粗糙度、对比度、方向度、线性度、规则度和粗略度 6 个对应人类心理学的纹理视觉感知特征；频谱特征项可进一步具体化为对像素域信号进行处理后的峰值面积、相位和相角差等。

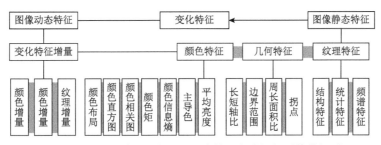

图 2-5　现有图像解析方法主要支持的各类视频图像特征项

具有不同专题含义的变化可能反映在单一的变化特征项增量中，也可能综合地呈现在不同度量取值的多元特征增量中，因此，特征项可能单独对应一个专题变化对象，也可能需要通过组合为加权多元参数组联合表达。此外，通过分析地理视频帧序列中图像视觉特征在时间维度上的线性增量序列和典型数值结构(如峰值/谷值等)，还可定量化地划分变化的阶段，并在一定程度上客观地表达地理视频图像内容的变化程度、变化速度和变化趋势。

然而，受人类思维认知原理和理解习惯的局限，视频内容在低层图像特征和人类感知思维中定义的高层语义概念间存在客观差异。在面向不同地理对象的变化，以及地理对象不同类型和不同阶段的变化时，从低层图像特征到高层语义概念映射变换需要首先面向专题提取特征并进行特征变化和融合，进而得到与语义概念相匹配的"特征-语义"映射关系，基于视频图像特征的语义理解流程如图 2-6 所示(Wu et al.，2014；Wojke et al.，2017)。

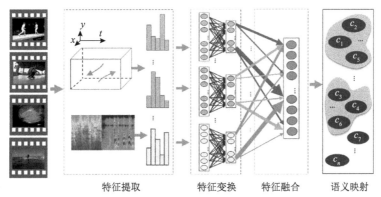

图 2-6　基于视频图像特征的语义理解流程

2)图像增量特征表达变化含义的局限性

在不同的场景中，"图像特征-内容语义"映射所涉及的"特征变换"和"特征融合"过程将存在多种可能的图像视觉特征组合关系，在面向复杂监控场景时，组合关系的多样性使其泛化能力受到制约，难以记录为统一的表达形式。因此，对变化特征的表达也就局限于传统时态 GIS 中的快照模型思路：面向离散视频帧，将视频帧中的图像特征项记录为视频帧的属性元组并标识时态信息，从而支持对应不同专题变化含义的视觉特征增量的计算（Baber et al.，2009；朱旭东，2011）。这类表达方式通过记录不同时刻状态，隐式表达了状态间所包含的各类变化信息，因此可以在面向特定应用需求时，通过解析特征增量来计算离散的、阶段性的变化，进而建立多个变化阶段的线性时序关联，但其直观高效地表达变化含义和变化关联性的能力仍存在明显局限性，主要体现在以下几个方面：

（1）变化表达的冗余。由于快照模型局限于隐式表达变化的形式，仍需重复记录不同时刻下原始图像中状态不变的信息内容，因而无法解决原始地理视频数据低价值密度的数据冗余问题，不利于数据的高效组织和目标数据的定位与检索。

（2）变化理解的低效。由于隐式表达变化的形式属于对变化内容的间接表达，在分析和理解变化时，需要实时解析计算，因此在对变化理解的直观性上存在明显的不足；此外，由于对变化信息量的需求与特征增量解析计算量呈线性关系，当变化内容丰富特别是变化信息交错复杂时，解析计算量将大幅攀升，因此对变化发现、事件感知与协同计算十分低效。

（3）变化过程的缺失。由于这类将变化过程进行离散时态表达的方式没有考虑状态变化间的过程信息，因而丢失了过程动态性所提供的变化来源和变化趋势，这些信息对于理解地理视频数据内容中地理问题的演变过程至关重要。

（4）变化关联的单一。由于主要依靠时序增量表达变化信息，因此关联性表达局限于视频流内部变化的线性时态顺序关系，而对于不同视频数据变化间可能存在的各类非线性关系则难以表达。

因此，基于图像视觉特征理解变化虽然是地理视频数据变化解析中不可或缺的层次，但还难以直观高效地表达变化含义和变化的关联性，需要更高层次的抽象。

2. 层次二：地理对象的变化特征

1）表达地理对象变化语义的地理要素特征项

在变化特征层次，将地理视频数据作为载体存在表达变化效率、表达变化含义和变化关联性上的局限，而直接将变化作为地理对象进行面向对象的表达显然有助于提高变化信息效率的表达并相对直观地体现变化含义。时间、空间、属性是地理空间本身固有的三个基础维度，任何地理对象和地理现象都能分解为时、空、属性三元分量，它们是人类感知、认知地理空间中对象和现象的共性特征，通过对地理对象和现象在时间、空间和属性上的表达，可以用统一的参数描述各类变化对象。因此，在变化维度层次表达变化语义能够集成表达与变化相关的各类信息，实现多种变化类型的统一表示与一致性描述。

在时空数据建模研究中，通过相对独立地描述时间、空间和属性，并在此基础上建立三者紧密的集成关联，能表达地理对象和地理现象的状态与时变过程（Yuan，1999）。基于这种思路，可将地理视频数据中变化对象的语义内容和语义关系抽象为以下内容。

（1）空间维度。地理视频数据的变化可分为相互映射的图像空间和地理空间。其中，图像空间的描述采用 GIS 中绝对空间的概念表达形式，即将整个图像空间表达为像素位置和与位置相应的属性值；地理空间的描述采用 GIS 中相对空间概念的表达形式，即以变化对象为中心描述其几何场景；图像空间和地理空间是通过与变化对象的关联和集成进行表达，两者之间的转化与映射关系则通过变化外部因素中摄像机参考信息建立；不同变化在空间维度的关联性通过空间范围与距离的度量关系、空间表达的粒度层次关系和空间拓扑关系综合表达。

(2)时间维度。地理视频数据在图像空间和地理空间中的变化统一于时间维，时间维自身的线性相关性有助于建立空间维度中离散变化阶段间的关联。对变化在时间维的描述，一方面，可以采用时间轴上离散分布的线性时间戳或时间区间，表达为独立特征项；另一方面，也可以联合空间维度和属性维度的状态变化，表达为状态变化函数或解析式中的时间参数。不同变化在时间维度的关联性则通过变化生命周期的度量关系、时间粒度层次关系和时间拓扑关系综合表达。

(3)属性维度。地理视频数据中的变化属性决定于描述问题的专题领域。在公共安全与应急管理领域背景中，专题属性的描述包括城市环境的组成结构和固有状态、监控要素的行为动作与运动趋势，以及危机事件的特征与触发条件等；变化属性的关联性通过属性项几何与物理特征、类型与功能特征等综合表达。

(4)变化对象时间、空间和专题属性的集成。由于动态问题中时间维主导空间维和属性维，因此通过记录空间和属性的时变特征表达时态关联性，利用变化对象连接"时间-空间"和"时间-专题属性"："时间-空间"视图将时间信息标示在空间信息上，构建空间维度的时变视图；"时间-专题属性"视图将时态信息标示在专题属性信息上，构建专题属性维度的时变视图，进而支持对公共安全监控场景演化中的时序关系和时变规律的解析。

2)地理要素表达变化关联性和动态变化过程的局限性

在地理要素特征层次与图像增量层次表达的主要区别是，前者为面向原始图像特征的语义理解后者为直接面向变化对象的语义理解。因此，地理要素特征的层次表达能够直观高效地刻画地理实体状态变化的增量，也能在线性时序关系的基础上，更加全面地表达地理问题在时间和空间上的非线性场景关联性。然而，在面向复杂地理问题时，仍存在变化关联性表达的局限，主要包括：

(1)关联映射关系抽象和归类的复杂性。由于地理问题在时间、空间和属性维度上存在显著而复杂的分异特征(如数据异构、边界模糊、时空尺度差异大等)，且时间、空间和属性作为地理对象紧耦合的组成要素，彼此间存在紧密的内在联系，在对象整体语义理解上不可分割，因此在对个体对象描述时，首先独立表达各维度信息，在对象关联分析时，各维度关联性的模式不同会导致关联关系在维度间产生复杂的依赖性，其复杂度将随着对象数量和地理场景复杂性呈指数增长，给关联关系的抽象和映射规则的分类带来信息感知上的维度灾难，错综复杂的关系严重制约人们对时空变化关联性的整体理解，从而也就不利于对地理视频数据的关联组织。

(2)动态演变过程表达的局限性。时间、空间和专题属性维度的语义关系虽然已经具备描述"独立变化对象的时空分布状态"和"整体变化集的时空格局"等外部时空特征的能力(即表达发生了什么变化，What)，但由于缺乏变化之间的内在联系，因而不具备对监控场景动态演变过程的表达能力，特别是难以支持对变化形成与发展的整体理解

（即表达如何变化的问题，How）。

因此，变化维度层次的语义表达仍然不足以充分描述监控环境变化中的内在演变过程，特别是演变过程间的关联性，其需要更高层次的抽象。

3. 层次三：时空过程的变化特征

1) 表达时空过程变化语义的变化过程特征项

地理视频数据在变化维度层次的关联关系错综复杂，还特别存在对监控场景动态演变过程表达的局限，不利于直观理解时空过程动态演变的形成与发展，因此融入"变化机制"一直被认为是时空过程表达的核心内容（薛存金等，2010）。"机制"一词的本意是系统的构造和动作原理，其对应的要点包括：①执行系统动作的各构成要素（即内容）；②各构成要素动作执行中的相互联系及作用（即规律）。据此，对时空过程变化机制的理解正是理解演变过程的内容和演化规律，即变化中有什么以及变化如何发生、发展。因此，为了描述监控场景动态变化过程，需要显示描述监控场景的变化机制，其表达的要点可归纳为以下两方面：

(1) 共性关键因素的抽象。对变化构成要素的抽象是描述变化内部要素间相互联系、作用关系及其功能的前提。因为有各变化要素的存在，才有要素间如何协调与影响的关系，进而能够整体地展现变化内容和演化规律。

(2) 各因素间作用关系的抽象。各因素间的相互联系和作用是实现对变化整体理解的关键。在变化共性关键因素的基础上，描述各因素的关系，从而形成对动态演变过程的完整理解。

根据变化驱动因素的差异，变化机制可分为：①受非持续性外部因素驱动的离散变化（阶段性变化）机制；②受内部因素驱动的连续变化机制（薛存金和谢炯，2010）。考虑到监控视域中的地理环境在系统内部信息能量的驱动下动态演变，系统中地理对象和地理现象的空间与属性信息综合连续变化，可将地理视频内容的变化视为连续渐变的时空过程；在表达变化过程语义时，需要将过程间、过程内部的各种关系、过程操作和过程变化类型等考虑为监控场景变化的内部信息能量。

为了满足连续变化过程中对"连续渐变特性"、"连续渐变机制"和"各变化阶段中空间信息和属性信息功能关系时变操作"的表达需求（薛存金和谢炯，2010；陈新保，2011），实现支持面向变化机制表达的新模式，通过对地理视频内容变化复杂动态性的形成机理及演变规律共性要素的抽象，将监控场景变化动态性形成机理中的共性关键因素抽象为参与者、驱动作用、呈现模式及其语义映射关系。

(1) 参与者。参与者是变化的执行者，根据其不同性质，可以划分为具有不同特征参量的各类语义对象，其将作为具体变化的载体并形成趋于稳定的变化环境。

(2) 驱动作用。驱动作用是对变化信息能量的显示表达，通过将变化过程作为完整的表达对象，构建对应专题属性的物理、统计、行为等自然或人文过程模型，表达地理视频内容的变化原因、变化动力和变化过程。

(3) 呈现模式。呈现模式是对变化执行模式的抽象，也是变化多样性的体现。在变化呈现模式中，不同的变化条件决定变化中的参与者及其在变化中的不同角色，同时限定驱动作用所对应的过程模型类型，从而确定变化原因和变化动力；此外，呈现模式还约束变化过程的变化环境参数，从而限定过程模型的运行边界、决定过程模型的执行参数和变化结果，进而通过变化结果的输出产生变化影响，因此，包含相同参与者和驱动作用的变化也可能体现出不同的呈现模式。

(4)参与者、驱动作用和呈现模式的语义映射关系。三者间的语义映射关系是对三者在变化机制中相互作用的表达。通过对这些变化要素及其映射关系的建模，将动态过程表达为以变化对象为单元的链路，进而实现地理视频场景中对连续变化机制的表达。

2)变化过程表达的关键问题

地理视频内容在地理要素特征层次与变化过程特征层次的语义理解均突破了原始视频数据层面，实现了直接面向变化对象的表达，因此都能较好地表达变化的含义；而其主要区别是从变化对象的固有要素层面转变为对变化对象动态机理(变化原因)的语义描述，因此，在变化维度层次的描述适合描述变化对象个体的特征，而面向变化机制的表达具有对监控场景演变过程更完备的动态性描述能力，能表示出变化原因、变化动力、驱动关系、变化过程和变化趋势等内在关联性(Wang et al., 2013)。

然而，由于地理视频数据内容关联的复杂性特征，以参与者、驱动作用和呈现模式为要素的变化机制语义表达在具体实现时，需要解决如何抽象并规范化表达地理视频内容变化机制的特征及其演变规律的关键问题。对应以上变化机制中的要素，这些问题可具体归纳如下：

(1)归类定义参与者类型。归类定义监控场景变化中具有不同性质的参与者及其特征参量，为变化机制中驱动作用和呈现模式的表达提供描述载体(2.3.1 节针对该问题展开论述)。

(2)合理集成多专题驱动模型。合理集成专题属性(城市环境、监控要素和危机事件)中不同变化原因的驱动作用对应的多类型过程模型，特别是集成表达不同过程间、过程内部多样性的接口、内部参数与返回类型，为变化动力和变化过程的表达提供支持(2.3.2 节针对该问题展开论述)。

(3)准确刻画多样性呈现模式。准确刻画监控场景中包含不同参与者和驱动作用的变化呈现模式，实现变化机制表达中各要素时空一致性与语义关系一致性描述(2.3.3 节针对该问题展开论述)。

(4)统一表达语义映射关系。统一表达变化机制中参与者、驱动作用和领域呈现模式各要素之间的语义关系，特别是各要素对象在连续变化过程中输入输出参数的映射关系，以及各对象相互作用中参数集的取值条件和变化条件等约束关系，支持变化机制各要素的耦合表达(2.3.4节针对该问题展开论述)。

2.2.3　基于时间维的变化关联

1. 基于时间维的变化关联关系的分类

对变化动态性的理解以时间维为主导，通过时间视图能反映出变化的过程信息。因此，面向时间视图，对地理视频内容变化的语义关联关系进行分类。

(1)时序线性关联。时序线性关联表达在时间视图上具有明显的时间先后顺序的变化关联关系，通常对应人们从时间视图上将一个完整变化理解为若干个有意义的变化阶段，如城市监控环境动态演变生命周期中相互承接的特定发展阶段。这类关联关系能体现变化的时态拓扑关联性，是变化间最基本的关联关系。

(2)时空场景关联。时空场景关联表达不同变化阶段在时空分布特征上的关联关系，包括时间和空间的度量关系、次序关系/方位关系和拓扑关系。这类关联关系能体现变化对象集在时空分布格局上的关联性。

(3)时变驱动关联。时变驱动关联表达在变化演进过程中一方对另一方具有影响作用的变化关联关系，体现变化的内在规律，包括发生规律、发展规律、演化规律等。其中，发生规律主要体现变化发生的原因；发展规律主要体现时间空间上的扩展和烈度上的增强；而演化规律主要体现变化合并、迁移、消亡等蔓延、转换、衍生等耦合机理。这类关联关系能体现变化演进规律中的内在因果关联性。

利用以上语义关系描述地理视频时空窗口中不同变化对象的关联性，能从局域时空范围的离散变化集合中构建变化的发展链，提供不同宏观层次的监控场景变化视图，支持在不同层次的视角中分析变化，具体包括时间上的生命周期与发生频次、空间上的范围与格局、专题属性上的危机事件变化阶段与变化原因，从而支持对监控场景变化更高层次内涵的认识和理解。其中，层次的划分依据取决于一个更高的层次是否具有低层次内容累加所不能表达的额外的新增含义。

2. 地理视频变化特征对变化关联关系的表达能力

对地理视频内容变化不同层次语义特征的抽象具有不同的变化关联性表达能力。表2-2和表2-3分别归纳了各语义层次要素描述变化的特点及关联性表达能力的差异。

表2-2　地理视频变化特征对变化含义的表达特点

变化特征层次	变化含义	
	解析对象(方式)	特征表达
图像增量	图像对象(间接)	图像表征
地理要素	变化对象(直接)	固有维度
变化过程		动态机理

表2-3　地理视频变化特征对变化关联性的表达能力

变化特征层次	变化关联关系		
	时序线性关联	时空场景关联	时变驱动关联
图像增量	Y	N	N
地理要素	Y	Y	N
变化过程	Y	N	Y

注：Y表示具有该项能力，N表示不具有该项能力。

（1）图像增量特征层次：通过记录不同时刻图像中各类对象的表征状态，间接表达了变化信息，其时间属性为变化的时序线性关联解析提供支持。

（2）地理要素特征层次：通过直接面向变化对象，表达其作为地理空间对象的时空专题属性固有要素，由于固有要素能同时表达变化在时间上的持续性和空间上的广延性，因此在时序线性关联的基础上还能支持时空场景的关联分析。

（3）变化过程特征层次：通过直接面向变化参与者和驱动力的相互影响作用，表达变化的原因、动力和呈现模式的动态性形成机理。典型的影响作用可以表现为：①提供变化发生的触发条件；②决定变化的参与者，具体包括补充或剔除变化中的参与对象、变更参与对象类型和变化能力；③影响变化驱动作用的执行，具体包括决定所执行的变化过程，约束变化过程的执行方式与发展流程，从而改变变化的结果，使结果在地理要素特征上升级、扩大、发散，或是降级、缩小、收敛。因此，变化过程特征除了涵盖固有的时序关系外，还能支持变化动态演化阶段的驱动关系。

综上分析，为支持变化时序线性关联、时空场景关联和时变驱动关联关系的综合表达，下文以地理视频数据中的时空变化为研究对象，在综合地理要素时间、空间和专题属性特征的基础上，提出显式表达时空变化过程特征的语义描述框架。

2.3　时空变化关联的地理视频语义层次结构

面向视频监控场景变化过程的显示表示，将公共安全监控场景变化过程涉及的载体、驱动力和领域呈现模式三个共性关键因素及其相互作用具体化为具有关联性的地理实体和场景、对象行为以及多层次事件对象，并依次抽象出相互关联的特征域、行为过程域和事件域三个层次。特别地，为了支持复杂地理环境中多摄像机地理视频内容的信息链推理与关联表达，联合内容语义和统一时空框架下的地理语义描述各层次语义对象，其概念框架如图 2-7 所示。

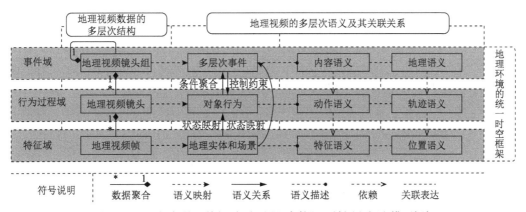

图 2-7　地理视频的"特征-行为过程-事件"三域语义概念模型框架

该模型框架表达了模型的三域语义层次结构及各层次的核心概念。下文依次围绕这三层结构及其核心语义概念展开：采用面向对象方法形式化定义各层次域对象，并详细论述各形式化元素的语义内涵。

2.3.1　特征域层次

1. 特征对象的概念、分类及构成要素

特征对象的概念针对任何变化都包含的客观参与者提出。参与者状态的改变是人和计算机从地理视频数据中发现、理解和描述变化的基本参考，因此这些参与者是变化研究的载体。参与者在地理环境中的状态变化在空域上包括位置的变化、内在结构和外在形态的变化，在专题域上包括属性和功能的变化，在时域上则可表现为在时刻上的突变和时段上的持续变化。

在公共安全视频监测主要涉及的人类活动和活动依托的地理环境变化中，重点目标的连续位置迁移、目标外在形态改变以及目标所处背景环境内在结构的改变是监控应用关注的主要内容。因此，针对视频监测内容中的变化，将参与并承载这些变化的地理实体和场景（Geographic Entity and Scenario，O_{ge}）定义为特征对象。监控场景中所有特征对象的实例集合构成特征域（Feature-domain），特征域是地理视频内容变化的载体域。在变化中，参与变化的特征对象的不同状态在空域中位置、结构和形态的几何场景描述构成了对变化空间维度信息的集成表达；变化在某时刻的状态为参与变化的各个特征对象在该时刻的状态集合。

归类定义监控场景变化中具有不同性质的参与者及其特征参量，为变化机制中驱动作用和呈现模式的表达提供描述载体的表达需求，从以下两个方面归类定义监控场景变化中具有不同性质的特征对象。

首先考虑变化呈现模式的相对性，为了支持对相对变化中不同变化内容和变化程度的描述，根据参与到具体变化中的不同变化能力，将特征对象划分为以下两大类。

(1) 变化中状态相对改变的地理实体（类型编码：Changeable Entity，CE）。地理实体作为变化研究的主体，具有能呈现变化特征和资源，在特征对象间的交互作用中感知、反馈并传递信息的能力。

(2) 变化中状态相对不变的地理场景（类型编码：Static Scene，SS）。地理场景是变化发生的基础和参照，不呈现变化特征和资源，在特征对象间的交互作用中只对外传递信息，作为约束地理实体变化发生与发展的条件。

为了进一步支持变化机制中的驱动作用，即引起变化的原因和条件的表达，根据引起状态变化不同驱动力来源，将第一类地理实体细分为以下两类。

(1) 具有主动改变自身状态的行为能力的地理实体（子类型编码：ACE-Actively Changeable Entity）。这类地理实体在变化中依靠自身内部的信息能量来改变自身状态并可向外部其他特征对象传递所改变的结果，来影响其他地理实体的状态。

(2) 支持状态被动改变的地理实体（子类型编码：Passively Changeable Entity，PCE）。这类地理实体通过感知其他特征对象传递而来的外部驱动作用，将其反馈为自身状态的变化，同时还可能继续向其他地理实体和地理场景传递自身变化的影响。

不同类型的特征对象反映了其在变化中的角色、作用和能力，其中，地理实体间的

交互作用是支持监控场景变化的发生并持续进化和演化的内在驱动力,因此,对其分类描述有助于支持监控场景变化机制中驱动作用和呈现模式的表达。

2. 特征对象的形式化表达

为了描述地理视频中具有不同性质和经历不同变化状态的特征对象,将其形式化表达为条件(Condition,C)、实例(Instance,I)和语义(Semantics,S)三元组:

$$O_{ge} = (\{C\}, \{I\}, \{S_{ge}\})$$

(1)首先,条件$\{C\}$约定了表达O_{ge}状态实例的结构类型和时空尺度等约束条件,其中,对空间尺度的描述表达为变化的空间粒度语义。根据视频 GIS 中所主要涉及的图像对象提取以及基于图像的三维地理场景建模需求,常用的状态实例结构类型主要包括二维图形/图像、三维几何模型等实例化形式;相应地,常用的时空尺度描述包括分辨率、细节层次(Level of Detail,LoD)等概念。

(2)其次,定义实例$\{I\}$表示条件$\{C\}$限定下的对象实例,这些实例对应了特征对象在变化中所经历并映射到视频帧的不同离散状态,基于特征对象实例的状态,可以分析其解析的空间度量与空间拓扑语义。实例的每一个状态都有与之对应的表达条件,如具体化为特定分辨率下矢量/栅格形式的二维图形或图像对象,又如具体化为以点、线、面、体、组等基本空间对象类型表达的三维几何模型对象等。

(3)在实例表示的基础上,定义$\{S_{ge}\}$表达O_{ge}的语义信息。各语义项表达O_{ge}在变化中的对象类型以及与之对应的概念内涵、概念所能反映的一系列内在特征参量与外在附加属性。语义项具体划分并表达为特征语义(Feature Semantics)和位置语义(Location Semantics)两类,其中,特征语义表达特征对象参与到监控环境变化中所体现的“类型及时空属性”自身的固有信息,是特征对象的内在特征参量,体现O_{ge}隶属于不同类型的对象概念及与概念相对应的对象自身具有的变化性质、变化条件和变化能力等。位置语义表达特征是基于统一时空框架来描述包括监控场景中的位置信息,是特征对象的外在附加属性,用于支持特征对象在地理环境中的定位描述及基于地理位置的信息关联。位置语义表达方式包括:①根据描述的精确性差异划分为定量位置描述(数值型描述)和定性位置描述(定义型描述);②根据所采用的参考系统的差异划分为绝对位置描述和相对位置描述。

2.3.2　行为过程域层次

1. 行为过程对象的概念、分类及构成要素

行为过程对象的概念针对变化中包含的驱动作用及由驱动作用产生的变化过程提出。任何变化的发生都存在一系列的驱动力试图改变既定的状态,根据其中变化机制(即变化原因和变化结果)的差异,从变化原因上,可以分为由系统外部因素驱动的变化和由系统内部能量驱动而产生的变化(前者如外力作用造成的地理实体形态或位置改变,又如

人为因素导致的地籍变更等地理概念的语义内容变化；后者如人主观意愿驱动下的肢体活动，又如地理环境中由内部能量梯度作用导致的火势蔓延、洋流过程）；从对变化驱动力的依赖性和变化自身可持续性的角度归类变化结果，前者所产生的变化是离散变化，而后者所产生的变化属于连续变化。根据以上列举的实例，可知为了描述连续变化过程，需要区分系统中由不同驱动作用产生的时空变化，并显示表达系统中具有驱动作用的内部信息能量(Sun et al., 2013)。

视频监测场景变化的内在驱动力来自变化中具有改变自身状态的信息能量的地理实体。为了描述驱动作用带来的变化过程和变化结果，基于特征对象的分类定义，将驱动视频监测内容变化的对象行为(Object Behavior, O_{ob})定义为行为过程对象。行为过程对象反映地理实体的状态、属性以及时空关系具有特定运动模式的连续变化阶段，它们不仅是复杂变化的基本组成单元，也是地理视频内容解析与分析的基本处理单元。所有行为过程对象的实例集合称为行为过程域(Behavioral Process-domain)，行为过程域是地理视频内容变化的驱动域。变化所包含的各行为过程对象的变化阶段与生命周期描述构成了对变化时间维度的信息集成表达。

对象行为的执行依赖于地理实体和场景：地理实体和场景的特征语义可以决定其自身的性质和行为能力；同时，一个地理实体或场景对象位置语义的外延规则可对行为的可行性产生约束，利用这种约束效力能为异常判断和事件定义提供准则和依据。因此，为了进一步支持变化机制中"特征对象行为能力及相互作用关系"的表达，根据对象行为驱动变化的主动性和被动性差异，将行为过程对象归纳为以下两大类。

(1)产生驱动作用的主动行为(类型编码：Active Behavior, AB)。主动行为只能由具有主动改变自身状态的行为能力的地理实体自发产生，主动行为的启动不受特征对象间交互作用的影响，但变化过程将受到其他特征对象交互作用的约束，变化结果也将传递到其他地理实体和场景中。主动行为是分析并划分变化阶段的要素。

(2)接受驱动作用的被动行为(类型编码：Passively Behavior, PB)。相对于主动行为，任何类型的地理实体都可以产生被动行为。被动行为是对驱动作用的响应，必须通过其他地理实体的交互作用影响而触发。

由于监控场景中城市环境、监控要素和危机事件各专题包含的自然或人文对象所对应的物理和统计模型具有形式、参数类型和执行条件的多样性，如何统一集成各类行为模型成为行为过程对象抽象表达的要点。经济学将过程定义为将输入转化为输出的系统。借鉴此定义，将行为过程对象所对应的各类过程模型归纳为输入、输出以及变化过程三要素。

(1)输入：输入是行为过程的基础、前提和条件。输入信息包括①状态输入：地理实体执行行为过程的初始状态；②条件输入：地理实体执行行为过程的条件。

(2)输出：输出是特征对象执行行为过程的结果，包括阶段性结果和最终结果。一个行为过程的输出通常作为或影响其他过程的输入，行为过程对象个体之间的联系以及行为过程的相互作用通过这种输出和输入的转化实现。

(3)变化过程：变化过程是变化发展所经过的程序。程序中经历的特征状态包括：①主动行为中对作为行为发起方的地理实体因自身内部信息能量改变而产生的特征状态；②主动行为或被动行为因交互作用而产生的变化突变或转折状态。

2. 行为过程对象的形式化表达

为了描述监控场景中对象行为所对应的连续变化及其变化条件和变化特征，将对象行为表达为变化流程（Activity Process, AP）、关键状态（Key State, KS）、语义（Semantics, S）三元组，其形式化表示为

$$O_{ob} = \left[AP(O_{ge}), \left\{ KS(O_{ge}) \right\}, \left\{ S_{ob} \right\} \right]$$

（1）变化流程 $AP(O_{ob})$ 描述行为的变化过程，包括对象行为发生的环境参数、生命周期、表达式或有序离散点描述的对象运动轨迹、对象内部或对象间的关系变化轨迹等过程模型。过程模型的形式具体可表示为：①连续的函数/解析式等非线性数学模型；②表示离散的列表/图像等线性时间戳模型。

（2）关键状态 $\{KS(O_{ge})\}$ 是对行为过程生命周期中一系列变化特征点所对应的特征对象状态的显示表达，包括：①过程输入输出对应的初始与终止状态实例；②变化过程中的特征状态实例，如行为方式突变对应的暂停、加速、转向等状态实例。

（3）在变化流程和关键状态表示的基础上，定义 $\{S_{ob}\}$ 表达 O_{ob} 的语义信息。语义项表达行为过程对象的含义、发展趋势、结果及影响。语义项具体划分并表达为动作语义（Action Semantics）和轨迹语义（Trajectory Semantics）两类：①动作语义表达行为过程对象所代表的行为类型与行为特征。②轨迹语义表达行为过程的发展经过和行为结果。特别地，轨迹对象作为文本中行为过程的代表性表达形式，是一种兼具空间维度特征和时间维度特征的独特地理对象。基于地理位置划分空间中的位置信息描述不同行为过程的轨迹，能够将时空离散分布行为过程映射到统一地理框架中，从而利用地理和领域知识为行为过程的关联分析和整体认知提供支持。

2.3.3　事件域层次

1. 事件对象的概念、分类及构成要素

事件对象的概念针对专题领域下变化的呈现模式提出。监控场景中公共安全事件的呈现模式同时具有地理环境约束效应导致的多样性和时空过程关联尺度效应导致的层次性。

（1）地理环境的约束效应与变化的多样性。事件对象由于变化过程受地理环境约束呈现出多样性。变化的多样性体现在：即使包含相同参与者和受相同驱动力作用的变化，也可能因地理环境的约束作用而呈现出具有差异的变化过程和输出。这种差异不仅因为变化发生的不同地理环境给予行为过程对象不同的执行条件，影响行为的客观结果；还因为专题领域中对变化的理解以及事件特征的定义存在主观差异。例如，具有移动能力的特征对象 CE 在由位置和形态差异的特征对象集 SSs 所构成的地理环境中，所能执行的移动路线将存在差异；同时，在如公共交通的专题领域中，以行人/自行车/机动车划

分的不同类型的通行范围以及不同车道的限速范围，将影响上述移动行为过程中对事件的判定和理解。而通常一个复杂的变化包含一系列相互作用的参与者和驱动力，因此其可能呈现的领域特征具有更为发散的多样性。

（2）时空过程关联的尺度效应与变化的层次性。事件对象由于变化过程的时空关联性以及人们认识变化的"尺度"特征而体现出收敛的层次性：公共安全事件通常包含发生在一定时空范围内的一系列相互作用的变化过程，这些变化过程因事件内容时间上的多频次、空间上的跨区域流动而呈现时空离散分布的特征。由于摄像机视域范围的局域性，特定地理视频仅能呈现有限时空窗口中的变化片段。人们认识变化的"尺度"特征则体现在人们对复杂公共安全事件的认知是一个随时空尺度增长而层级递进的过程——当人们认识问题的时空范围逐步扩展时，离散时空窗口中变化集的呈现模式因变化过程间可能存在的影响、反馈和关联等相互作用，呈现数量逐步收敛、含义层次递进的领域特征，从而层级递进地体现出小尺度含义的局部事件、中尺度含义的区域事件和大尺度含义的全局事件。因此，变化呈现模式的层次性不仅反映出不同变化过程间的时空关联性，还体现出语义上多尺度的复杂性。

为支持地理视频内容自局部到整体的多层次表达，进而支持对地理视频内容中地理现象及地学过程的描述、分析与求解，综合考虑地理环境对变化呈现模式的多样性影响，同时，重点考虑变化过程内部时空关联而呈现出的层次性，将视频监测内容变化的呈现模式抽象为多层次事件（Hierarchical Event，O_{he}）。各层次事件对象的构成要素如下。

（1）行为过程（集）：行为过程（集）描述事件的发展过程。行为过程对象是各层次事件对象的基本组成单元。按照一定的规则，对事件中的行为过程单元进行有序排列，能够描述整个事件的过程；同时，具体行为过程信息为分析事件时空特征、发生的地理环境并抽象理解事件含义提供基础。

（2）判定规则：判定规则描述事件对象所具有的专题特征，这些特征基于变化特征、变化维度和变化机制中的要素定量描述。事件规则是判定事件对象的依据，也是事件对象区别于行为过程对象（集）的根本要素，即只有满足"特定判定规则"或包含"满足特定判定规则的变化"的行为过程对象（集）才能构成事件对象过程要素。

（3）事件内容：事件内容描述人们在专题领域中所关注并能理解的地理视频内容，及其整体变化体现的专题含义与专题特征。

特别地，在专题领域中，如果事件对象要素中的行为过程（集）不可再划分为更小的子集，且判定规则和事件含义均不包含更细节层次的概念，则称该事件对象为专题领域的原子事件（Atomic Event）；否则称为聚合事件（Aggregated Event）。原子事件为地理视频内容理解和主题组织检索的最小语义分析单元。

多层次事件对象是对人们在多时空尺度下层级递进的变化认知过程的抽象。从认知的角度，不同事件层次的判定依据可归纳为：一个更高层次事件的内容是否具有较低层次事件的内容累加所不能表达的额外新增的符合专题需求的含义。在递进的层次间，低层次事件对象中时空分布的行为过程（集）依据地理环境和领域知识的相关性有序聚合为高层次事件对象的行为过程（集），因此，多层次事件对象还体现了不同细节层次和时空范围下变化要素所具有的时空关联性。

所有多层次事件对象的实例集合称为事件域(Event Domain),事件域是地理视频内容变化的呈现模式域,事件对象中所包含的判断规则和事件内容构成了对变化专题属性维度信息的集成表达。

2. 事件对象的形式化表达

为了描述变化所对应的地理事件的形成与发展过程,将多层次事件对象描述为事件规则(Rule,Ru)、过程集合(Process,P)、语义(Semantics,S)三元组,其可形式化表示为

$$O_{he} = (\{Ru\}, \{P(O_{ob})\}, \{S_{he}\})$$

(1){Ru}表示事件所包含的特定变化的判断和推理规则,即为事件开始与终止的触发条件。事件规则实例定义为事件模板,公共安全视频监测中的事件模板根据专题领域事件规则库的元素或子集定义。

(2){$P(O_{ob})$}表示构成事件的有序行为过程(集)。递进的各层次事件对象间:
① {$P(O_{ob})$}元素的聚合规则为,设{Ru}$_x \subseteq$ Ru,Ru 为专题呈现模式所对应的事件规则,当
$\{P(O_{ob})\}_1 \in O_{he-1}$,$\{P(O_{ob})\}_2 \in O_{he-2}$,$\cdots$,$\{P(O_{ob})\}_n \in O_{he-n}$,且$\bigcup_{m=1}^{n}\{\{P(O_{ob})\}_m\} \models \{Ru\}_x$,
$\exists O_{he-x}$,使$\bigcup_{m=1}^{n}\{\{P(O_{ob})\}_m\} \in O_{he-x}$,其中$O_{he-1}, O_{he-2}, \cdots, O_{he-n}$为高层次事件$O_{he-x}$的子层次事件;② {$P(O_{ob})$}元素的有序关联性,能够表达变化阶段遵循先后次序的时序线性关联关系,并反映变化演进过程内在联系的时变驱动关联关系。

(3)在事件规则和过程集合表达的基础上,定义{S_{he}}表达事件的语义信息。语义项表达 O_{he} 在专题领域中的含义、特征和发生的地理环境,语义项具体划分并表达为内容语义(Content Semantics)和地理语义(Geographic Semantics)两类:

其一,地理语义描述事件发生的时空过程,体现事件发生发展的流程及其时间和地理场景特征,具有与时空过程相对应的生命周期模式和时空关系类型。事件对象的地理语义可基于统一的时空框架,描述为生命周期的不同过程阶段,如在公共安全监控管理中,以刑事犯罪专题为例,危机事件对象的地理语义可依照《中华人民共和国公共安全行业标准刑事犯罪信息管理代码》所规定的选择时机(GA 240.4—2000)、选择处所(GA 240.5—2000)等分类表达。

其二,内容语义描述专题领域中面向触发条件的事件概念、事件所包含的特征对象和行为过程对象及其作用关系。其中,事件概念是对行为过程集合在形成有序变化链后更高层次含义的理解和表达,反映人们所能直观理解的事件类型和内容。内容语义决定于专题领域的表达需求。内容语义取决于专题领域的表达需求,即根据领域视角和应用来决定事件内容的理解和表达。例如,在公共安全监控管理中,以刑事犯罪专题为例,危机事件对象的内容语义可依照《中华人民共和国公共安全行业标准刑事犯罪信息管理代码》所规定的案件类别(GA 240.1—2000)、作案手段(GA 240.7—2000)

与作案特点（GA 240.8—2000）的分类描述表达。

2.3.4　语义层次关联

　　三域语义层次结构通过对地理视频内容变化复杂动态性的形成机理及演变规律共性要素的抽象，从显示表达变化机制要素的角度综合了地理视频数据和内容变化的基本维度，从而实现了地理视频数据及视频内容对应地理环境的抽象建模，为离散分布、粒度异构的非结构化视频数据与结构化内容语义提供了统一描述与规则映射的基本框架（Fu et al.，2011；Shen et al.，2019）。在此基础上，本节进一步对地理视频三域语义对象关联性进行抽象建模；地理视频语义关联的核心是：地理视频内容变化机制三要素间"状态映射、条件聚合和控制约束"的相互作用；因此，本节具体通过归纳特征对象、行为过程对象和事件对象在变化过程中相互作用的语义关系对象，支持不同地理视频镜头、不同镜头组间的具有内在驱动作用的变化链路表达，从而支持对离散的多摄像机地理视频镜头内容中变化过程的理解，实现更高层次和更大时空尺度下对地理事件的理解和综合描述。

1. 特征域-过程域的状态映射

　　由于特征对象表达为多个不同离散状态，其与特定的连续变化间存在基于状态的关联性，因此，定义状态映射（State Mapping）关系表达特征对象与行为过程对象的关联。

　　状态映射通过描述"特征对象中特征参量"与"行为过程对象中过程模型"之间的映射关系记录特征对象与行为对象之间的关联关系。其中，特征参量包括：描述特征对象特定状态的空间特征参量和属性特征参量；与特征参量建立映射关系的过程模型要素包括：模型参数、输入变量与输出变量。

　　对应描述变化过程不同的过程模型表示形式，状态映射关系对象①对应"连续的函数/解析式等非线性数学模型"描述为：由行为模型映射到对象状态的映射条件与参数集。其中，具体参数项包括行为模型表达式中的自变量和系数；具体实例对象表达为与状态对应的映射条件与参数集取值。②对应"离散的列表/图像等线性时间戳模型"描述为：对象状态的指针及对象在行为中所代表的特征状态的含义，具体包括起始/输入状态、终止/输出状态以及各项特征参量的突变或变化趋势的转折状态等。

2. 过程域-事件域的条件聚合

　　由于满足判定规则的行为过程（集）是多层次事件的组成要素，行为过程对象和事件对象间存在基于判定规则的聚合关系，因此，定义条件聚合（Conditional Aggregation）关系表达行为过程对象与多层次事件对象的关联。聚合作用体现在：多层次事件包含一系列相互承接、相互影响的对象行为，行为链的构建需根据对象行为满足的语义关联要素进行语义关联关系的推理，进而实现多层次事件的表达。

　　条件聚合通过"包含满足事件判定规则且表达事件内容"的"行为过程对象"与"事件对象"对应关系记录。其中，事件的判定规则通常表达为事件的触发条件；事件内容通常描述为事件的发展经过。因此，条件聚合的实例通过以下两类要素综合表达：

(1)对应事件"触发条件"，描述为判定规则定量要素表达的条件变量/条件表达式与经历触发条件的行为过程对象。其中，事件的判定规则定义触发条件，行为过程的运行则提供满足触发条件的状态。基于触发条件的状态，可以建立特征对象到事件对象的状态映射；触发事件的行为过程对象，则构成解析和表达多层次事件并组织事件中包含的行为过程(集)的"核心行为"。主动行为过程和被动行为过程都可以提供事件触发的条件，并描述变化的过程，但是只有主动行为可以提供变化的原因。

(2)对应事件"发展经过"，描述为以时序关系为基本参考的行为过程对象的序列编码。在时序关系的基础上，对应行为过程对象的要素划分，行为过程对象序列编码的依据如下：①前一个行为对象的输出直接作为后一个行为对象的状态输入，形成前后两者反馈不同演进阶段的顺序行为；②前一个行为对象的输出作为后一个行为对象执行的条件输入，形成前后两者呈现因果性触发条件的条件行为或前者对后者施加控制约束的约束行为。

3. 事件域-过程域的控制约束

由于事件内容决定了其包含的行为过程(集)的运行环境，事件中行为过程对象的执行将受到事件对象的约束，因此，定义控制约束(Control Constraint)关系描述多层次事件对象与过程对象间的关联。控制约束通过描述事件的环境信息，为行为过程的执行提供过程模型运行参数的有效取值范围，从而为描述行为过程的内容并理解行为过程链的发展趋势提供约束条件。事件对象对过程对象的控制约束可以划分如下：

(1)取值约束，主要包括过程模型运行参数的值域约束和取值条件约束，针对不同的参数实例，主要可采用的具体约束条件包括：唯一性约束、互斥性约束、顺序性约束、等值约束、子类型约束等；

(2)状态约束，主要包括事件环境中可以接受的行为模型和行为模型运行状态；

(3)变换约束，主要包括事件对象改变行为过程运行的取值条件和状态条件，施加影响行为过程的行为模型选择和模型运行参数，从而导致整体行为趋势的改变。

4. 语义层次关联的变化过程表达

在表达变化过程和地理视频内容的关联性时，各域对象与对象之间不是作为孤立个体进行独立或正交式的描述，而是通过语义对象和不同层次语义对象间的语义关系，综合支持动态变化过程的表达。三域层次要素在联合表达变化过程中的相互关系包括以下几个方面。

在对变化过程的表达能力方面：

(1)通过分类定义特征对象类型并派生相应的行为过程类型，支持对变化内部动力的描述；

(2)通过区分主动行为和被动行为，并显示表达条件聚合关系中的触发条件，提供系统所关注的变化模式，支持变化原因(包括主动行为表达的根本原因和触发条件所定义

的直接原因)的描述;

(3)通过条件聚合关系中的事件经过,回答如何变化的问题,支持变化过程的描述;

(4)通过控制约束关系提供变化行为过程中执行的控制约束条件,支持变化条件的描述。

在地理视频内容的关联性方面:

(1)通过特征对象与行为过程对象之间的状态映射关系,建立变化中"特征对象离散状态"与"变化过程"间的映射关系,实现监控环境中静态特征和动态过程的关联;

(2)通过特征对象与多层次事件对象的状态映射关系,实现监控环境中变化个体与宏观变化进程的关联;

(3)通过行为过程对象到事件对象的条件聚合关系,实现监控环境中局部变化片段和宏观变化进程的多层次包含关联;

(4)通过事件对象对行为过程对象的控制约束关系,实现监控环境中不同变化进程间的时空序列关联和内在因果关联,从而支持地理视频不同数据粒度间的语义关联性。

2.4 面向语义层次的地理视频数据多粒度结构

语义层次结构和语义对象内容的设计是为了支持地理视频数据更有效地描述和表达。通过解析原始视频流抽象出含有丰富语义信息的不同粒度地理视频数据,这样有利于降低信息维度,也有利于提高理解复杂地理视频内容的效率,并支持时空关联分析和决策。因此,本节进一步对可与"各层次语义结构"建立内联映射关系的"地理视频数据结构"展开论述。

对应描述视频监控场景变化要素的特征、行为过程和事件语义层次结构,分别将地理视频的数据结构划分为地理视频帧、地理视频镜头和地理视频镜头组,分为由细到粗的三个粒度层次,各层次的形式化定义和结构特点如下。

2.4.1 地理视频帧

将地理视频数据变化解析的最小结构粒度定义为地理视频帧(GeoVideo Frame,O_{gf})。在面向特征域的表示中,将其形式化定义为

$$O_{gf} = \left(\{C\},\{I\},\{S_{gf}\},\{R\}\right)$$

其中,

(1){C}表示地理视频帧的编码格式、码率、帧率、尺寸、分辨率等帧对象实例化的约束条件,也是地理视频帧对象所具有的固有属性。

(2){I}为与编码格式对应的静态图像对象,图像对象可以直接表达为原始图像,也可以表达为针对状态相对变化的地理实体分离出的前景图像亦或针对状态相对静止的地理场景提取的背景图像。

（3）{S_{gf}}包括：①图像的摄像机方位、姿态、时刻、成像参数等图像物理特征描述，以及可选的领域相关的图像分割规则等外部语义描述；②图像内容中记录的特征对象的特定状态。

（4）{R}表示 O_{gf} 与系统中地理视频镜头和地理视频镜头组的状态映射关系。

地理视频帧是基于变化状态，进行特征对象检测、识别、分割、分类理解的基本数据粒度。在异构的地理视频数据对象和语义对象的关联中，通过从地理视频帧解析的特征对象状态建立与特征对象在特征域中的内联映射关系。

基于地理视频帧粒度层次不仅能直接解析出"视频图像语义"，还能支持监控场景中 O_{ge} {[what]，[where]}，即有什么以及在哪里的"地理对象语义"信息表达。

特别地，将记录特征对象特定状态的地理视频帧标记为地理视频关键帧（GeoVideo Key Frame），用于支持地理视频解析分析中的信息降维处理和组织管理中的特征标注等。

2.4.2　地理视频镜头

对视频内容中动态行为过程的理解基于连续地理视频帧序列。因此，将结构化地理视频数据的变化单元定义为地理视频镜头（GeoVideo Shoot，O_{gs}）。在面向过程域的表示中，将其形式化定义为

$$O_{gs} = \left[\mathrm{AP}(O_{gf}), \mathrm{KS}(O_{gf}), \{S_{gf}\}, \{R\} \right]$$

其中，

（1）$\mathrm{AP}(O_{gf})$ 为状态映射关系下，基于数据相似性划分的连续地理视频帧序列。序列数据是视频分析算法的数据基础，相较于独立、离散的地理视频帧，连续地理视频帧序列因具有时间维度上的连续性而具备运动等多模态信息，因此，能为变化动态过程的表达和解析提供基础；$\mathrm{AP}(O_{gf})$ 序列中的地理视频帧具有相同的实例化条件 {C} 和相似语义项 {S_{gf}} 取值，从地理视频帧层次到地理视频镜头层次的划分支持从静态对象分析到动态现象分析。

（2）$\mathrm{KS}(O_{gf})$ 为 $\mathrm{AP}(O_{gf})$ 中具有语义项峰值的一个或具有相互间最大不相关性的多个地理视频帧。

（3）{S_{gf}}包括镜头对应的摄像机外部语义描述以及镜头内容中所能解析出的一系列对象行为，其中，对象行为能够对应行为过程域对象，{S_{gf}} 是 O_{gf} 在时间维主导下所能表达的更高维度的语义信息，如从时刻到生命周期的语义表达等。

（4）{R}表示 O_{gs} 与地理视频镜头组的条件聚合关系，由 $\mathrm{AP}(O_{gf})$ 决定。

地理视频镜头 O_{gs} 是地理视频语义建模中地理实体行为过程解析与语义描述的基本数据粒度。在异构的地理视频数据对象和语义对象的关联中，通过地理视频镜头所解析的基于轨迹的变化流程与行为过程对象建立行为过程域中的内联映射关系。

基于地理视频镜头粒度层次可以解析与理解监控场景中对象的动态行为过程，表达出"时空过程语义"在地理视频帧"有什么"O_{ge} {[what（how，time）]，[where]}的基础

上，进一步表达包含时间维的"做什么"以及"如何做"的信息 $O_{ob}[\text{what}[\text{how}(\text{time}),$ where]]。

因此，从地理视频帧层次到地理视频镜头层次的递进关系体现在：

(1)在视频数据层面可视为从图像到图像序列的扩展；

(2)在视频内容层面则对应从静态对象状态到动态行为过程的表达。

综上，在面向监控场景理解需求的地理视频数据的组织和关联分析中，将地理视频镜头作为数据组织分析的基本单元。

2.4.3　地理视频镜头组

地理视频镜头作为数据片段所表达的内容是局部片面的，只有相关联才能表达出更高层次的价值和含义。因此，将结构化地理视频数据中呈现专题规则下变化的形成与发展的有序地理视频镜头集合定义为地理视频镜头组（GeoVideo Shoot Group，O_{gsg}）。与地理视频镜头组有序聚集过程相伴随的是从数据到层级递进的主题知识跃迁过程。

地理视频镜头组的有序聚集依赖于多层次事件的划分规则，其聚集内容表达多层次事件的行为流程，因此，镜头组的实例依赖于多层次事件，即满足某特定事件规则时，一组镜头对象才能聚合为镜头组进而描述该事件。其中，地理视频镜头的语义描述是分析其是否满足事件规则，同时是实现进一步聚合推理和判断的基础信息。在面向事件域的表示中，将地理视频镜头组形式化定义为

$$O_{gsg} = \left(\{\text{Ru}\}, \{P(O_{gs})\}, \{S_{gsg}\}, \{R\} \right)$$

其中，

(1) $\{\text{Ru}\}$ 为支持地理视频镜头关联的规则库子集。

(2) $\{P(O_{gs})\}$ 为满足 $\{\text{Ru}\}$ 条件聚合的地理视频镜头集合，满足 O_{gs}-O_{gsg} 以及 O_{gsg}-O_{gsg} 递归嵌套的聚合规则，不同于 O_{gf} 与 O_{gs} 间基于数据相似性的划分，O_{gs} 与 O_{gsg} 的聚合将基于地理视频的语义关联推理实现。

(3) $\{S_{gsg}\}$ 为对 O_{gsg} 内容语义的综合描述，是 $\{P(O_{gs})\}$ 中 $\{O_{gs}\}$ 关联表达后所能反映的更高层次的主题含义，对应了事件域对象。

(4) $\{R\}$ 表示 O_{gsg} 对 O_{gs} 的控制约束关系。

构建地理视频镜头组对象 O_{gsg} 的主要目的和依据是对多层次事件内容的表达。在异构地理视频数据对象和语义对象的关联中，根据地理视频镜头组所满足的事件规则建立与多层次事件对象在事件域中的内联映射关系。

因此，从地理视频镜头到地理视频镜头组层次的递进关系体现在：

(1)在视频数据层面可视为从小尺度、局部连续的视频序列到跨时空区间地理视频集的扩展；

(2)在视频内容层面对应了从对象的短时行为复杂事件信息的表达。

相对于传统由单摄像头记录的物理上连续的视频对象，地理视频镜头组可视为一个

更广义的虚拟视频对象，该对象的"广义性"指从对"数据获取物理连续性"的支持扩展到对"数据内容逻辑相关性"的支持，因此，可以包含来自相同或不同摄像机的地理视频镜头。

2.5　多层次语义耦合关联的地理视频数据模型

数据对象模型是地理视频组织存储和检索的重要基础。由于地理视频和地理实体间存在矛盾及对立的属性与结构等数据特征（详见 1.2 节），传统多媒体 GIS 长期以摄像机为单位，将地理视频作为一种持续获取、记录和传输的流式数据，并以指定基准分割的视频流媒体信息块或文件对象的方式组织存储。由此，地理视频以分割后的信息块或文件对象作为一个整体表达为地理实体对象的多媒体关联属性。这种对象表达形式导致地理空间数据对象和视频数据对象实质的独立，难以进行直观有效的摄像机地理视频数据内容综合一致性的信息监测与集成分析（Baskurt and Samet，2019）。为了支持多约束条件下的地理视频智能检索、快速地理场景重建与时空过程记录，需要建立一种地理空间数据对象和视频数据对象紧耦合的统一数据模型，用于支持对象共享、异构数据互操作的数据组织、存储。本节在地理视频语义层次表达和数据粒度划分的基础上，进一步提出多层次语义耦合关联的地理视频数据模型。

2.5.1　耦合关联的模型框架

针对传统空间数据模型和关联时空信息单一，缺乏通用的视频结构化数据模型，并且尚未定义视频帧之间的时空关系从而难以进行进一步视频信息挖掘等问题，本节基于上文定义的地理视频多层次语义结构及多粒度地理视频数据结构，并结合传统 GIS 对象模型，发展空间、时间、专题、尺度和属性多维地理语义耦合集成表示的视频 GIS 数据模型，实现多尺度、多视角、多时态的视频地理空间对象、视频特征、对象语义和时空过程的统一描述，提供地理空间数据和地理视频数据对象紧耦合的表达基础。模型的核心数据对象构成及关系如图 2-8 所示。

如图 2-8 所示，该数据模型的特点如下：

首先，面向地理视频变化，将地理实体和地理现象的"空间"、"时间"和"属性"三个固有特征专题化为"表达特征对象状态的几何对象"、"表达对象行为过程的地理视频变化对象"以及"综合表达特征对象多维属性和对象行为多维属性的多层次事件对象"，用以实现地理视频数据与常规地理空间数据的整合。

然后，以认知特征"尺度"为核心（图中采用蓝色加粗线条示意尺度维层次核心对象间的关联性），通过多层次事件对象建立"对象语义相关、状态变化时间上相邻以及时空关系明确的多分辨率、多采集范围下的地理视频"与"以时间和空间为固有维度的地理空间数据"的多维属性关联（图中采用加粗线条强调各维度对象与尺度维层次变化特征对象的映射关系），以描述视频监控中各种目标发生的动态时空演变。

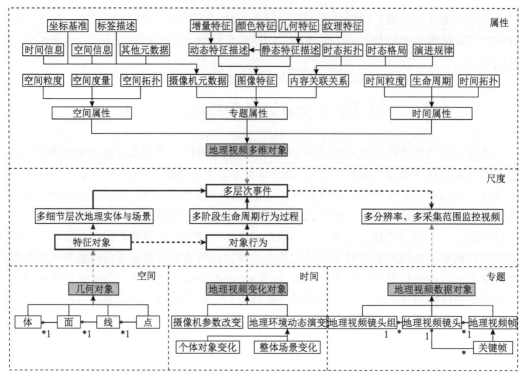

图 2-8　多维地理语义耦合关联的地理视频数据模型框架

2.5.2　专题维度对象表达

专题维度主要表达专题地理视频数据的结构信息，具体以视频图像为结构单元定义结构化的数据对象。如图 2-9 所示，为了服务于数据库组织管理，首先定义抽象表达各粒度地理视频数据的基对象"地理视频"；在此基础上，为了描述实际地理视频数据，依次面向地理视频数据多粒度结构(详见 2.4 节)具体化定义地理视频帧对象，以及以地理视频帧对象为核心要素的地理视频镜头对象和地理视频镜头组对象。其中，①以地理视频帧为视频数据的基本数据表达单元，记录相机位置、姿态等空间参考信息，建立视频帧与地理位置之间的对应关系，同时将视频帧与不具有时间延展性的处于低层次语义空间中的静态特征，如颜色、纹理和几何以及可能存在的音轨特征关联。②以地理视频镜头为数据的存储单元，同时将其与事件描述信息进行关联，动态特征是地理视频镜头区别于地理视频帧的关键特征，可以基于变化状态序列直接表达，也可以通过基于初始状态的增量表达。③以地理视频镜头组为数据的组织单元，同时将其与事件描述信息进行关联，包括高层语义空间的对象和场景信息以及所记录的视频地理空间中时空过程描述和时空语义描述信息，以支持基于模型对时空过程的记录进行准确的时序分析、时空动态分析、时空过程模拟、时空演变等研究。④特别定义关键帧对象用于：标记具有图像特征代表性或特殊属性值的地理视频帧；记录经过解析处理的地理视频帧，如经过前景背景解析的前景帧图像和背景帧图像等。同时，利用关键帧建立图像特征标准化描述数据项，包括专题属性图像特征的颜色特征、纹理特征、形状特征等静态特征

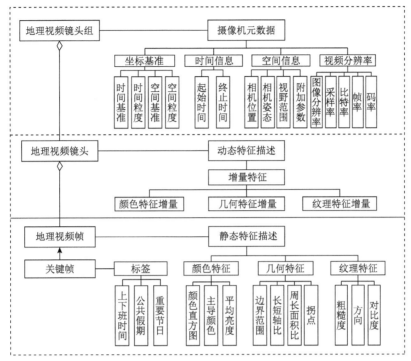

图 2-9　地理视频数据专题维度的对象表达

项，以及基于静态特征项增量反映摄像机和目标的运动特征等的动态特征项。按照前述步骤能够建立数据集中所有视频特征的特征库，并将特征信息索引关联至每个视频关键帧，进而索引关联至各粒度层次的地理视频结构对象。作为结构数据对象的快速匹配条件。专题维度的对象表达实现结构与粒度异构的地理视频数据与内容语义信息基于解析关系的多层次集成，为基于语义内容的知识密集型数据关联组织提供基础。

2.5.3　空间维度对象表达

空间维度主要表达三维监控场景空间和二维视频图像空间的实体对象和建模对象在任意时刻状态下的形状、大小、尺寸、位置等空间信息，如图 2-10 所示。其中，①三维监控场景空间的实体对象具体包括：监控场景空间的地理实体和实体摄像机；②三维监控场景空间的建模对象主要包括：摄像机三维视点模型(详见 2.2.1 节)以及在监控场景中跟踪的移动对象的三维轨迹，主题应用中设置的区域范围、边界范围、定位点等；③二维视频图像空间的实体对象包括：基于图像解析的对象，支持矢量表达和栅格表达两种形式；④二维视频图像空间的建模对象包括：在图像空间中跟踪的移动对象图像轨迹，主题应用中设置的区域范围、边界范围、定位点等。空间维度具体以几何图形对象形式描述，根据统一表示的三维 GIS 数据模型(朱庆等，2011)，具体化为几何基类 "组" 派生的点、线、面和体四种可抽象表达整个三维空间的基本空间元素，以及每种几何元素泛化的具体几何对象类型。

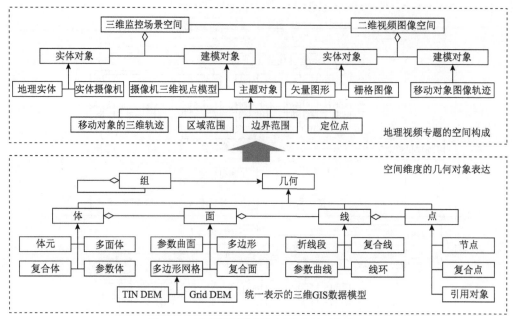

图 2-10　地理视频数据空间维度的对象表达

三维监控场景空间和二维视频图像空间通过摄像机元数据的时刻、位置与姿态等参考信息，建立地理视频帧与监控地理环境的成像关系，实现三维监控场景空间对象与二维视频图像空间对象的映射，因而可以支持将关键帧图像中的相对参考空间映射至统一的三维空间参考下，实现离散状态信息的统一地理空间表达，同时还支持从三维时空数据库中快速搜索匹配到各关键帧所关联的多尺度模型的集合，以及每个模型具有的语义信息（包括时空语义与专题语义）、实体间的语义拓扑关系等，为监控场景的三维重建提供支撑数据。空间维度的对象表达实现地理视频专题与现有三维 GIS 核心对象模型的集成，为利用三维时空数据库中丰富的对象语义信息及其语义拓扑关系进行地理约束的关联分析提供基础。

2.5.4　时间维度对象表达

时间维度主要表达地理视频数据空间对象的时序变化过程与变化结果信息，包括摄像机参数变化，由摄像机参数改变带来的地理视频图像特征相对变化，以及由地理环境动态演变导致的地理视频图像特征绝对变化（详见 2.2.1 节），具体表达为空间对象各特征集的时序增量。根据空间对象的划分，地理视频专题的时间维包括三维监控场景空间摄像机参数与地理环境的变化，以及二维视频图像空间的图像特征变化，每种变化都可抽象化为个体对象变化、群体对象集变化以及整体场景变化。为了实现对时间维度时序增量特征的对象表达，面向特征域语义层次，结合 GIS 时空数据模型研究中 Roshannejad 和 Kainz（1995）、Yuan（1999）、Hornsby 和 Egenhofer（2000）、Frank（2001）、Voudouris（2010）和 Devaraju 等（2015）对时空对象基本变化类型的建模，根据地理视频专题可识别的变化类型将地理视频数据的增量特征对象化，如图 2-11 所示。具体包括基本变化、形变、移动和群组变化四种抽象的变化模式，并依次泛化为出现、停留、消失，扩张、变形、收缩，旋转、位移，以及合并、拆分四类具体的变化增量对象。时间维度的增量对象表达实现地理视频专题与现有 GIS 时空数据模型中各类对象的形式化集成，为基于地理视频数据内容描述以地理环境为目标的监控场景中各种对象的几何、语义、物理和行为等要素及其演化过程提供基础 (Pan et al.，2016)。

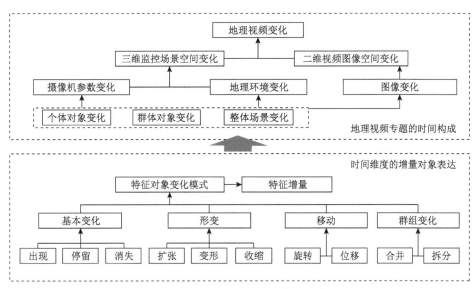

图 2-11　地理视频数据时间维度的对象表达

2.5.5　属性维度对象表达

属性维度用于综合表达数据类型、粒度和空间维度异构的地理视频时间、空间和专题对象。如图 2-8 所示，具体面向地理实体和地理现象，在空间、时间和属性三个方面的固有特征集成抽象为地理视频多维对象。属性维度的综合表达为异构的地理视频数据建立了统一的描述框架，也为集成离散地理视频数据提供了数据与语义的描述总纲。

2.5.6　尺度维度对象表达

尺度维度用于多维地理要素的耦合表达，时间、空间、属性和专题通过尺度维集成。对于多维地理要素的耦合表达，①空间维度的耦合集成：利用参与变化的特征对象各不同状态在空间域中的位置、结构和形态的几何场景描述，构成了对变化空间维度信息进行集成表达；变化在某时刻的状态为参与变化的各特征对象在该时刻的状态集合。②时间维度的耦合集成：利用变化所包含的各行为过程对象的变化阶段与生命周期描述，构成了对变化时间维度的信息集成表达。③属性维度的耦合集成：利用事件对象中所包含的判断规则和事件内容，构成了对变化专题属性维度信息进行集成表达 (周楠等，2021)，从而实现对多尺度、多视角、多时态的视频地理空间对象、视频特征、对象语义、时空过程的统一描述，进而支持对监控场景中各种目标发生的动态时空变化和演变过程信息的组织，以及复杂地理环境中时空计算、关联分析与约束检索。

尺度维度利用基于事件的描述，将对象语义上相关、状态变化时间上相邻和时空关系明确的若干个视频场景的组合与三维时空数据库关联起来，用来重点描述视频监测中各种目标发生的动态时空变化和演变。尺度维度的集成表达为地理视频专题涉及的多尺度、多视角、多时态的地理视频数据，地理空间对象、视频特征、对象语义、时空过程等异构的数据类型，对象类型和属性类型提供了统一的关联模式与匹配方法，有助于为进一步发展高效灵活的面向特征和基于过程的地理视频数据集组织方法，为建立基于监控内容特征与过程的多维约束检索、快速地理场景重建与时空过程记录提供支撑。

2.6　本　章　小　结

数据模型是决定数据表达与分析能力的理论基础(孔云峰，2010)。对于以全局相关性为核心价值的地理视频大数据，实现其多维关联建模是支持后续高效分析计算与深度知识挖掘的关键问题。为此，本章针对传统视频 GIS 模型在支持多摄像机地理视频有机关联表示上的局限，进而难以支持复杂城市环境中存在时空跨度并具有内部演化阶段的公共安全事件整体时变进程表达和全局认知难题，提出一种面向时空变化的多层次地理视频语义关联模型。

该模型的特点是：将地理视频变化作为一种新的地理信息类型和建模对象。基于人们理解地理环境复杂动态性的过程认知规律，基于综合表达地理视频数据和地理视频内容变化共性要素的"特征域—过程域—事件域模型，"定义地理视频多粒度层次的数据结构和多语义层次的对象描述，实现了地理视频数据多粒度层次的语义表达框架并建立了层次间面向变化过程的关联性，特别地：

(1)在各层次语义对象内容描述的基础上，通过依次结合特征域的地理位置语义、行为过程域的地理轨迹语义以及事件域的地理环境语义，实现各层次地理环境语义与视频内容语义的有机结合，为多监控场景间地理视频片段面向连续地理过程的地理关联表达提供基础。

(2)基于地理视频多层次语义结构及多粒度地理视频数据结构，并结合传统 GIS 对象模型，发展空间、时间、专题、尺度和属性多维地理语义耦合集成表示的视频 GIS 数据模型，实现对多尺度、多视角、多时态的视频地理空间对象、视频特征、对象语义和时空过程的统一描述，提供地理空间数据和地理视频数据对象紧耦合的表达基础。

该模型研究的理论价值在于：为地理视频数据提供了一个高效表征知识的高层语义视图。该模型从高层语义视图的角度分层分类地描述数据，能够表达地理视频面向公共安全事件的数据特征和多视频间内容关系的同时，避免了直接理解原始数据的冗繁细节，因而有助于对监控场景全生命周期多尺度危机事件的感知和理解，以及建立针对事件的监控视频组织与搜索任务的关联约束，其不仅为从地理视频大数据中准确定义、发现和获取用户所需的数据提供支持，也为其在线计算和语义关联约束的高效组织检索策略的设计奠定基础。

第3章 内容变化感知的地理视频数据自适应关联聚类方法

本章针对现有 GIS 领域研究中基于单一时空标签关联方法和计算机领域研究中面向局域时空对象地理视频关联方法均难以根据城市突发事件应急处置任务中对多尺度复杂行为事件信息的理解需求,实现对监控环境中分散的地理视频数据进行快速整合和检索的问题,提出一种内容变化感知的地理视频数据自适应关联聚类方法:通过对地理视频内容变化的多层次事件感知建模,实现事件感知驱动的地理视频语义元数据多层次关联;进而利用语义元数据关联约束,实现地理视频数据的多层次聚类(解愉嘉和刘学军,2017)。具体依次归纳网络监控环境多摄像机地理视频数据的内容变化特征;定义地理视频内容变化的多层次事件感知模型;提出事件感知驱动的地理视频数据多层次关联聚类方法,旨在实现不均匀和离散分布的地理视频数据面向涉案语义信息的聚类组织,服务于涉案数据检索。

3.1 引　　言

在地理空间数据的组织研究中,合理的数据聚类不仅能实现对分散地理信息资源的高效整合,快速提高数据内容中信息与知识的表达效率,还有助于支持高效数据存储结构与索引方案的构建,有效缩小关联分析和深度挖掘的搜索空间。因此,发展内容变化感知的地理视频数据关联聚类方法成为继数据关联建模表达之后,"支持关联约束检索的地理视频组织研究"的关键问题。

现有网络监控环境产生的地理视频已包含总量 PB 级甚至 EB 级的历史档案和实时接入的大规模密集型视频流,形成兼具体量大、类型多、变化速度快的外部特征和高维关联、低价值密度、非平稳的内部特征的复杂大数据集(王飞跃等,2021)。作为集成地理空间信息与多媒体信息的新型地理空间数据,网络监控环境的地理视频获取方式和数据形式使其形成了以地理位置为核心的独特的视频内外场景时空映射,产生紧密的时空相关性,构成场景和场景对象等要素间时间、空间、对象、行为、尺度等多维地理时空关联的核心大数据价值。然而,数据间时空语义等高维特征关联特性,在提供丰富知识挖掘的数据基础和潜能的同时,也随之带来表达和理解的"维度灾难",过量关联信息的生成、繁殖和传播将造成实际数据使用任务中有效信息整合、组织及内化理解的困境,严重制约地理视频知识表达效率和检索性能。因此,面向城市公共安全事件应急处置的任务需求,如何建立数据关联特征价值适应性的地理视频数据分组聚类机制,支持辅助突发事件认知与决策的数据快速整合,特别是数据中信息与知识的高效理解,成为决定地理视频数据组织方法有效性和数据利用效率的关键问题。

从网络监控环境多摄像机地理视频数据信息关联特征价值的角度分析：根据前文的讨论，特定摄像机所获取的地理视频数据是动态城市环境在对应摄像机成像的局域时空范围的特定尺度"时空窗口"中的映射，反映城市环境的变化片段，视频数据内容因此具有相对于地理环境的时空局域性。但是，不同于单个摄像机孤立的局域监控，监控网络系统中面向城市地理环境整体获取的多路地理视频具有多时空尺度、多视角以及多方位全局展示城市地理监控场景的独特性；由于人们对复杂公共安全事件的认知是一个随时空尺度增长而层级递进的过程，面向城市地理环境整体获取的多路地理视频数据内容背后对应的局部小尺度、阶段中尺度和多阶段联合的全局大尺度共同构成的多尺度复杂公共安全事件信息由此成为其服务于安防监控独特的信息与知识价值。

然而，回顾绪论中对现状的分析：监控视频的存储管理与应用模式和地理视频数据信息与知识价值，特别是其时空分布特征间产生的日趋严重的矛盾，将阻碍信息价值的表达、挖掘与检索。首先，当前监控网络获取的地理视频数据多采取以行政区划为数据组织单元，以交管、公安等职能部门为组织单位的数据流分散、独立存档模式，形成了地理区域间孤立的数据集；此外，在数据存储方面，以时空参考和原始流信息为主，服务于面向异地信息提取与后期查阅的传输和存储，当需要挖掘对象和行为等内容语义信息(如人脸、车型、车牌、运行方向)时，需要消耗较大计算空间和时间资源进行回溯遍历；而传统地理视频处理方法也因此主要局限于以摄像机为处理单位，将每一个摄像机获取的视频数据作为基本数据对象和独立处理单元。但随着城市环境日趋复杂，公共安全事件逐步呈现出时间上多频次、空间上跨区域的多尺度流动性，以及多阶段演化、单体引发群体等多因素复杂性的新特征。这些特征，一方面使涉案地理视频的时空范围从局部扩大到整体，迫使现有数据组织管理方式下的视频数据的处理范围和数据量急剧膨胀，大数据量和低价值密度的矛盾日益突出；另一方面还使涉案视频的内容特征从单摄像机的局部图像相似发展为跨摄像机的全局内容相关，且相关性呈现地理空间局部稠密与全局稀疏特征(杨戈，2021)。因而，现有分散独立存档和局部解析分析的地理视频数据处理模式割裂了数据内容的整体性，严重制约了数据中知识的高效表达能力，使地理视频知识解析面临计算密集型和数据密集型的新挑战，处理结果时效性和应急决策限时性的矛盾也日益突出，难以满足全局范围内涉及多尺度复杂公共安全事件信息的数据高性能检索。因此，为支持涉案地理视频数据的高效整合和公共安全事件的深度理解，针对公共安全事件跨时空区域的分散性特征，建立地理视频内容在局部图像(图像序列)小尺度和地理空间大尺度间全局关联的分组聚集机制，实现提升数据价值密度的同时，如何缩小面向公共安全事件的地理视频关联分析和深度挖掘的搜索空间，并提升地理视频知识表达效率和数据检索效率，成为发挥地理视频安防价值的前提，也是建立适应性的地理视频数据关联组织机制亟须解决的核心命题。

回顾绪论中对相关研究的综述，可知 GIS 领域的地理视频关联方法所采用的关联要素已局限于摄像机的时空参考信息，进而在整体视频流的数据粒度层次建立时间维度或空间位置维度的摄像机时空参考元数据关联映射。计算机领域的相关研究虽然面向视频内容，但在数据的关联方法中主要采用实体对象的距离和方位等空间关系为关联要素，进而在视频帧的粒度层次建立独立视频帧间对象特征的相似性关联或连续视频序列中对象的局部空间关联。因此，现有研究均难以支持对数据中所蕴含的多尺度复杂行为事件信息的理解。

为此，本章针对现有 GIS 领域研究中基于单一时空标签关联方法和计算机领域研究中面向局域时空对象地理视频关联方法均存在关联能力不足，难以根据城市突发事件应急处置任务中对多尺度复杂行为事件信息的理解需求，实现对监控环境中分散的地理视频数据进行快速整合和检索的问题，基于第 2 章"面向时空变化的多层次地理视频语义关联模型"，进一步提出一种内容变化感知的地理视频数据自适应关联聚类方法。该方法的特点是：①基于地理视频语义模型中各层次变化语义概念和数据粒度框架，充分利用内容变化的共性特征，建立多层次事件驱动的地理视频自适应关联聚集机制，为涉及多尺度复杂公共安全事件的地理视频数据的任务适应性的快速整合提供有效方案，这样有助于提升监控网络系统中多路地理视频背后所蕴含的非连续和跨区域监控场景中多尺度复杂行为事件的认知计算能力与信息表达效率，也有助于发展多摄像机地理视频面向事件任务的关联约束组织检索策略。②面向上述关联机制，采用统一地理框架中融合空间、时间和属性信息的对象状态与行为轨迹作为关联感知的载体，该方案在克服时空属性分立对于处理地理视频内容变化过程信息局限的同时，不仅实现了地理视频内容在时间、空间和属性上高维特征关联特性复杂度的降维处理，还支持了综合地理视频内容相似和统一参考基准下地理相关的关联解析，实现了数据全局关联性的可表达、可理解和可度量。

3.2 节首先归纳网络监控环境多摄像机地理视频区别于传统多媒体视频的内容变化特征，其次阐述其面向城市公共安全事件应急处置任务进行数据聚类组织的难点和需求；3.3 节针对聚类组织需求中的关键问题，提出地理视频内容变化的多层次事件感知模型，为多摄像机地理视频提供语义元数据的关联关系感知与分组聚集度量依据；多层次事件感知模型的提出是为了支持多摄像机地理视频基于语义元数据的关联聚类，因此 3.4 节进一步提出一种事件感知驱动的地理视频多层次关联聚类方法，并基于现有图像处理技术提出一种通用的关联算法流程；3.5 节针对全章内容，总结关联聚类研究的要点、特点与理论价值。

3.2 网络监控环境多摄像机地理视频数据的内容变化特征

复杂城市环境公共安全事件时间上多频次、空间上跨区域的多尺度流动性，以及多阶段演化、单体引发群体等多因素复杂性的新特征，使面向应急处置任务的有效决策需要从对事件知识是"什么"(What)和"哪里"(Where)的现象认知，进化到对"为什么"(Why)和"是怎样"(How)的过程认知(Lin et al.，2013；李佳，2018)。地理视频数据高时空分辨率的内容特征为动态过程运作机制展示，以及探索其原因和影响提供了基础。新形势下的任务需求和数据特征带来的机遇，亟须以空间信息科学为背景的多摄像机地理视频数据组织思路，实现从"面向事件静态格局认知的时空区划组织"到"面向事件动态过程认知的变化内容组织"的转变。为了基于上述思路更好地服务于对公共安全事件内容的直观理解和相关数据的快速检索，网络监控环境多摄像机地理视频的聚类方法研究需要充分顾及其体现数据价值的内容变化特征(何娣，2017)。

本节针对网络监控环境多摄像机地理视频区别于传统社会媒体视频数据价值的内容变化特征展开分析与讨论。具体面向变化构成中参与变化的特征域对象和驱动变化的过程域对象(详见 2.3 节)，将变化特征归纳为：①变化要素的时空非均衡分布特征，②变化过程的时空多要素耦合特征，③变化过程耦合的多尺度效应特征，并在此基础上，逐特征分析内容特征带来的地理视频数据特征和影响聚类组织关键问题，为后续提出地理视频内容变化的多层次事件感知模型和研究多概念层次聚类方法提供出发点和理论依据。

3.2.1 变化要素的时空非均衡分布

不断变化着的地球表层的重要特征与空间结构，以及人类与地表环境间的交互关系，已成为现代科学和社会的核心内容(USA National Research Council，2010)。人类活动和活动依托的地理环境变化作为引发地理视频内容变化的内部因素，成为公共安全监控任务的重点关注内容(详见 2.2.1 节)。变化要素时空非均衡分布指人类活动和地理环境的变化在空间密度和时间分布格局上的差异性。人类活动的地理环境空间常根据其内容特征和功能特征被进一步划分为远郊空间、城市空间和室内空间三个研究层次。其中，人口稠密是地理学、社会学、规划学和经济学定义城市区别于远郊空间的共性特征之一，人类活动具有以城市为中心的区域聚集性：大量的数据观测与统计研究表明，城市作为地理空间中的有界区域所占全球地表空间面积比仅约 0.4%[①]，但随着城市化进程的不断加速，至 2050 年全球各区域 56%～80%的人类活动将聚集于城市范围内，甚至全球每 8 个城市人口中，就有 1 人活动在最大的 28 个超级大城市中[②]；另外，随着城市建筑功能的多元化和基于互联网虚拟世界交互能力日新月异的发展，80%的人类活动时间进一步聚集于室内空间中(朱欣焰等，2015)。由此，在"远郊空间-城市空间"以及"城市空间-室内空间"相对层次中，产生以城市空间和室内空间为热点的人类活动区域，以及以远郊空间和城市空间为代表的非特征区域。在不同的非特征区域中，人类活动和活动依托的地理环境变化具有以下不均衡的时空分布特征，包括：

(1)在热点区域，呈现时空聚集性、过程持续性、类型多样性和交互频繁性；

(2)在非热点区域，呈现相对的时空稀疏性、过程间断性、类型单一性和交互稀少性。

人类活动和活动依托的地理环境变化的时空非均衡分布使多摄像机地理视频内容相关变化要素产生局部稠密性与全局稀疏性共存的数据价值密度特征，由此产生的影响和对数据聚类的独特需求包括以下内容。

1. 全局稀疏的数据低价值密度

多摄像机地理视频内容变化的全局稀疏性是地理视频大数据量和低价值密度矛盾

---

① http://blog.sina.com.cn/s/blog_4caedc7a0102e3dt.html
② http://www.chinabgao.com/stat/stats/39318.html

产生的根本原因。对现有基于时空区划组织存储的地理视频进行分析时，需要对存储的低价值密度原始图像数据进行基于时空参考元数据回溯关联检索与分析，其数据密集和计算密集特征需要消耗大量的计算资源，特别在面向突发安全事件检测等时间依赖程度较高的应用时，处理结果的时效性难以得到保障；此外，大量冗余和无关信息不仅湮没了价值信息主体、干扰了目标信息的表达，还浪费了存储计算资源。

因此，对多摄像机地理视频的数据组织需要对原始数据进行信息过滤，合理提取并基于有价值变化要素的显示表达组织数据，减轻数据利用中的计算开销。

2. 局部稠密的数据高维特征关联

多摄像机地理视频内容变化的局部稠密性则将使地理视频数据和变化特征间的映射关系变得复杂。不同数据对象和变化特征间可能同时存在一对多、多对一和多对多的映射关系，特别在变化特征自身具有高维关联度的场景中，数据对象和变化特征间的多样性和局部稠密映射关系造成的信息密集化、特征多样化、影响高速传播化，无疑将加剧关联规则、索引和存储结构构建的复杂度；此外，原始地理视频作为流媒体存在时间连续性和存储单元有限性的矛盾，使在连续视频流分段处理成为满足现有粒度适应性存储条件的必要手段，在此过程中，局部稠密特征下各变化要素的空间叠置和非同步的生命周期将严重阻碍各变化特征表达粒度和完整性的平衡。

因此，对于多摄像机地理视频的数据组织，需要针对局部稠密数据区间，在维护变化特征完整性的基础上执行信息简约优化处理，特别是避免关联信息过载，降低认知负担。

3.2.2　变化过程的时空多要素耦合

变化过程的要素耦合指两个或两个以上的要素在同一时空变化流程内或不同时空变化流程间存在相互作用与紧密配合的地理现象。人类活动和活动依托的地理环境是以"城"为代表的自然地理空间和以"市"为代表的人文社会经济空间的综合系统，其综合性主要体现在时空要素的多样化。网络监控环境多摄像机地理视频的高维关联特征，使其数据内容中的多样化要素均不是独立存在的，而是形成了独特的"牵一发而动全身"的时空整体性，即当某一项或某几项要素变化时，其他要素甚至整个地理环境状态也随之改变，其整体性的核心意义也是各个时空要素之间相互联系、相互影响的依赖作用而使变化过程间产生耦合现象。基于三域语义特征要素的定义(详见 2.3 节)，并借鉴 Xu 等(2013)对一般地理现象相互作用关系的分类，人类活动和活动依托的地理环境变化过程的时空多要素耦合作用可主要归纳为以下三类。

(1) 作用(Action)：特征对象在其他对象的约束作用下受到变化条件的限制；
(2) 涉及(Involvement)：特征对象在过程对象的执行作用下产生状态的改变；
(3) 影响(Influence)：过程对象在与其他过程对象的交互作用下产生流程的变化。
不同类型的要素作用使地理视频数据产生不同的耦合模式。根据数据内容涉及的耦合特征，可将耦合模式归纳为以下三类。

(1) 公共耦合(Common Coupling)模式：涉及相同、相似或相关的特征对象；

(2) 嵌套耦合(Nesting Coupling)模式：包含共同的变化过程区间；

(3) 控制耦合(Control Coupling)模式：变化过程输入/输出参数的直接或间接传递。

各耦合模式中要素作用的紧密程度将影响耦合程度。耦合程度越大，其耦合关系越紧密，变化过程间的联动约束作用就越大。由于对变化过程间的联动约束作用度量是支持数据聚类分组的基础条件，因而需要一组表示具体数据对象间耦合关系及其紧密程度的特征参数，用于衡量耦合强度。针对上述不同耦合模式涉及的耦合特征，可行的耦合强度度量特征可包括以下参数：

(1) 相同、相似或属性相关的特征对象数目，以及相似度或相关度；

(2) 共同的变化过程区间的层次、范围和比例；

(3) 输入/输出交互参数数目、复杂度和权重。

上述人类活动和活动依托的地理环境变化的时空多要素耦合使多摄像机地理视频内容中的相关变化过程相互作用、相互依赖和相互制约，产生变化过程的衍生、转变、迁移、合并、消亡等，反映出地理视频数据内容变化的时空内在联系和变化规律。由于耦合作用是产生变化过程关联的基础，因此耦合作用的特征参数将直接影响地理视频内容关联分析与聚类策略，本节从关联关系的判别、度量以及关系特征角度考虑以下两方面内容。

1. 耦合类型及其判别条件的多样性

多摄像机地理视频内容变化不同形式的耦合模式及其涉及的不同对象和多维对象特征项决定了地理视频数据内容耦合类型及其判别条件的多样性(张旭等,2019;何贝等,2012)。耦合关系类型和测度的多样性特征使传统基于镜头相似性和相似距离测度的内容聚类分析技术面临挑战：一方面，根据 2.3 节对地理视频语义要素的分析和建模，可知多摄像机地理视频数据的变化不仅具有传统媒体视频的内容特征项，还特别具有统一时空参考基准的地理语义特征项，传统基于图形图像内容特征的相似性度量体系缺乏对地理语义特征项测度的适应性；另一方面，多样性关系带来高维空间中普遍存在的特征稀疏及其不规则分布，使传统基于空间基准、适应于空间聚集性特征的距离测度难以适应空间格局不规则的价值密度特征度量，价值特征时空格局的复杂性需要引入更多的约束项来度量变化的关联性；此外，传统聚类分析以面向数值型特征项的空间距离作为数据集相似性度量的基准，空间各维度具有结构等价性和数据类型统一性，而不同于空间距离单一的数值型描述，多摄像机地理视频内容变化不仅具有高维相关的特征属性，而且内容相似性、地理特征相关度等特征属性涉及大量非数字型表达形式；同时，特征的属性项结构、含义和数据类型均存在多样性，使传统空间距离测度指标无论在特征维度方面还是在测度指标方面，均难以适应地理视频的内容变化分析。

因此，对多摄像机地理视频的数据聚类不仅需要在满足多任务条件关联特征项可伸缩性和计算复杂度可控的条件下，建立综合与抽象高维语义异构特征的关联描述形式，还需要建立表达形式基础上兼顾内容相似和地理特征相关的度量基准。

2. 耦合作用的矢量性与传递性

多摄像机地理视频内容变化耦合作用的内在依赖性和不同变化过程输入与输出间存在的紧密交互决定了地理视频数据内容耦合关系具有矢量性。变化过程中产生交互的两方具有不对等的角色和作用,即交互作用的影响是从作用一侧向另一侧传输,典型情况如一个变化过程的输出作为另一个变化过程的输入,则两者的耦合关系中前者指向后者。因此,多摄像机地理视频内容变化耦合关联关系除了具有传统媒体视频标量特征外,还具有方向性的矢量特征。此外,耦合作用可以通过不同变化的交互产生传递性,如变化过程 A 在特征集 m 上与变化过程 B 耦合,变化过程 B 在特征集 n 上与变化过程 C 耦合,则通过 B,A 和 C 也形成了耦合关系。矢量特征和传递性使多摄像机地理视频数据内容变化整体关联产生区别于传统媒体视频特征相似度量集合表征基础上的链式表征,体现莱布尼茨时空观中对于"动态变化过程是时空现象序列本质这一问题"的描述。

因此,对多摄像机地理视频数据聚类不仅需要支持传统媒体视频聚类对特征相似数据的聚集,还需要特别顾及多摄像机地理视频内容变化耦合作用的矢量性与传递性,支持聚类集合内部数据组织单元间"方向相关的有序表达"。

3.2.3 变化过程耦合的多尺度效应

"尺度"作为地理科学中的古老命题,是决定和反映人类认知层次的重要维度(Goodchild and Quattrochi,1997;李霖和应申,2005)。变化过程耦合的尺度效应指相互作用且彼此影响的两个或两个以上变化过程通过要素耦合产生关联性,从而联合起来共同产生内容表达张力,形成人类认知空间中比"原有变化过程独立表达或简单集合表达"更高层次含义的现象。根据耦合的参数差异及其相互作用的差异,耦合含义具有多样性和多变性;其中,面向公共安全事件的理解任务,基于 Xu 等(2013)对变化过程关系的分类,一种归类理解耦合含义相对通用的方式为:根据安全事件发生发展的演进阶段、趋势影响和因果规律特点,划分两两变化过程间关联依赖性逐步增强的三种基本关联关系。

(1)顺序关联(Sequential Correlation):表达两变化过程作为时间视图上具有时态次序性承接的不同演进阶段,如行人依次经过道路沿线相邻的两建筑。在具有顺序关联关系的变化过程中,前者不对后者施加影响,体现变化过程的自然发展。顺序关联关系具有前者指向后者的单向性,是变化过程间依赖强度最弱的一种关联关系。

(2)约束关联(Constraint Correlation):表达两变化过程中,一方对另一方产生约束,影响其发展趋势,如两人在追击过程中,一方受另一方的拦截约束作用而改变其既定的移动路线。在产生约束和受到约束的两变化过程中,约束作用的影响强调后者的执行方式和(或)执行结果受到前者作用而改变,但后者仍具有发生发展的独立存在性和驱动力。约束关联关系可以是双向的,两变化过程可以分别对彼此产生约束,是变化过程间强度居中的一种关联关系。

(3)控制关联(Control Correlation):表达两变化过程中,一方触发另一方发生,如安全监控中,当管理人员发现了异常变化而做出相应的反应过程。因此,不同于约束关联,在产生控制和受到控制的两变化过程中，控制关联强调后者发生发展的存在性决定于前者。控制关联关系也具有前者指向后者的单向性，是变化过程间依赖强度最强的一种关联关系。

基于以上三类耦合关联关系，多摄像机地理视频内容变化的尺度效应产生机制可抽象描述如下：

(1)变化过程通过耦合作用产生的顺序、约束、控制关联；具有耦合关系的两变化过程及其关联关系一起构成事件发生及规律演变过程中的包含三元组的关联单元。

(2)在关联单元中，一方面，"变化过程的多对象特征"及"耦合作用的多要素特征"为基于不同特征的多层次认知提供了基础；另一方面，耦合作用在不同关联单元间的传递，产生关联单元的复合，这种可复合性为建模宏观地理事物和现象的变化提供了表达基础，产生认知层次中事件演变规律的链式表征，使不同层次的认知形成递进的多尺度效应。

变化过程耦合特征机制的多尺度效应使对多摄像机地理视频内容相关变化的认知产生"尺度依赖"(Scale Dependent)。尺度依赖不仅使数据间关联关系产生对应不同尺度的层次特征，也决定了对数据不同于划分式聚类(Partitional Clustering)的层次聚类(Hierarchical Clustering)组织需求。其中，由数据特征导致的难点和关键问题包括以下几个方面。

1. 尺度特征参数表达的复杂性

变化过程耦合中，多要素特征在为不同层次的认知提供基础的同时也带来了尺度特征参数表达的复杂性。虽然在地理科学研究的时空语义广义尺度概念中，不同地理学科分支已经定义了不同内涵与外延的多种尺度类型(Ai and Cheng，2005)，但对于现有的具体数据集，通常基于研究范围(区域大小、粒度)、比例尺、精度或分辨率等特定且单一的数值型尺度参数来描述尺度，典型的地理空间数据尺度表达示例，如以分辨率为尺度参数的影像细节层次或以比例尺为尺度参数的数字地图(陈军，2012)。而尺度特征对于多摄像机地理视频内容变化的认知问题而言，则同时涉及分别映射监控内、外场景的"地学现象运行尺度"和"地理研究观测尺度"的多参数和多参数类型(丰江帆和宋虎，2014)。其中，地学现象的多运行尺度效应是地理问题的复杂性体现，具体对应支持一定认知特征表达的人类活动和活动依托的地理环境变化过程所具有的时空结构和发生范围；而地理研究的多观测尺度是监控网络复杂性的体现，具体对应能监测到符合一定特征的上述变化过程所涉及的监控时间范围、视域范围、视角和分辨率。耦合关系的多参数复杂性将导致各认知层次所关注的特征产生层次间的变异，即不同尺度表现出不同的特征，使传统单一的数值型尺度参数难以满足尺度描述。

因此，对多摄像机地理视频的数据聚类需要构建反映多参数复杂性的尺度描述体系，支持变化过程认知中尺度依赖的异构层次特征定义。

2. 尺度域划分与多尺度关联的不确定性

变化过程耦合中尺度参数表达的复杂性进一步带来了尺度域划分与多尺度关联的

不确定性。尺度域及其识别是从地学角度研究尺度问题的一个着眼点，任何一个尺度参数的改变都意味着聚类层次的改变(李小文等，2009)。地理学分析中的尺度划分和选择并非是任意的，而是需要面向表达、理解、分析和可视化等特定应用任务，确定适合任务需求的特征层次(Lloyd，2014)。现有不同地理学科分支和多样地理空间数据的尺度域划分的共性特征是基于统一的特征体系，利用特定尺度参数进行尺度域划分，一个典型示例，如我国根据"精度"表达的任务需要，设定 1∶100 万、1∶25 万、1∶5 万和 1∶1 万的多尺度数字高程模型表达。然而，不同事件认知层次特征体系的变异，使多摄像机地理视频内容变化的尺度域难以基于统一尺度参数表达。

因此，对多摄像机地理视频的数据聚类不仅需要以任务理解需要为导向，面向多类型特征进行尺度域划分，使给定尺度层次划分中的地理视频聚类能体现相应层次的独特特征；还需要建立多语义特征与多尺度参数的映射，并维护不同尺度中特征和参数的关联性，以支持层次聚类数据间的访问，为支持关联约束检索的地理视频组织提供支撑。

3.2.4　内容变化特征对数据聚类组织的影响与需求

根据以上讨论，综合分析网络环境多摄像机地理视频内容变化特征对数据聚类组织的影响和需求：一方面，变化过程耦合多尺度效应产生的多摄像机层次概念，使现有常用于地理空间数据的划分式聚类组织方法难以支持网络监控环境多地理视频数据内容变化中，对多层次复杂公共安全事件价值特征的快速整合与高效理解；此外，变化过程多要素耦合产生的异构过程相关性，使现有基于图像结构特征和图形对象语义特征相似度的社会媒体视频数据面向内容主题的聚类组织方法难以支持多层次复杂公共安全事件不同变化过程间对相关性知识的理解(陈光和郑宏伟，2017)。因此，为了实现对分散的网络监控环境多摄像机地理视频数据的有效聚集，需要充分顾及其内容知识特征。

概念聚类(Conceptual Clustering)是一种面向领域知识进行数据聚类的有效方法。地理视频知识价值的认知任务决定了其面向事件知识实施概念聚类的高效数据组织需求。概念聚类的关键问题是概念属性确定和属性关系的度量。然而，地理视频内容变化特征的"变化要素时空非均衡分布"和"变化过程多要素耦合"直接影响概念聚类处理思路中，"支持对事件动态过程高效理解的聚类概念表达"和"基于概念的分组聚集"两个关键问题，因此，为实现合理高效的数据聚类策略，需要充分针对上述特征进行方法设计；特别地，在基于概念聚类的基础上，内容变化特征中"变化过程耦合的多尺度效应"还进一步提出了面向监控过程理解的多摄像机地理视频聚类组织层次聚集的核心结构需求，综合以上要点问题，3.3 节首先提出一种地理视频内容变化的多层次事件感知模型，为多摄像机地理视频面向层次结构的概念聚类需求提供一种基于内容变化元数据层次关联的方法基础。

3.3　地理视频内容变化的多层次事件感知模型

在地理信息科学研究中，以莱布尼茨时空观和爱因斯坦相对时空观为基础的时空现象研究，确立了"事件是人们认知动态世界的基本单元"、"事件是时态关系的直接研究对象"以及"事件的发生频率决定了时间尺度"等一系列核心概念(胡明远，2008)；指引了时空动态研究向探求现实世界时空现象内在变化规律的更深层次、更本质化方向发展(舒红，2007；谢炯等，2007)。事件作为对变化呈现模式的认知抽象，从更高和更综合的角度反映监控场景变化的存在规律和人类对地理视频内容变化的认知规律(详见2.3 节)。基于事件来综合特征形式与组织分析粒度异构的地理要素，探索动态地理过程的变化机制，由此成为从更高概念层面研究时空动态问题的着眼点。因而，对事件的感知符合对"反映多尺度复杂公共安全事件信息的地理视频"进行快速整合与高效知识理解的组织检索需求。

本节基于网络监控环境多摄像机地理视频的内容变化特征，提出一种内容变化的多层次事件感知模型：首先从事件和变化的关系角度分析现有事件概念、分类、共性要素及其与变化过程表达的关系；在此基础上，定义面向异常变化过程认知的事件概念；并针对事件特征提出联合异常状态发现与异常过程理解的事件感知模型，从而为后续基于事件感知模型的多概念层次聚类方法设计提供理论基础。

3.3.1 事件与变化

为了实现"从变化的地理视频内容中感知事件，并基于事件组织相关地理视频数据，进而通过数据集表达监控场景中事件变化过程"的目的，需要首先明确事件概念与变化现象的关系以及支持过程表达的相关变化特征。

1. 事件概念与变化现象

"事件"概念起源于认知科学，人们通过动态变化的客观世界来认识、体验与理解事件(张春菊，2015)。作为一种通过认识获得的知识，事件已成为地理、物理、信息等自然科学，以及经济、哲学、心理、文学与历史等人文社会科学等众多基础学科及其交叉研究领域中广泛使用的重要术语。

回答事件是什么的问题是研究事件和开展基于事件研究的基础。多领域专家对事件的含义、功能和结构有着不同的理解(刘宗田等，2009)。一些被广泛认可与使用的概念包括：

(1)在认知科学领域中，Nelson 和 Gruendel(1986)从构成认知角度，认为事件是一个包含对象和关系的整体；Zacks 和 Tversky(2001)从结构认知角度，认为事件是旁观者观察现实世界产生的行为(刘宗田等，2009)；Lindsay 和 Norman(2013)从人脑认知原理角度，认为事件是记忆网络中并行于概念、情景等的节点，并与之通过边的连接产生意义联系。

(2)在语言学领域中，从语言描述的构成成分角度，Shopen(1985)认为，事件知识包括表达发生内容的核心谓词、表达发生时间段的事件框架以及表达发生情况或者条件的事件界；Davidson(2001)认为，事件的描述不仅需要由描述动作行为的动词作为主要成分，还包括修饰动作行为的名词等词汇；Croft(1998)和 Chang(2003)认为，对事件的知识构成应对应语言学的主/谓/宾成分而具有发起者/实施/承受者。

(3)在信息科学领域中，美国国防部高级研究计划局在其主办的话题识别与跟踪评议会议上，将事件定义为"特定时间、特定地点中发生的现象或事情"（Phenomenon/Happening）（刘宗田等，2009），该定义与 HowNet 和 WordNet 定义的事件具有相同的要素；另一信息提取评测会议 ACE（Automatic Content Extraction）评测会议中则将事件定义为包含参与者，并导致状态改变的特殊现象或事情；Hatzivassiloglou 和 Filatova（2003）为从大量文档数据中自动提取主题信息，从特征识别的角度，将事件定义为由动词/动名词及其连接成分共同组成的单元，将其作为信息检索应用中细化的检索主题。

比较各领域中不同的事件概念，可以发现，尽管不同领域甚至某一领域中对事件的定义和理解不完全一致，但一般统一认为，事件是对变化（时空动态现象）知识进行理解和表示的一种形式，且事件之间通过一致时间框架能构成本质的内在关联。考虑到变化的世界是客观存在的，因此一种对事件与变化的关系的理解如图 3-1 所示。

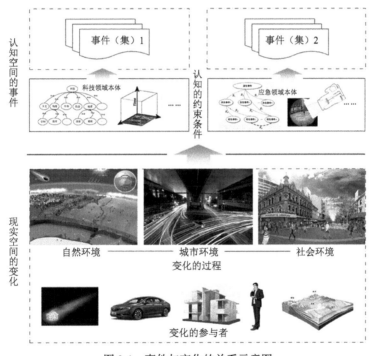

图 3-1 事件与变化的关系示意图

由图 3-1 可知，变化是绝对存在于现实世界的地理现象，地理环境中的任何实体都可以是地表事件的参与者并经历变化过程；而事件是在人们认知条件，包括如时空范围条件、知识领域（领域本体）条件等约束下，形成的对"特定变化或形式相似/意义相关的变化集"相对性的特征知识理解；基于这种理解，可将对事件概念的表达转化为对变化（集）特征的专题表达，事件发生与发展的过程则是变化（集）体现相应特征的过程；而在不同的认知条件下，即使对于同一变化集，也可能产生不同含义的事件理解，因此，如何实现变化过程共性要素的抽象，成为基于事件综合描述不同约束条件下变化过程的关键问题。

2. 事件特征与变化过程

变化的客观存在性决定了其唯一性，而不同领域的事件概念则从不同的认知角度理解与描述变化。为了归纳不同事件概念对同一变化的描述，需要对多领域多类型的事件进行归纳和概括，形成事件类。就此问题，Casati(2005)、Casati 和 Varzi(2008)将现有的事件概念划分为一种更抽象的类型体系，包括：常识性事件(Common-Sense Notion，CSn)、哲学抽象事件(Philosophically Refined Notion，PRn)、科学抽象事件(Scientifically Refined Notion，SRn)和心理事件(Psychological Notion，Pn)四类。其中，CSn 是对事件自然直接的认知；PRn 和 SRn 作为基于 CSn 从不同视角进行的抽象与优化(形式化)，在对对象特征表达中采用相同的属性集描述；Pn 则试图从语言或逻辑层面对 CSn 作出相应解析。对事件概念的上述分类，可以实现利用不同的事件类型对同一变化进行不同形式的理解。然而，面向现有多义性领域认知、多样性研究视角以及多元化研究对象泛在背景中的事件概念，描述同一变化不同形式事件概念如何以及能否形成相对统一的认识而支持共享与交互仍旧是许多研究关心的问题(von Kutschera，1993；Bennett，2002；Casati and Varzi，2008)。

为了支持不同类型事件概念间知识的理解、共享与交互，事件本体研究成为信息领域的热点问题。事件本体的研究目标是：建立事件类系统模型明确的形式化规范说明，回答如何理解事件间的相互影响，以及如何理解事件与现实世界中时间、空间、实体与行为等交互作用等问题(Casati 和 Varzi，2008)。事件本体论认为，事件是随着时间变化的具体事实，指在某个特定的时间和环境下发生的，由若干角色参与、表现出若干动作特征的一件事情，事件与事件之间存在本质的内在联系。在事件本体的研究中，Casati 和 Varzi(2008)指出事件的共性特征要素是事件：①包含状态发生改变的对象(如参与者)；②具有事件间的关联关系(如因果关系)。

这两方面内容可进一步抽象为"事件的内部构成"和"事件的外部关系"。其中，事件的内部构成通过参与者的状态变化支持对事件自身局部变化过程的认知，同时通过事件的外部关系支持对现实世界整体变化过程的认知。

上述事件本体相关研究中对事件共性特征及其与变化过程的认识关系提供了以"事件"为认知单元理解变化过程的基础，其也成为本章定义事件与建立事件感知模型的着眼点。

3.3.2　异常变化过程认知驱动的事件定义

现实世界在人口、资源、设施及其安全性等方面的变化日趋频繁。为了实现支持领域知识高效理解的地理视频数据整合，需要从众多的变化信息中聚焦公共安全监控所关注的变化内容和变化模式。回顾综述中归纳的传统视频数据研究中面向变化内容的事件概念：由于传统媒体视频局域性的特点，传统视频变化内容研究主要关注局部视频数据记录的对象在特定地点的短时变化，相应事件的定义主要采用以对象为中心的方法，将专题领域中的对象动作(如举手动作等)和对象间时空关系的变化(如足球进入球门)视为事件(王晓峰等，2010)。从变化模式的角度分析，这类以对象为中心的事件定义可理解为：①语义对象(类)自身的某种特定动作；②多个对象(类)之间的某种特定运动关系。由此可知，现有视频内容的事件概念主要针对局域变化内容以及在此之中的瞬时/短时内容进行表达。然而，公共安全监控领域所重点关注的安全事件具有偶发性、突发性，产生一系列次生和衍生事件，且多存在发生前酝酿等变化模式特征(高田等，2011)，也存在多尺度复杂的外部特征和内部结构。采用传统研究对视频内容事件的理解，则仅能描述包含简单行为过程的局部小尺度事件本身或相对大尺度事件在发生阶段中的短时行为，这样将造成多摄像机地理视频全局关联价值特征的丢失。因此，亟须发展适应安全事件多尺度复杂结构变化模式特征的事件定义。

安全事件作为现实世界变化的主题认知模式，具有地理空间变化客观存在的流程性。流程性的共性特征是包含一个或一系列连续有规律的行动；安全事件的流程性则具体表现为其发生及跨时空区域蔓延产生的一系列次生和衍生事件。但由于监控视域的局限性和认知习惯，人们对安全事件的认知必然需要经历由局部到整体的过程，即首先认识到事件的发生，然后基于事件的发生过程认识其潜伏过程，继而基于事件的蔓延过程认识其次生与衍生过程。由此对安全事件的定义不仅需要表达其发生，还需要包含对其涉及的多阶段以及整体的变化流程。本节首先依据人们对安全事件的认知过程定义地理视频数据内容异常变化的事件概念组；然后，基于对地理视频变化语义的对象建模(详见 2.2 节)，实现事件概念的数据对象表达；最后，基于流程的整体性、层次性以及结构性共性特征限定事件的时空结构，从而为后续事件的感知建模提供基本依据。

1. 事件(异常事件)概念

定义 1　专题变化：指公共安全监测专题重点关注的人类活动和活动依托的地表环境变化。

定义 2　地理视频内容变化：简称内容变化，指地理视频图像中能通过"序列地理视频图像增量特征"解析，能基于"变化语义特征项"描述，并能通过解析与描述结果中"地理对象要素状态差异"认知的专题变化。

典型的专题变化包括地表空间中地理实体对象的位置迁移、对象外观形态的改变以及对象所处背景环境结构特征的改变。专题变化因自然地理过程和现象的节律性，以及人类社会组织运行的有序性而具有稳定性、有序性、重复性等的总体变化规律。地理视频内容变化随之呈现特征项与特征参数的规则、阶段、周期等总体稳定的取值规律。基于有序规律对立面识别异常是异常检测(Anomaly-based Detection)方法的有效思路。因为一方面，相较难以形成共性表达的异常，对有序规律的归纳和表达是人类理性认知的本质特征，符合经典科学的世界观，提供了理解和建模的可行性；另一方面，人类活动和活动依托的地表环境，基于节律和有序的变化规律形成平稳运行的总体特征，打破规律的变化形成扰乱环境运行秩序可被理解为形成安全威胁的根本原因。为此，下文首先定义有序内容变化，并在其基础上定义异常内容变化。为支持后文实例分析，采用的形式化定义如下。

定义 3　有序内容变化：简称有序变化，令 R 表示可归纳的专题(定性/定量)变化规律，C 表示某包含 m 个连续数据序列的地理视频内容，F 表示用于描述 C 且包含 n 个特征项的变化语义特征集，$F(C)$ 表示 C 的各项语义特征顺序取值集合，其中，f_i 为第 i 项特征在目标地理视频序列图像中的取值序列 $f_i = \{v_1, \cdots, v_j, \cdots, v_m\}$，$v_j$ 为 f_i 对应数据序列值 j 的特征值，则 C 中的内容变化可表示为：$F(C) = \{f_1, \cdots, f_i, \cdots, f_n\}$；当且仅当 $F(C) \vdash R$，称该 C 为有序变化(形式化逻辑运算符含义为："$\neg$"非)。

定义 4　异常内容变化：简称异常变化，称所有不满足专题内容有序变化的 C 为异常变化，基于定义 3 形式化表示为：$\neg [F(C) \vdash R]$(形式化逻辑运算符含义为："$\vdash$"满足)。

由于变化规律 R 是对全局有序特征认知的抽象，与之相对的异常则表现出认知上的局域性。考虑安全事件的异常表征具有一系列前期潜伏及后期次生和衍生的相关事件，因而基于内容异常变化定义地理视频内容变化的事件如定义 5。

定义 5　地理视频内容变化的事件/异常事件：简称事件/异常事件，指"局域性异常变化"及"随时空尺度增长而扩大的全局范围内与异常变化相关变化集"的总体呈现模式，其中：

(1)"异常变化"是事件的核心；"相关变化"可以是有序的，也可以是异常的。

(2)"相关"可根据变化过程耦合作用的矢量性与传递性(详见 3.2.2 节)，包括直接相关与间接相关。

(3)"呈现模式"指"变化(集)"具有的专题特征，专题特征因变化过程耦合的尺度效应(详见 3.2.3 节)呈现"随时空尺度增长"层级递进的专题含义。

2. 事件(异常事件)的对象表达

根据以上定义，基于对地理视频变化的语义建模(详见 2.3 节)，利用多层次事件对象形式化异常事件的表达如下。

(1)行为过程对象：首先面向"内容变化"实例化"行为过程对象"，具体将满足定义 3"有序变化"或定义 4"异常变化"的概念分别表达为描述变化过程的"行为过程对象"实例(详见 2.3.2 节)；其中，行为过程对象的核心要素"变化流程"具体化为各项语义特征顺序取值集合 $F(C)$。

(2)多层次事件对象：针对"异常变化"分层实例化异常事件为"多层次事件对象"。依次根据多层次事件对象的分类实现以下内容。

原子事件对象：将满足定义 4"异常变化"的概念分别表达为描述变化呈现模式的"原子事件对象"实例(详见 2.3.3 节)。其中，①原子事件对象的核心要素"事件规则"具体化为：非专题变化规律 $\neg R$；②原子事件对象的构成要素"过程集合"具体化为(1)中由该"异常变化"实例化的行为过程对象。

聚合事件对象：将(1)中与原子事件对象具有特征项关联的行为过程对象进行共同

表达，作为描述变化呈现模式的"聚合事件对象"实例(详见 2.3.3 节)；其中，①聚合事件对象的核心要素"事件规则"具体化为原子事件对象中的"事件规则"以及特征项 F 关联描述；②聚合事件对象的构成要素"过程集合"具体化为原子事件对象中的"过程集合"及(1)中与其相关的行为过程对象共同构成的集合。

3. 事件(异常事件)的时空结构

由事件概念与变化现象关系(详见 3.3.1 节)可知，事件与变化相比，存在受人类认知条件约束的外部时空边界；此外，异常事件由于所呈现的变化自身存在蔓延、转换、衍生内在变化规律而具有内部阶段叠加、分级与变异特征。由此，可进一步从外部整体特征和内部组成特征的角度明确事件(异常事件)具有的共性时空结构如下。

(1)外部时间结构：事件的外部时间结构构成事件整体所经历的时间范围。物质世界的变化是绝对的，作为变化的呈现模式，事件也具有可无限延续的特征；具体来说，监控环境中的事件在时间上可能是有界的历史完成事件，也可能是无界的持续事件。但从认知科学的角度，作为变化呈现模式的事件是人们从观察者的角度对现实世界变化的理解。受相对论的影响，瞬时的变化是不存在的，即人们不可能在时间点上理解变化，因而能理解的变化一定有其存在的时间范围；此外，时间无界则本身缺乏认知的完整性表达条件。因此，可将认知意识本身视为对现实世界的约束，在事件的数据对象表达中，对应将人们认知事件所面向的有限时间范围取代绝对变化本身经历持续的时间，表达为时间范围的闭区间：$[T_1, T_2]$，$T_2 > T_1$。

(2)外部空间结构：同理，事件的外部空间结构表现为理解事件整体所涉及的空间范围，因此，在事件的数据对象表达中，对应将人们认知事件所面向的有限的空间范围取代绝对变化本身经历的泛在空间，表达为空间有界的多边形/多面体几何对象(详见 2.5.1 空间维度对象表达)；在语义层次则描述为包含该空间范围最细节层次的位置概念。

(3)内部时间结构：事件的内部时间结构构成事件的发展过程所经历的开始、持续、完成等生命周期中的过程阶段。以突发公共事件类型《国家突发公共事件总体应急预案》[2005]11 号)中视频监控所主要涉及的重大刑事案件(类型代码 402000)为例，典型的过程阶段可以包括诱因阶段、策划阶段、实施阶段和逃逸阶段等；又以大规模群体性事件(类型代码 405000)为例，典型的过程阶段包括潜伏阶段、爆发阶段、恢复阶段、消失阶段。因此，事件的数据对象在表达中，可表示为与各生命周期阶段相对应的时间区间序列。其中，两两相邻时间区间$[t_i, t_{i+1}]$，$[t_{i+2}, t_{i+1}]$，满足以下时态拓扑关系：$t_{i+3} > t_{i+2}$ 且 $t_{i+1} > t_i$ 且 $t_{i+2} > t_i > T_1$，$T_2 > \max(t_{i+1}, t_{i+1})$。

(4)内部空间结构：事件的内部空间结构表现为事件不同层次发展阶段所涉及的地理位置序列。事件的数据对象在表达中，表示为一组形变、移动或者群组变化模式(详见 2.5.1 节时间维度对象表达)的多边形/多面体序列；在语义层次则描述为对应多边形/多面体序列的一组位置概念。

事件的外部时间结构和空间结构约束了理解和描述变化过程的时空边界，具体地，外部时间结构限定了解析事件内部时间结构的边界；外部空间结构限定了理解事件的空间边界并限定了描述事件经过所采用的位置尺度语义的边界，同时还提供了描述事件内部空间结构的位置划分域，对参与事件的特征对象地理位置及构成事件的行为过程运动模式的描述进行约束。此外，事件的外部时间结构和空间结构也基于事件的数据组织提供了关键的检索入口。

本节对事件的定义提供了从离散多摄像机地理视频内容的过程片段中感知异常事件的依据。基于此，下文继而提出一种联合异常变化发现与变化过程关联的事件感知模型。

3.3.3 联合异常变化发现与变化过程关联的事件分层感知

异常探测和发现是地表事件定义和视频内容事件感知的主要目标。因此，现有事件感知探测研究以发现事件的发生为主要任务，因而侧重异常特征的识别能力、效率和识别可靠性，而通常忽略异常的发生过程，更缺乏考虑异常变化在更大时空范围中的演变与影响。与现有研究出发点与需求不同，事件定义与感知建模的任务是支持对应地理环境离散时空窗口的网络监控环境多摄像机地理视频数据的聚类组织。

从组织需求出发，在公共安全监测中，将与安全事件相关的地理视频数据及数据中的价值信息知识及时提供给决策者，支持正确且高效事件处置策略是决定组织方法有效性的关键问题。因此，需要地理视频的聚类组织方法支持面向数据内容中多尺度复杂公共安全事件动态过程信息的核心价值，实现网络监控环境多摄像机地理视频数据的快速聚集与高效整合，并通过对内容的建模支持特征约束的数据快速检索，进而实现对网络监控环境多摄像机地理视频内容价值特征的高效整合。为了从分布于离散地理视频时空窗口中的变化信息认知多尺度复杂公共安全事件动态过程，不仅需要感知局部性异常变化所对应的事件"发生过程"，还需要感知事件时空上的扩展和烈度上的增强等变化的衍生、转变、迁移、合并、消亡等"发展过程"。

针对面向数据组织任务的事件感知需求，本节以表达变化过程的事件特征（详见3.3.1 节）为依据，基于地理视频内容变化的（异常）事件概念与事件对象表达（详见 3.3.2 节），提出联合异常状态发现与变化过程关联的事件感知模型。

1. 事件的分层感知结构

事件的构成和特征是感知事件的重要因素。根据异常事件的定义（详见 3.3.2 节定义5），事件的构成要素有两个，即①决定性要素：局域性异常变化；②条件性要素：与异常变化直接或间接相关的变化。

其中，决定性要素决定事件存在性；条件性要素决定事情的内容和层次。由于这两个构成要素存在典型的特征差异，难以采用统一规则描述，因此需要针对不同的要素建立适应性的感知特征，从而支持从离散的多摄像机地理视频数据内容中获取完整的事件信息。为此，本节首先提出一种事件的分层感知结构，图 3-2 展示了其概念框架。

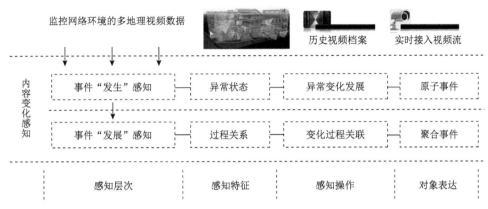

图 3-2　事件的分层感知框架

如图 3-2 所示，该结构特点是：首先，针对异常事件的不同构成要素，依据由局部到整体的事件认知规律，将其划分为感知层次(Perception Level)递进的发生感知层(Occurrence-perception Level)与发展感知层(Evolution-perception Level)；然后，分层建立适应性的感知特征(Perception Characteristic)并执行感知操作(Perception Operation)；最后，利用具有与事件构成要素包含关系相匹配的原子事件对象和聚合事件对象表达各层次的变化内容。

1) 基于异常变化发现的事件"发生"过程感知

对于一段由连续图像序列构成的地理视频数据，地理视频的内容表现为一组对应图像信息的状态序列，由此监控环境变化中的参与者通过个体的图像状态的差异呈现变化。这种变化基于地理视频数据的高时间分辨率特征，可表现为几近连续的变化过程。但由于地理视频图像获取的时序采样特征，无论采样分辨率如何优化，地理视频内容的变化仍然因为采样而获取的基本特征呈现离散的状态序列。根据事件概念中异常变化的局域性特征(参见 3.3.2 节定义 4)，当发生异常变化时，无论图像中内容状态值呈现突变或渐变，在全局连续变化过程中都将存在由正常到异常以及由异常恢复正常的转化过程。由此可推得，在以序列状态为表达形式的地理视频内容中，当时间范围足够大时，状态序列中必然存在由正常到异常以及由异常到正常的临界转化状态。因此，对于异常变化的发生，应基于"异常状态"感知。基于上述结论，为了从地理视频变化内容中感知事件的发生，应进行以下操作。

(1) 定义感知特征：将"异常状态"(Abnormal State)作为事件"异常变化"要素的感知特征。

(2) 执行感知操作：面向异常状态特征，执行异常状态发现(Abnormal State Detection)的感知操作，具体通过依据时序状态解析的方法，依次扫描多摄像机地理视频数据，对于数据中的每一段连续图像序列，判断其是否满足内容的异常状态规则，将每段连续图像序列的第一个异常状态或承接一个正常状态的异常状态作为感知获得的异常触发状态；同时，将每一组连续的异常状态(集)作为感知获得的异常变化发生过程。

(3) 实现对象表达：对于感知到的每个异常变化，根据 3.3.2 节事件(异常事件)的对象表达方法，将其结构化为原子事件(Atomic Event)对象。

2)基于变化过程关联的事件"发展"过程感知

事件的发展经历时空上的扩展和烈度上的增强等变化的衍生、转变、迁移、合并、消亡等"发展过程"。根据异常事件定义(详见 3.3.2 节定义 5)，人们需要通过可呈现的变化整体理解事件的发展。但一方面，事件的内部时空结构(详见 3.3.2 节)使构成事件的变化过程自身具有对应不同含义的阶段性；另一方面，网络监控环境多摄像机地理视频局域化的各时空窗口进一步离散了相对连续的变化过程。为了以整体的形式呈现这些离散的变化过程，需要通过以下步骤将各变化过程关联起来。

(1)定义感知特征：将"过程关系"(Process Relationship)作为事件"与异常变化直接或间接相关的变化"要素的感知特征；其中，过程关系可根据上文分析划分为两类：①面向变化过程阶段性的内在演化机制关系；②面向监控窗口离散性的外在空间整合/时序承接关系。

(2)执行感知操作：面向过程关系特征，执行变化过程关联(Change Process Association)的感知操作，具体利用变化过程具有的特征项表达过程关系，并在此基础上，通过具体变化过程特征项取值，判别两变化过程间可能存在的具体关系。

(3)实现对象表达：对于具有关系的变化过程，根据 3.3.2 节事件(异常事件)的对象表达方法，将与异常变化过程具有关系的变化及其关系作为整体，结构化为聚合事件(Aggregated Event)对象。

2. 事件的分层感知测度

在对多摄像机地理视频数据集的事件感知中，如何在相应层次判别感知特征，是不同层次感知操作中面临的共性关键问题。在数学领域中，测度(Measure)是衡量集合特征和判别元素关系的重要理论，测度论的研究中通过测度"对给定集合的某些子集指定用于判别特征的指标"，在基本空间中抽象表达为可度量的函数。在地理空间问题中，测度以不同的实例成为支持时空分析的重要基础，其中最常用的测度实例包括：①以欧几里得空间为基本空间，衡量空间区域的"投影面积""体积"测度；②以线性时间轴为基本空间，衡量时间区间长度的"时间范围"测度等。这些测度实例由于广泛的应用而成为地理时空分析中的共识指标，但对于地理研究中涉及的更广义的集合，则没有更通用的定义。因此，面向整体获取的多摄像机地理视频数据集，如何定义表达集合特征的测度指标，以及如何建立衡量指标的测度计算体系成为支持地理视频内容事件感知所需要解决的核心问题。为此，本节基于事件的感知特征，提出分层的感知测度指标及其计算方案。

1)事件感知的测度指标

测度论对测度的定义为"对给定集合的某些子集指定用于判别特征的指标"，根据此定义，其涉及"集合"、集合的"子集"以及子集的"特征"三项概念。为了便于理解，以上述衡量时间区间的时长测度为例：具体的"集合"为"所有时刻点集序列"，"子集"为"部分时刻点集构成的时间区间"，"特征"为"时间区间长度"。以此要素分解思路分析事件感知的两个层次，从各层次面向的"感知特征"为着眼点，定义事件的测度指标如下：

(1)在事件的发生感知层次，对于一段由连续图像序列构成的地理视频数据，"集合"具体化为"对应图像信息的状态序列"；"子集"依据该层次感知特征具体化为"逐个包含状态序列中特定状态的单元素子集"；因此，针对子集中的"异常状态""特征"，定义该层次的测度指标如下。

定义 6　事件的发生感知测度： 简称发生测度，描述状态的异常性及异常程度；发生测度参数化为 PM_o（Occurrence-Perception Measure）。

---

(2)在事件的发展感知层次，对于内部阶段性划分和外部时空观测窗口离散化的地理视频数据内容，"集合"具体化为"离散的变化过程集"；"子集"依据该层次感知特征具体化为"两两变化过程"；在一个子集中，人们通过变化过程要素间的共性感知其关联，同时考虑变化过程多要素耦合作用的多样性与矢量性(参见 3.2.2 节)，以及变化过程耦合多尺度效应带来的过程发展的层次性(参见 3.2.3 节)，针对子集中的"过程关系""特征"，定义该层次的测度指标如下。

定义 7　事件的发展感知测度： 简称发展测度，描述变化过程的关联，包括关联度、关联方向及关联层次三个测度分量；其中，关联度是表达两变化过程关联的紧密程度的标量，关联方向是表达关联中两变化过程的顺序/约束/控制作用(参见 3.2.3 节)执行方向的矢量，关联层次是表达关联关系尺度的标量；发展测度参数化为 PM_d（Development-Perception Measure）。

2)事件感知测度的计算

测度论通过基于基本空间的度量体系，将测度抽象表达为函数。基于函数表达的思路，根据以上对测度指标的定义，明确各层次事件认知需要的特征项及其度量空间，从而支持 PM_o 和 PM_d 测度的定性与定量判别，最终能够从地理视频数据集中感知事件并构建多层次事件对象。为此，定义事件的测度函数如下：

第一，在事件的发生感知层次，由于地理视频内容的状态决定于监控场景中参与变化的各特征对象在视频图像对应时刻下的状态，因此，对发生测度的计算应基于图像状态中"参与者特征对象(O_{ge})个体状态(State)，$S_{O_{ge}}$"探索，由此，定义发生测度函数如下：

定义 8　发生测度函数，$PM_o\left(S_{O_{ge}}\right)$：

$$PM_o\left(S_{O_{ge}}\right) = F\left(S_{O_{ge}}\right) - Fnr$$

---

(1) $F\left(S_{O_{ge}}\right)$ 指任一地理视频图像内容状态的参数组取值，参数组根据"事件的内部构成"（详见 3.3.1 节）具体描述参与变化过程的对象状态，具体可分为两类参数：①描述对象自身状态的特征参数；②描述该对象状态与图像中其他对象的关系参数。

(2)Fnr 指与专题变化规律 R(参见 3.3.2 节定义 3)匹配的状态参数组正常取值变化范

围；该状态参数组为上述表达 $F\left(S_{O_{ge}}\right)$ 的特征参数与关系参数集合的子集；特别地，为保证解析分析的可行性，Fnr 所涉及的各项参数正常变化范围需至少满足以下两种获取方式之一：①外部输入方式，即通过系统外部统计经验值匹配输入的静态获取方式；②实时计算方式，即面向当前处理的数据集，在实时事件感知过程中实时计算的动态获取方式。

其中，实时计算主要采用的统计信息项可包括最值、均值、方差、信息熵等。对两种方式获取的特点进行比较，方式①所获取的输入信息常为定值，信息时效性低但计算时效性高；反之，方式②能实现取值的动态修正，信息时效性高，但可能涉及密集的计算，因此，实际计算处理中可根据任务需要选择执行；

(3)"–"是基于数学运算符"减"的扩展定义操作符，表示 $F\left(S_{O_{ge}}\right)$ 各项取值与 Fnr 中相应特征项正常范围的差值。"–"的计算操作规则是：当 $F\left(S_{O_{ge}}\right)$ 的参数取值处于相应特征项正常范围内时，则该项特征的计算分量为 0，否则差值绝对值表达的是正数分量；最终运算结果为各计算分量全局归一化的加权和。

由此，当且仅当所有参数计算分量均为 0 时，测度值 PM_o 为 0；不为 0 的测度值代表了状态的"异常"，且测度值越大，异常性越大。基于 PM_o，就能够定量感知地理视频内容的异常状态及其异常程度，从而通过感知操作，发现异常变化过程，构建原子事件对象。

同时，在事件的发展感知层次，根据定义，需要感知的过程关系具有关联性、关联度、关联方向并特别涉及关联层次的多元测度分量；由于地理视频内容的变化过程由监控场景中参与变化的各特征对象的行为综合构成，且由于多摄像机地理视频的时空离散性，其变化过程间的关系是通过其共性要素特征被人们感知。因此，对发展测度的计算应基于变化过程中"参与者行为过程 (O_{ob}) 表现的特征要素 (Element)，$E_{O_{ob}}$"探索；同时，应特别针对认知的关联层次建立具有层次关系的"基础空间"，实现对发展测度的计算，由此，定义发展测度函数如下：

定义 9　发展测度函数，$PM_d\left(E_{O_{ob}}\right)$
$$PM_d\left(E_{O_{ob}}\right) = Pc_m\left(E_{O_{ob}}\right) \bigcap Pc_n\left(E_{O_{ob}}\right)$$

(1) $Pc_m\left(E_{O_{ob}}\right)$ / $Pc_n\left(E_{O_{ob}}\right)$ 表示待感知变化过程集合中的任意两个变化过程，每个变化过程根据异常事件的对象表达规则表达为一个行为过程对象，根据行为过程对象的形式化定义，$Pc_m\left(E_{O_{ob}}\right)$ 与 $Pc_n\left(E_{O_{ob}}\right)$ 均包含一组具有时间、空间和属性维度特征的参数，这组参数对应行为过程语义对象建模中的内容语义和地理语义划分，可具体分为两类：①描述内容特征的行为动作语义项；②描述地理特征的运动模式语义项。

(2)"$\bigcap$"是基于数学运算符"交"的扩展定义操作符，表示 $Pc_m\left(E_{O_{ob}}\right)$ 和 $Pc_n\left(E_{O_{ob}}\right)$ 特征参数的共性特征，变化过程关系即通过其共性特征体现。与"–"统一操作的执行流程不同，"$\bigcap$"的计算操作规则针对 PM_d 的关联度、关联作用方向及关联层次三元测度分量分三步执行：

第一，针对关联度，首先，判别 $Pc_m(E_{O_{ob}})$ 和 $Pc_n(E_{O_{ob}})$ 是否具有共性特征要素，其中，当指定判断的特征条件时，则根据条件特征进行识别，否则默认搜索所有要素；然后，对于存在共性要素的 $Pc_m(E_{O_{ob}})$ 和 $Pc_n(E_{O_{ob}})$，对应上述参数的内容特征与地理特征分类，分别采用两种"基本空间"对共性要素进行度量：①对应内容特征的相似性度量空间；②对应地理特征的相关性度量空间。

在面向地理视频数据集进行变化过程感知时，分别对涉及的各参数，逐一根据其类型，进行内容相似或地理相关的基本空间构建及以基本空间为参照的关联度定量计算；对于可能存在的多个相关性特征，则采用逐特征相似/相关性的定量计算，并对各计算结果加权求和实现。

第二，针对关联方向，考虑关联作用具有的方向性，限定参与"$\bigcap$"操作符运算的两变化过程 $Pc_m(E_{O_{ob}})$ 和 $Pc_n(E_{O_{ob}})$ 不满足运算的交换律，即一般情况下，$Pc_m(E_{O_{ob}})Pc_n(E_{O_{ob}}) \neq \left[Pc_n(E_{O_{ob}})Pc_m(E_{O_{ob}})\right]$；但特别地，当仅存在时间维度的顺序关联时，有 $Pc_m(E_{O_{ob}})Pc_n(E_{O_{ob}}) = Pc_n(E_{O_{ob}}) \bigcap Pc_m(E_{O_{ob}})$。

第三，针对关联层次，由于关联层次分量是对事件认知尺度的表达，而尺度的划分决定于过程关联所体现出的不同特征，因此利用"$\bigcap$"第一步中所解析的共性特征项表达关联层次。不同的层次具有次序性和耦合性，其中，层次间由低至高的次序性基于共性特征的以下原则确定：①局部特征到全局特征；②个体特征到群体特征。

同时，层次间的耦合性，基于共性特征的以下三类关系表达：①内在组成关系，如特征对象的部件/整体；②区间次序关系，如对象移动行为速度的 $(20\sim30)/(30\sim50)$ km/h；③细节层次关系，如时间维粒度的天/月/年。

由此，当设定变化过程集合需要感知的事件特征时，则首先利用测度函数 $PM_d(E_{O_{ob}})$ 判别其是否具有事件理解相关的共性特征，快速实现关联性的定性判断，完成变化过程的关联；当进一步建立各相关特征要素的可度量的"基本空间"时，则继而通过对两变化过程特征项的逐一度量，定量感知变化过程的关联紧密程度和关联方向，进而实现全局变化过程集的关联表示；更进一步地，则通过关联层次划分全局不同层次粒度的关联变化过程集，实现其分层有序表达，从而构建出聚合事件对象。

3.4　事件感知驱动的地理视频数据多层次关联聚类方法

本节针对现有 GIS 领域"基于时空元数据标签"和计算机领域"面向局域时空对象"的地理视频关联方法均难以根据城市突发事件应急处置任务中对多尺度复杂行为事件信息的理解需求，实现监控环境中分散的地理视频数据进行快速整合和高效组织的问题，以"地理视频内容变化的多层次事件感知模型"为核心，同时，基于"面向语义层次的地理视频数据多粒度结构"，并充分顾及网络监控环境多摄像机地理视频数据的内容变化特征对数据组织的影响和需求，提出一种事件感知驱动的地理视频数据多层次关联聚类方法。

3.4.1　原理与算法概述

1. 算法的创新原理

本方法的核心思想是：面向地理视频内容变化的事件感知，实现基于语义元数据的地理视频多层次概念聚类，从而支持"蕴含多尺度复杂公共安全事件信息的网络监控环境多摄像头地理视频数据"快速整合与高效知识理解的关联组织需求。其中，方法设计的原理及要点如下：

（1）如图3-3（要点1）所示，首先基于面向时空变化的地理视频语义建模对象，对地理视频内容变化事件感知的特征进行"支持其感知测度计算的解析要素"表达。在这个过程中：

第一，将特征域语义对象"地理实体和场景"的对象状态，作为事件发生过程感知特征"异常状态"的解析载体，具体表达为描述个体特征的内容语义项和描述地理位置的地理语义项；其中，个体特征实现对其对象自身状态的描述，而基于统一时空框架表达的地理位置则支持其对象状态间关系的表达，因此，通过个体特征和地理位置特征即能支持发生感知测度函数的计算（详见3.3.3节 定义8），从而实现对事件发生过程的感知。

第二，将行为过程域语义对象"对象行为"的行为轨迹作为事件发展过程感知特征"过程关系"的解析载体，具体表达为描述行为动作的内容语义项和描述动作模式的地理语义项；由此，兼顾行为动作和个体特征的内容语义，以及运动模式和地理位置的地理语义，即能通过具体内容相似度和地理语义相关度支持发展感知测度函数的计算（详见3.3.3节 定义9），从而实现对事件发展过程的感知。

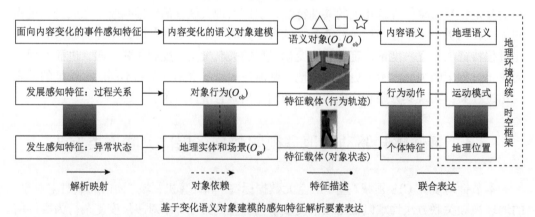

基于变化语义对象建模的感知特征解析要素表达

图3-3　事件感知驱动的地理视频数据多层次关联聚类原理示意图（要点1）

特别地，上述过程中采用统一地理框架中融合空间、时间和属性信息的状态和轨迹作为感知特征解析项的表达载体，实现变化语义多特征的解析与表达的形式化统一。统一的形式不仅有助于降低地理视频内容在时间、空间和属性上信息关联的复杂度，克服时空属性分立对于挖掘地理视频内容变化过程关联性的局限，而且有助于地理视频在局部图像（图像序列）小尺度和地理空间大尺度间对多维分布关联信息的全局关系的挖掘。因此，基于变化语义对象建模的感知特征解析要素表达是本方法设计原理的核心基础。

（2）如图 3-4（要点 2）所示，在感知特征解析要素表达的基础上，计算感知测度，实现事件感知驱动的地理视频语义元数据多层次关联，具体地：

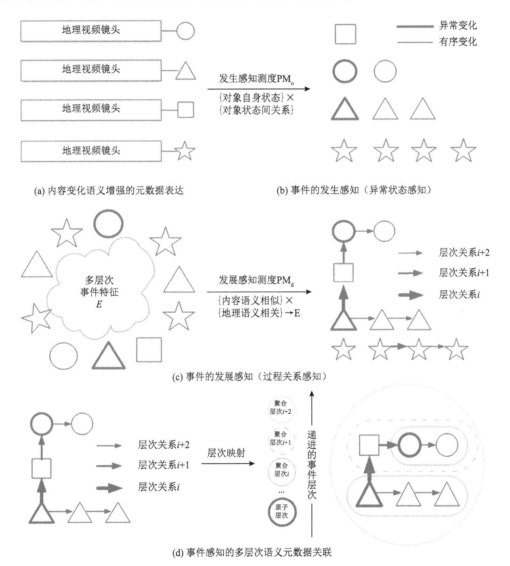

图 3-4　事件感知驱动的地理视频数据多层次关联聚类原理示意图（要点 2）

图 3-4(a)中，利用面向内容变化共性特征表达的语义对象作为语义元数据增强原始地理视频时空标签元数据的表达；变化语义元数据的增强表达为后续面向语义元数据的

事件感知以及基于语义元数据的关联聚集提供形式基础。

图 3-4(b)中，面向地理视频语义元数据，基于地理实体和场景对象状态的个体特征和地理位置参数，对变化过程逐个计算事件的发生感知测度，判别并标记有序变化和异常变化(图中有不同粗细的线条区分)；由于事件定义(详见 3.3.2 节 定义 5)了异常变化为其决定性要素，后续地理视频语义元数据的聚类则将以异常变化为聚类成立的判定条件，因此，对有序变化和异常变化的判别与标记是确定原子事件及支持各层次聚类的条件基础。

图 3-4(c)中，仍然面向地理视频语义元数据，针对任务中的事件层次特征，以兼顾行为动作和个体特征的内容语义，以及运动模式和地理位置的地理语义为基础，对两两对象变化过程，通过内容相似度和地理语义相关度，计算事件的发展测度，从而建立各语义元数据的具有层次特征的关联关系(在图中，根据关系递进的层次属性的逐步加粗的线条示意)。对变化过程关联关系的感知是执行层次聚类的条件基础。

图 3-4(d)中，基于异常变化的决定性和过程关系的条件性，面向关系层次感知事件的多层次发展过程，实现地理视频语义元数据关联映射，并依据映射关系逐层递进地聚合关联地理视频。

2. 算法的关键步骤流程

以上述原理为方法核心，针对网络监控中广泛存在的历史存档和实时接入的多摄像机地理视频数据，基于"面向变化语义层次的三个结构粒度的地理视频数据对象"(详见 2.4 节)，提出事件感知驱动的地理视频数据多层次关联聚类算法流程。

为了便于理解，首先声明各结构粒度地理视频数据对象在算法流程中的作用如下。

(1)地理视频帧(O_{gf})：由对象建模要素可知，O_{gf} 以状态图像为结构要素。根据以"对象状态"为解析特征载体的事件发生感知需求，将其作为地理视频内容时空变化解析的最小结构粒度。

(2)地理视频镜头(O_{gs})：由对象建模要素可知，从 O_{gf} 到 O_{gs} 层次，在视频数据层面可视为从图像到图像序列的扩展；在视频内容层面则对应了从静态状态到动态过程的记录。根据以"行为轨迹"为解析特征载体的事件发展感知需求，将其作为语义元数据增强表达(即直接关联变化语义建模对象)并用于建立地理视频数据内容变化过程关联的基本结构粒度。

(3)地理视频镜头组(O_{gsg})：由对象建模要素可知，从 O_{gs} 到 O_{gsg} 层次：①在视频数据层面可视为从小尺度、局部连续的视频序列到跨时空区间地理视频集的扩展；②在视频内容层面则对应了从特定地点的短时动态过程到跨时空区域、多尺度复杂事件信息的表达。相对于传统由单摄像头记录的物理上连续的视频对象，地理视频镜头组可视为一个更广义的虚拟视频对象，该对象的"广义性"指从对"数据获取物理连续性"的支持扩展到对"数据内容逻辑相关性"的支持，可以包含来自相同或不同摄像机的地理视频镜头。根据事件发展过程的时空跨度性和单摄像机监控时空窗口的局域性矛盾，以及事件多时空尺度的层次性，将其作为保存地理视频多层次事件的数据结构粒度。

图 3-5 展示了算法的关键步骤流程及主要数据流程。

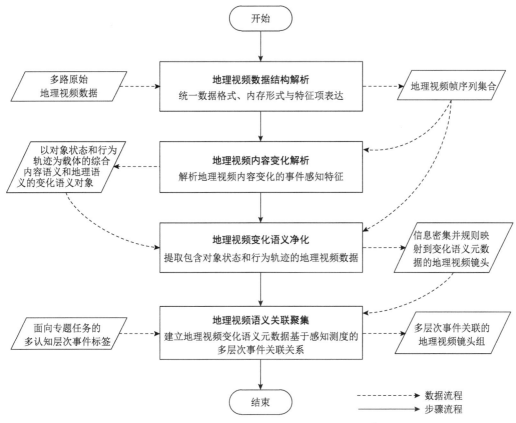

图 3-5　事件感知驱动的地理视频数据多层次关联聚类算法流程图

根据图 3-5 可知，算法的关键步骤流程为：首先，进行地理视频数据的结构解析，统一表示多源地理视频数据的结构特征，将其保存为地理视频帧对象的序列集合，用于支持基于图像特征增量的地理视频内容时空变化解析；然后，进行地理视频数据的内容解析，实现事件感知特征解析要素的提取，解析步骤以综合空间、时间和属性信息的对象状态和行为轨迹作为感知特征解析要素的载体，建立结合内容语义和统一参考基准下地理语义的事件感知测度解析视图，并保存为变化语义对象；接下来，基于与变化语义对象的解析关系，净化地理视频帧序列集合，利用地理视频帧和变化语义对象的解析关系，提取地理视频镜头对象，并保存相应变化语义对象为地理视频镜头对象的语义元数据；最后，通过联合内容语义和地理语义的事件感知测度的解析，建立地理视频镜头的元数据语义关联，并通过语义元数据约束地理视频的多层次关联聚合，将聚合结果保存为多层次事件对象关联的地理视频镜头组。

在算法流程中，各具体步骤特别针对网络监控环境多摄像机地理视频内容变化特征对数据组织的影响和需求(详见 3.3.1 节)设计逐点的适应性处理方案,具体如图 3-6 所示。

(1)在面向事件感知的地理视频内容变化解析步骤中：将面向统一结构特征的对象

状态与行为轨迹作为特征载体，支持事件感知测度的计算，有效克服地理视频内容变化特征中，变化过程多要素耦合带来的过程关系的类型与关联特征的多样性问题。

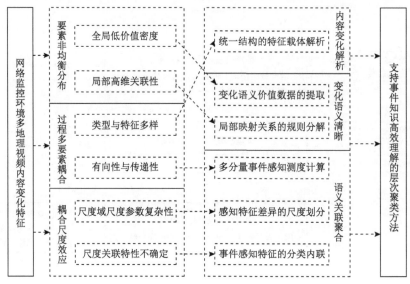

图 3-6　面向网络监控环境多摄像机地理视频内容变化特征的算法步骤流程要点分析图

（2）在地理视频变化语义净化步骤中：①基于变化语义特征与地理视频数据的解析关系，提取具有变化语义信息价值的地理视频数据，合理克服地理视频内容变化特征中变化要素非均衡分布带来的全局数据低价值密度问题；②以上述解析关系为基础，面向变化语义对象的完整表达规则，分解数据对象与语义对象的局部高维关联映射关系，有效解决地理视频内容变化特征中变化要素非均衡分布带来的局部数据高维特征关联性问题。

（3）在事件感知驱动的地理视频语义关联聚合步骤中：①通过对多分量事件感知测度中变化过程关系方向性分量的定义与计算，支持地理视频内容变化过程中多要素耦合作用的有向性与传递性计算；②利用事件层次的异构特征表现，基于事件感知特征差异划分事件的尺度域，针对地理视频内容变化特征中变化过程耦合的尺度效应，解决由耦合要素类型与特征多样性进一步导致的尺度参数表达及尺度域划分难点问题；③通过归类分析事件感知特征的内联关系，建立不同层次事件间的关联，克服由尺度参数表达进一步带来的尺度关系不确定性问题。

下文就算法流程中的关键步骤依次展开详细论述，为了显示说明具体步骤中的关键处理过程与处理结果，结合第 2 章介绍的室内监控场景中的示例数据加以阐述。

3.4.2　支持变化增量计算的地理视频数据结构解析

事件发生发展的变化过程以信息项增量形式体现在高时间分辨率的地理视频数据中；形式统一是现有面向图形图像增量计算研究的基本条件。然而，网络监控环境的多路原始地理视频数据从时效性上可以分为实时接入的监控视频流或区域分布式存储的监控视频档案。接入的原始地理视频可能由于数据获取设备、传输条件和存储环境的不同，在数据格式、数据内容、数据精度和时空分辨率等方面存在差异。因此，为了利用现有的丰富的图像处理算法对地理视频数据进行"基于图像特征增量的时空变化解析"，在接入各路待处理原始地理视频数据的同时，需要对其进行形式的预处理，为变化内容解析提供统一形式的基础数据构型。为此，本算法首先进行支持变化增量计算的地理视频数据结构解析，将具有差异性数据特征的多路原始地理统一转换为以栅格图像为基础的数据，并统一基础数据的特征项信息，实现多路原始地理视频数据的数据格式、内存形式和特征项表达的统一。

结构解析的具体方法以各摄像机为处理单位，通过对接入的原始数据进行预定目标的格式转换和信息抽取处理，将各路待处理地理视频数据结构化为内存形式统一的特征项表达的地理视频帧序列集合，各序列内部的地理视频帧按照时间次序组织，以数组形式存储；在数据格式的统一方面，地理视频帧序列对象以栅格图像为基础数据，以各项特征项为元数据；对于特征项的统一表达，根据现有图像处理算法的处理需要，将特征项统一表达为成像特征、结构特征、图像特征和应用特征四类，其中，各类特征的内容和作用如下。

（1）成像特征项类：表达摄像机成像的时空参考信息，用于建立地理视频帧与监控地理环境的成像关系，实现二维视频图像空间到三维监控场景空间的映射；

（2）结构特征项类：表达地理视频帧图像实例化的属性元数据，作为视频内容解析的前提条件；

（3）图像特征项类：表达地理视频帧图像的视觉特征，从而从代替人眼判别的角度，支持地理视频内容的计算机自动解析；

（4）应用特征项类：表达专题领域应用相关的图像对象分割条件与分割规则，约束现有计算机领域图像处理算法对地理视频内容的特征域对象分割解析。

经过地理视频数据结构解析后，地理视频帧成为最小变化解析的结构粒度，此时能够利用图像特征增量算法对地理视频帧序列进行时空变化特征的解析。

3.4.3　面向事件感知特征的地理视频内容变化解析

根据 3.4.1 节对本方法原理的阐述，"基于变化语义对象建模的感知特征解析要素表达"是计算事件感知测度的信息基础。为此，在经过 3.4.2 节结构化得到地理视频帧序列集合后，本节分别面向事件发生感知特征"异常状态"和事件发展感知特征"过程关系"，解析地理视频帧序列数据内容中包含的变化语义对象，包括"状态变化的地理实体"和"地理实体的行为过程"。

内容变化解析的具体实现方法充分利用现有图形图像处理算法，面向事件感知的变化特征载体"对象状态"和"行为轨迹"，将"对象状态"解析为描述"对象个体特征"的内容语义项（Content Semantics of Entities，CSE）和描述各状态在统一时空框架基准下"地理位置"的地理语义项（Geographical Semantics of Entities，GSE）；将"行为轨迹"解析为描述行为动作类型的内容语义项（Content Semantics of Behavior Process，CSB）和描述统一时空基准下位置关系变化运动模式的地理语义项（Geographical Semantics of

Behavior Process，GSB）。所解析的各特征项以面向变化语义对象的形式保存，特征项表达的变化语义对象作为语义关联聚集中计算感知测度的基础要素；创建对象实例的同时，还保存其与原始地理视频帧的解析映射关系，解析映射关系将作为地理视频变化语义净化中利用的关键参考信息。面向事件感知特征的地理视频内容变化解析流程如图 3-7 所示，下文分步阐述解析计算流程。

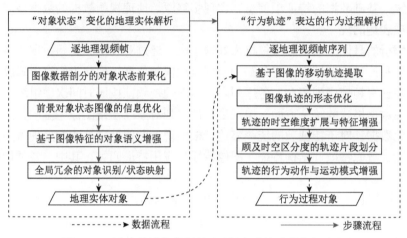

图 3-7　面向事件感知特征的地理视频内容变化解析流程

1. "对象状态"变化的地理实体解析

"对象状态"变化的地理实体解析以地理视频帧对象为解析粒度，对地理视频帧序列集合中的所有地理视频帧逐对象执行以下关键步骤。

1）图像数据剖分的对象状态前景化

对图像中的变化区域进行前景和背景的图像分割，是计算机视觉领域图像处理研究的经典问题（李瑞峰等，2014）。根据地理视频图像中对象状态变化特征与该类研究数据处理目标的匹配性，本算法首先将变化地理实体的"对象状态"作为前景解析目标，采用计算机视觉领域运动目标检测通用技术，包括按照基本原理划分的适用于固定成像窗口的背景差分法、帧间差分法、光流法等和适用于变化成像窗口的全局运动估计与补偿建模法中的一种或多种组合，从地理视频图像中解析出地理实体对象的个体状态。需要注意的是，上述不同类型的方法能够适应于相对变化的目标特征，因此，在具体实施过程中，需要首先分析待解析地理实体对象的图像特征。

2）前景对象状态图像的信息优化

顾及现有前景/背景分割算法处理结果中常存在的直接影响对象状态特征的解析和识别的如对象内部空洞等问题，对分割结果进一步做优化处理。为此，本算法引入现有计算机领域图像去噪通用技术，包括形态学算子、均值滤波、中值滤波、维纳滤波等各类滤波算法中的一种或多种组合，补偿对象状态前景化提取结果中错检、漏检的像素，强化地理实体的状态信息。在面向具体解析专题时，需要首先分析地理实体对象状态提取中存在的问题、原因并特别分析其问题出现的特征，从而选择合适的方法进行优化处理。

3）基于图像特征元数据的对象语义增强

为了支持基于语义内容特征相似和地理特征相关的事件感知测度计算，在提取对象的各状态图像信息后，分别增强对象状态的个体特征和地理位置特征。其中，个体特征包括基于状态图像的颜色、形状、纹理等可视特征解析的专题特征，各专题特征项通过专题领域器输入；地理位置则可根据坐标空间和描述类型划分为像素位置、空间位置和语义位置。

（1）像素位置：基于局部图像空间的像素序数表示，局部坐标原点可选择如对象矩形外轮廓底边中点等特征点。

（2）空间位置：基于全局统一的时空参考基准的空间位置点或位置范围的坐标表达，如常用投影坐标系统高斯-克吕格投影等，同时，统一空间粒度，即统一精度和单位，如常用的米；空间位置通过像素位置和帧对象成像特征中的摄像机位置、方位、姿态求解获得。

（3）语义位置：基于不同语义定位空间划分位置描述性表达。数字地球研究背景下日益丰富和完善的地理空间信息基础框架建设，为丰富地理位置信息的获取和解析提供了数据基础。现有各相关领域的多种主题数据库均可以作为地理位置对象的信息源，其中，可服务于公共安全监控需求的室内外位置信息源主要包括以下三类。

类型一[图 3-8（a）]：警用数据管理与服务领域的地名库、地址库等基础地理信息数据；其中的位置概念以国家标准地名为依据，按照一定分层、分段、分级规律，包含行政区划、街道、门牌（小区、建筑物）、单元室号、所在邮编、所在段道号以及小区、楼房的性质、类型等最基本的地址信息。

类型二[图 3-8（b）]：交通管理领域的各级道路网模型数据；其中，现有主要使用的网络模型包括：①面向二维导航，基于几何-拓扑双层特征结构的道路网络模型；②面向车道几何及车道横向与纵向连通性的车道模型；③面向多尺度位置参考包含几何、拓扑、属性数据的三维道路网络模型（李渊，2007）。

类型三[图 3-8（c）]：智慧城市领域的基础三维城市语义模型数据；其中，主要使用的语义规范包括：开放地理空间信息联盟（Open Geospatial Consortium）制定的城市地理标识语言 OGC CityGML、室内多维位置信息标识语言 OGC IndoorGML，以及建筑信息模型（Building Information Modeling，BIM）领域广泛使用的工业基础类（IFC）数据模型标准等国际建模标准规范。

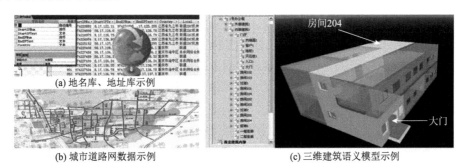

(a) 地名库、地址库示例

(b) 城市道路网数据示例　　　　(c) 三维建筑语义模型示例

图 3-8　监控场景地理位置专题信息源示意图

　　语义位置通过空间位置与基于全局统一的室内定位空间划分域的关系求解获得，同时保存语义位置在全局统一的室内定位空间划分域中的层次关系和连通关系，同时将空间划分域作为感知函数计算的基本空间。

　　4)全局冗余的对象特征识别与状态映射

　　地理视频的高时间分辨率将导致地理视频序列集合中对象状态个体特征的大量冗余，同时网络监控环境特有的多视角监控条件也将一定程度地造成对象状态地理位置特征的冗余。因此，为了能快速理解价值信息，需要进行全局冗余的特征识别。针对该问题，本算法首先通过专题领域的分类器，对所检测到的人员对象状态进行对象的个体识别，并在整体数据集中赋予其全局唯一标识码(OID)；继而通过利用专题领域分类器，以地理实体对象个体识别的方式，消除全局范围内提取的地理实体状态序列中冗余的个体特征：具体通过对不同状态的各特征项取值进行并集运算，使描述同一对象个体的相同特征值只保留一份记录，从而面向每个地理实体对象保存描述个体特征的一组内容语义项(CSE)和一组对应各状态的位置的地理语义项(GSE)。

2. "行为轨迹"表达的行为过程解析

　　轨迹作为移动主体在时空中活动的直接映射，真实反映了移动行为特征，蕴含了丰富的信息与知识(向隆刚等，2014)；面向轨迹数据处理与分析的行为过程理解因此成为目前空间信息和数据库等相关领域的研究热点之一。轨迹数据的独特价值在于兼具变化过程的内容要素和时空要素，特别当基于统一时空基准表达轨迹信息时，能实现离散行为过程信息映射到统一的地理框架中，支持其数据集的地理综合分析。特别地，地理视频的高时空分辨率和真实感表达的数据特征，使地理视频可获取的行为轨迹与一般传感器获取的点集轨迹数据相比具有以下独特优势。

　　(1)信息密度高：地理视频的常用帧率已达每秒25帧(N制)和30帧(P制)，常用分辨率达200万~500万像素，因而可解析出满足连续表达需求的行为轨迹，可以准确直观地获取轨迹中支持精细细节描述的各类几何变化特征和数学统计特征，主要包括空间形态、位置、长度与走向、阈值范围内的端点重合情况等几何时变特征，以及基于运动速度/加速度等物理量的均值、中值、最值和标准差等统计特征。

　　(2)语义维度高：由于视频的真实感表达优势，可被解析出的轨迹不再局限于定位点单一的空间坐标，而是可以包含丰富的语义概念特征和语义层次特征，如可以将人的行进行为记录为表达身体重心移动的轨迹，在更细节的层次上，可以进一步将行进轨迹具体表达为包含左右脚相对方位关系和离地空间关系的轨迹组，进而支持如<走>和<跑>等不同行进方式的行为判别；更进一步地，对象的运动轨迹还可以被细化为隶属于身体不同部位的轨迹集，进而支持对轨迹集内部关系变化的解析，实现对动作类型、行为目的与行为趋势的判别。

　　(3)上下文信息完备：由于地理视频中的行为轨迹紧密内嵌在地理环境的背景中，因此其具有与地理环境紧密的上下文联动关系。利用背景环境的上下文信息，一方面，可以对如<伴随>、<协同>和<影响>等交互性行为类型和行为关系进行判定，从而进一步衍生出对复杂行为的表达；另一方面，还可以增强由轨迹自身几何、物理、属性信息所定义行为特征的准确度。

因此，将地理视频内容中的轨迹作为变化过程关系解析的事件发展过程感知载体，具有特征的直观意义和方法的理论优势。本算法中，"行为轨迹"表达的行为过程解析以连续地理视频帧对象序列为解析粒度，对地理视频帧序列集合逐序列执行以下关键步骤。

1) 图像数据的地理实体对象移动轨迹提取

融合图像处理、模式识别、人工智能、自动控制等多领域技术对连续图像序列中的运动目标进行跟踪是计算机视觉领域研究中的热点技术；根据运动目标和摄像机的相对关系进一步将其划分为静态背景检测和动态背景检测技术，从技术原理上可分为不依赖先验知识的直接检测和依赖运动目标建模作为先验知识两类思路，并由此产生大量核心方法以及具有鲁棒性、准确性和实时性等优势的改进算法 (张娟等，2009)。因此，现有运动目标检测技术为地理视频内容不同变化成因的对象轨迹提取提供了有力的方法支持。首先将状态变化的地理实体作为检测目标；其次采用计算机视觉领域通用的运动目标跟踪技术，包括按照跟踪要素划分的基于轮廓的跟踪法、基于特征的跟踪法、基于区域的跟踪法和基于模型的跟踪法等中的一种或多种组合；最后从地理视频帧序列中提取地理实体对象在二维图像空间中具有时间标签的序列点轨迹。

2) 图像轨迹的形态优化

由于现有目标跟踪算法处理结果中轨迹点序列存在影响轨迹结构特征解析的抖动问题 (王晓峰等，2010)，需要对跟踪结果进一步做优化处理。移动平均法 (Moving Average Method) 是一种根据时间序列资料逐项推移，依次计算包含一定项数的时序平均值简单平滑预测技术。考虑其处理水平型历史数据时的直观高效性优势符合轨迹数据的快速处理需求，本算法采用移动平均法平滑地理实体对象移动轨迹提取结果中的图像空间序列点集，以去除明显的轨迹抖动，利于轨迹结构特征的解析 (王美珍等，2019)。

3) 轨迹的时空维度扩展与特征增强

图像空间的局域性虽然可以支持行为过程间内容相似的感知测度计算，但缺乏对全局相关性计算的支持能力。因此，需要对轨迹进行时空维度的扩展和全局特征增强，使时空离散分布的行为过程轨迹能映射到统一地理框架中。为此，本算法利用地理视频帧元数据特征项中的成像特征和结构特征，将经过形态优化的图像轨迹映射到统一时空参考基准的高维特征空间，其中，高维特征至少包括三维地理空间和时间。

4) 顾及时空区分度的连续轨迹片段划分

连续轨迹有助于提供完整的过程信息；但同时，过长的轨迹不仅不利于行为模式特征的定义，而且将影响地理视频数据组织粒度的划分，这种矛盾在局部对象行为活动密集的区域更为突出。因此，连续轨迹范围的确定需要实现行为过程理解的连续性和不同行为过程间特征差异性的平衡。为此，本算法借鉴时空索引的设计中对空间利用率和时间效率的平衡策略 (龚俊等，2015)，通过引入轨迹的全局时空评价指标 EVAL，定量控制全局多轨迹时空特征的区分度：

$$EVAL = \left(\sum_{i=1}^{n} S_i / n \right)^n$$

式中，n 为高维特征空间的维数；S_i 为轨迹在第 i 维特征空间上的特征值区间。对于时空维度扩展的轨迹集合，通过指定集合的 EVAL 值，实现顾及时空区分度的连续轨迹片段划分。

5) 轨迹语义增强与多尺度轨迹语义特征耦合的表达

按照时间序列描述的采样点集形式的轨迹是一种高度约减的数据表达，极大地限制了轨迹数据的行为解析(袁冠等，2011)，需要对其进行语义增强，从而更直观地表达轨迹所对应的行为含义，并支持基于语义内容特征相似和地理特征相关的事件发展感知测度计算。对于维度增强和对象划分后的每个轨迹数据对象，需要分别增强其描述的行为过程的行为动作特征语义和地理运动模式特征语义。

(1) 行为动作特征语义增强：对于时空特征增强的连续轨迹片段，计算其"局部结构特征"和"全局统计特征"，利用现有基于上述特征阈值的专题行为模型，判别所对应的专题动作类型，保存连续轨迹片段、特征阈值和动作类型为轨迹内容语义项。

(2) 地理运动模式语义增强：利用轨迹结构特征、轨迹运动趋势与"语义位置的相对空间关系变化"判别轨迹运动模式。

具体实现可以首先面向横向的全局视角，将视频中特征增强的轨迹数据表达为一组由几何特征(Fg)、结构特征(Fp)、语义特征(Fs)、关系特征(Fr)综合描述的结构特征向量，实现由数据空间到特征空间的映射；然后，将利用经验方法和统计方法等获得的与各主题行为类型相匹配的平稳特征记录为表达有效特征项和特征取值范围的控制张量矩阵(Zb)，并通过运算矩阵 $L(\text{Behavior}) = Zb \times Fg \times Fp \times Fs \times Fr$，将不同的特征集映射到不同细节层次的行为阶段，从而在时间视图上将轨迹解析为对应多个连续动作特征和运动模式的时序轨迹区间，如图 3-9 所示。

人们在时空范围上理解行为活动的有限性决定了行为轨迹的阶段性，同时，不同阶段行为过程在空间活动范围和生命周期上的内在层次包含关系决定了行为轨迹的多时空尺度特征。由此，与轨迹所对应的行为语义兼具横向的时序关联和纵向的尺度关联。为了兼顾对行为流程多时空尺度特征的宏观概括和局部聚焦表达需求，从语义角度提供综合描述轨迹所对应的连续行为流程视图，在轨迹动作特征和运动模式分段描述的基础上，实现轨迹内部多尺度耦合的轨迹时序语义结构表达。图 3-10 展示了一条轨迹中不同层次的行为构成示例。在全局的时间视图中，采用顺序关系表达行为概念在横向时间上的连续性；同时，采用以下三种特征关系，记录不同层次行为概念在横向尺度上的关联性：

(1) 利用一组具有内在层次关系的特征参数组表达层次。例如，在上文中列举的人的行进行为中，对应人体不同细节身体部位的运动轨迹可以根据人体部位在语义特征上的多层次组成关系形成层次关联。

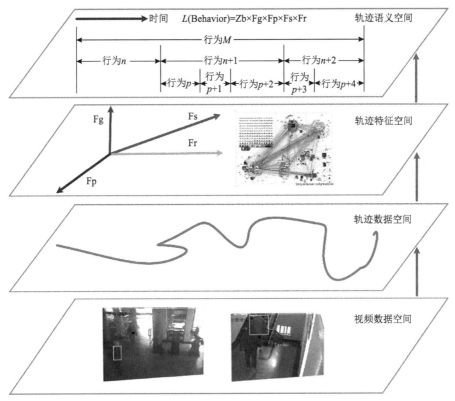

图 3-9 多层次轨迹信息空间示意图

(2) 利用一组对行为特征有细节区分度差异的特征参数组表达层次。例如，在以移动行为的轨迹速度变化特征为参照进行多尺度行为分解时，首先可以根据动态和静态交替变化划分为<移动><驻留>行为；然后，可进一步根据移动速率变化趋势，将<移动>行为划分为<加速><匀速><减速>行为；此外，还可根据加速度的变化，将<加速>划分为<匀加速><变加速>行为，同时将<减速>划分为<匀加速><变加速>行为。其中，不同尺度的移动行为根据"动/静—速度—加速度"这组物理特征参数对"运动速率变化特征"不同细节层次的区分度，形成了层次关联性。

(3) 利用特征参数取值区间的多粒度差异表达层次。仍以移动行动为例，可以根据速率区间划分对应不同主题含义的行为阶段。

将各层次行为概念采用如图 3-10 的树形结构组织：树形结构中不同层次的节点对应不同层次的行为概念，每个层次的行为节点按照连续的时序关系自左向右顺序组织，并基于时序关系建立与时间轴正方向一致的同层横向映射；特别地，为了支持对宏观行为概念流程中局部细节的行为表达，在不同层次间建立跨层次纵向映射，如图 3-10(b) 中的色箭头所示，从而为轨迹中的多层次行为概念构建了一个由粗到精的信息导航视图，可以灵活支持行为轨迹多尺度耦合的时序语义描述，如图 3-10(c)，实现行为流程全局的主体信息和局部细节信息的动态"变焦"描述。

在解析与记录上述动作特征和运动模式特征之后，将其与轨迹数据对象一并创建相应的行为过程对象,赋予其全局唯一标识码(OID);从而面向每个行为过程对象保存描述动作特征的一组内容语义项(CSB)和一组描述地理运动模式特征的地理语义项(GSB)。

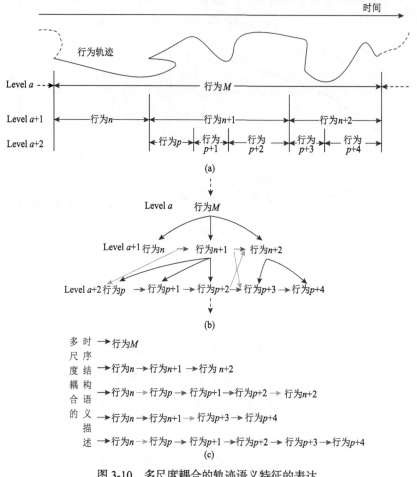

图 3-10　多尺度耦合的轨迹语义特征的表达

3.4.4　顾及特征关系优化的地理视频变化语义净化

根据 3.2.1 节分析,原始地理视频因内容变化要素时空非均衡分布而具有全局数据低价值密度和局部数据高维特征关联共存的特征;基于原始地理视频数据结构化获得的地理视频帧序列由于完整继承了原始数据的内容及内容关系,也面临低数据价值密度和局部内容高维关联的问题。其中,全局稀疏的低价值密度特征,将直接影响对内容要素的理解与展示,需要通过净化流程,从各地理视频序列中提取直接记录事件感知特征的地理视频数据集,增大数据价值密度,从而避免直接理解原始数据的冗繁细节;此外,局部内容高维关联,将造成局部地理视频集与事件感知的时空变化特征间大量多对多的映射关系,不利于建立基于内容感知的数据集间规则的关联描述;因此,为实现基于内容感知计算的地理视频数据的有效聚类,不仅需要利用传统面向特征过滤的语义净化机制实现感知特征加密,还需要优化数据与特征的关系。本节针对数据集的上述特殊处理需求，采用两步策略，实现兼顾特征加密与关系优化的地理视频变化语义净化。

1. 步骤一：面向事件感知特征加密的变化价值数据提取

具有内容变化价值的地理视频是包含支持事件感知测度解析要素的数据部分；根据
3.4.3 节面向事件感知特征的地理视频内容变化解析关键步骤，可知"状态变化的地理实
体对象及其产生的行为过程对象"是本方法中用于事件感知特征解析的具体表达形式。
因此，对地理视频的变化语义净化首先基于地理实体及行为过程两类变化语义对象与原
始地理视频帧的解析映射关系，提取包含事件感知特征价值信息的地理视频数据集。具
体地，变化价值数据的提取通过提取映射地理实体对象状态及地理实体行为轨迹数据对
象的连续地理视频帧的集合实现。

2. 步骤二：面向变化语义对象的局部映射关系规则分解

影响地理视频数据集间规则关联的"局部地理视频帧序列与事件感知的时空变化特
征间大量多对多的映射关系"主要表现为不同行为过程对象所对应的连续地理视频帧序
列的区间重叠。针对该问题，本算法以行为过程对象的完整性为评价指标，实现特征密
集局部区域数据与变化内容影响关系的规则分解。

分解事件变化过程的行为过程对象逐个解析活动对象轨迹及其所映射的地理视频
帧，将地理视频帧作为独立的地理视频镜头；各 O_{gs} 以地理视频帧子序列为基础数据，
以其内容描述的变化语义对象为语义元数据；在此过程中，为了避免数据过度分解而造
成的冗余问题，本算法构建 O_{gs} 时，采用地理视频帧的对象全局唯一标识码 OID，作为
信息索引取代实体数据构建 O_{gs} 的基础数据部分；由此，将映射关系进行分解并转化为：
基于变化价值加密后的地理视频帧基础数据集，允许不同 O_{gs} 重复引用其中地理视频帧
对象的 OID，从而完成从"局部地理视频集与变化特征间多对多的映射关系"到"地理
视频镜头与移动行为过程对象多对一的函数关系"的简化；而构建的 O_{gs} 则作为后续建
立事件感知的地理视频数据关联所面向的基本结构粒度。

3.4.5　事件感知驱动的地理视频语义关联层次聚集

在提取了作为数据关联基本结构粒度的地理视频镜头 (O_{gs}) 对象并实现其面向事件感
知计算的变化语义元数据增强表达后，本节利用变化语义元数据解析 O_{gs} 的事件感知测度，
实现 O_{gs} 语义关系的建立与定量求解，进而基于语义关系约束，实现地理视频数据的关联
聚集。下文以 3.4.1 节的原理分析为基础，根据处理流程并结合示例数据进行方法阐述。

1. 事件感知驱动的地理视频语义元数据关联

事件感知驱动的地理视频语义元数据关联方法流程如下：基于地理视频的变化语义
元数据，解析地理视频内容的事件感知测度，实现变化语义增强的地理视频数据多维
关联表示与关系度量；具体依次通过异常状态感知各 O_{gs} 内的事件发生测度，通过变化
过程关系感知 O_{gs} 间的事件发展测度，建立地理视频的语义元数据关联。具体步骤流程

如下：

1）逐地理视频镜头的原子事件发生感知

根据事件发生测度函数的定义（详见 3.3.3 节定义 8），进行逐地理视频镜头对象的语义元数据的内部解析，计算其事件的发生感知测度，其中的关键步骤包括：

(1) 设定专题事件认知需求的异常变化描述标签 e_a。

(2) 建立对象状态特征参数与标签 e_a 的映射关系。具体以地理视频镜头（O_{gs}）对象语义元数据中参与变化过程的各地理实体为目标，通过抽取其变化状态特征项（S_{Oge}），包括描述个体特征的内容语义项（CSE）和描述地理位置的地理语义项（GSE），即 S_{Oge}={CSE，GSE}；建立 CSE、GSE 特征子集 cse、gse 到 e_a 的映射 r_a。

$$r_a : \mathrm{cse} \times \mathrm{gse} \rightarrow e_a; \mathrm{cse} \subseteq \mathrm{CSE}, \mathrm{gse} \subseteq \mathrm{GSE}$$

(3) 面向特征子集获取有序变化的定量规则表达。具体基于 cse、gse 特征项，从"对象自身状态特征"和（或）"对象状态间关系"的角度，通过外部输入或实时计算的方式，确定有序变化的特征和（或）特征关系变化的取值范围，从而得到定量变化规则 Fnr：

$$\mathrm{Fnr} : f(\mathrm{cse} \times \mathrm{gse})$$

(4) 计算地理视频镜头内各对象状态的感知测度。利用 O_{gs} 语义元数据中各对象状态取值 $F(S_{Oge})$，计算 O_{gs} 内容中的事件发生测度 $\mathrm{PM_o}$；并根据 $\mathrm{PM_o}$ 值判断该 O_{gs} 中是否发生了原子事件。

2）地理视频镜头间的聚合事件发展感知

根据事件发展测度函数的定义（详见 3.3.3 节定义 9），进行地理视频镜头对象间的语义元数据解析，计算基于行为过程关系特征的事件发展感知测度，其中的关键步骤包括：

(1) 建立面向过程关系理解任务层级递进的事件内容描述标签 E：

$$E=\{e_1, e_2, \cdots, e_n\}, n \in \mathbb{N}^*$$

(2) 建立行为过程特征参数与事件标签的映射关系。具体首先通过提取地理视频镜头（O_{gs}）对象的语义元数据，并将其划分为内容语义元组（T_c）和地理语义元组（T_g）：

$$\begin{cases} T_c = \{\mathrm{CSE,CSB}\} \\ T_g = \{\mathrm{GSE,GSB}\} \end{cases}$$

然后，从 T_c 的相似性和（或）T_g 的相关性角度，建立从语义特征子集到各层次事件标签 E 的映射 Ru：

$$\mathrm{Ru} = \{r_1, r_2, \cdots, r_n\}$$

$$\begin{cases} r_1 : t_{c1} \times t_{g1} \rightarrow e_1, t_{c1} \subseteq T_c, t_{g1} \subseteq T_g \\ r_2 : t_{c2} \times t_{g2} \rightarrow e_2, t_{c2} \subseteq T_c, t_{g2} \subseteq T_g \\ \qquad\qquad\qquad \cdots \\ r_n : t_{cn} \times t_{gn} \rightarrow e_n, t_{cn} \subseteq T_c, t_{gn} \subseteq T_g \end{cases}$$

内容相似性通过内容特征项差值判别；地理相关性通过轨迹运动模式参考位置的时空分布距离和位置概念的层次关系以及连通关系判别。

各层次间的尺度划分，通过特征子集 $\{t_{cn}, t_{gn}\}$ 及各特征值的差异性体现：根据对事件与变化关系的分析，事件是公共安全监测任务中呈现专题特征的地理视频内容变化集；"随时空尺度扩大而增长的变化集"使变化过程产生了对应不同事件认知层次的专题特征；因而，利用决策者能从不同范围变化集中理解的差异性专题特征来表达事件层次，符合人们的直观认知变化过程的需求。

各层次间的关联性，通过特征子集 $\{t_{cn}, t_{gn}\}$ 间特征项的内联关系实现。感知测度函数定义中归纳了三类内联关系，包括：①内在组成关系；②区间次序关系；③细节层次关系。

(3) 解析地理视频镜头间行为过程关系的感知测度，分别考虑关联层次、关联度、关联方向各感知分量。

关联层次：基于事件标签层次 E 和映射 Ru 判别两两地理视频镜头对象的关联层次。其中，E 的设定决定了可能的关系层次属性；映射 Ru 中的特征参数则作为判定过程关系存在的依据，即当且仅当两两地理视频镜头 (O_{gs}) 语义元数据的变化过程参数 $Pc_m(E_{Oob})$ / $Pc_n(E_{Oob})$ 满足某层次映射 r_n 所建立的特征参数共性关系时，两 O_{gs} 间具有该层次的关联性，否则两 O_{gs} 不具备该事件层次的过程关系；特别地，两 O_{gs} 可能并可以同时满足映射 Ru 不同层次的关联性，从而具有不同层次的关联关系。具体解析操作，通过依次判别 O_{gs} 集合中两两 O_{gs} ($O_{gs}.\mathrm{SID}=i$ 和 $O_{gs}.\mathrm{SID}=j$，$i \neq j$) 在各事件层次的关联性 e_n，并保存满足任一层次事件规则 r_n 的两两 O_{gs} 的关联关系为 $\mathrm{PM}_{d(i,j)}$，将相应事件层次标签赋值为关系 $\mathrm{PM}_{d(i,j)}$ 的定性关联属性，即 $\mathrm{PM}_{d(i,j)} = \{e_n\}$；由此可以构建一个以 $\{O_{gs}\}$ 为顶点集，以 $\{\mathrm{PM}_{d(i,j)}\}$ 为边集的地理视频镜头变化语义关联图 $G(\{O_{gs}\}, \{\mathrm{PM}_{d(i,j)}\})$。关联层次的解析为地理视频聚类提供单元聚集的基本依据。

关联度与关联方向：基于内容特征参数的相似度和地理特征参数的相关度，定义面向关联层次 n 的 O_{gs} 语义距离 Dijn 表达关联度分量 $|\mathrm{PM}_d(E_{Oob})|$：

$$| \mathrm{PM}_d(E_{Oob}) |= \mathrm{Dijn} =$$
$$\begin{cases} \left\{ \Delta t_{cn}\left[Pc_i(E_{Oob}), Pc_j(E_{Oob}) \right] \cdot W_c + \Delta t_{gn}\left[Pc_i(E_{Oob}), Pc_j(E_{Oob}) \right] \cdot W_g \right\}, & \text{if } \exists e_n \in \{\mathrm{PM}_{d(i,j)}\} \\ +\infty, & \text{else} \end{cases}$$

式中，$\Delta t_{cn}\left[Pc_i(E_{Oob}), Pc_j(E_{Oob}) \right]$ 和 $\Delta t_{gn}\left[Pc_i(E_{Oob}), Pc_j(E_{Oob}) \right]$ 分别为两两 O_{gs} 语义元数据在 r_n 映射中的内容语义相似度量差和地理语义项相关度量差，其度量值通过各参数的基本参考空间计算；此外，由于 PM_d 具有方向分量：

$$\begin{cases} \Delta t_{cn}\left[Pc_i(E_{Oob}), Pc_j(E_{Oob}) \right] \neq \Delta t_{cn}\left[Pc_j(E_{Oob}), Pc_i(E_{Oob}) \right] \\ \Delta t_{gn}\left[Pc_i(E_{Oob}), Pc_j(E_{Oob}) \right] \neq \Delta t_{gn}\left[Pc_j(E_{Oob}), Pc_i(E_{Oob}) \right] \end{cases}$$

W_c 和 W_g 分别为给内容语义相似度和地理语义相关度在具体 O_{gs} 关联度计算时设置的权

重；$PM_{d(i,j)}$ 的值及有向性使地理视频镜头集合的变化语义关联图转化为有向带权图，从而为地理视频聚类提供类内变化过程有序组织的支撑条件。

基于上述解析流程，可构建待分析地理视频镜头集的具有层次性的元数据语义关联关系。

2. 语义关联约束的地理视频数据多层次聚类

语义关联约束的地理视频数据多层次聚类方法如下：首先，基于地理视频语义元数据关联关系，利用关系的层次性约束，自底向上，逐层递进地聚合具有各层次关系的地理视频镜头；然后，对于各层次中的聚合集，根据语义关系的方向性和测度值简化关系表达；再次，对于关系简化后的聚合集，实现基于有向性关联的地理视频镜头有序组织，并基于各层次中有序组织的地理视频镜头，构建地理视频镜头组（O_{gsg}）对象，相应地，地理视频镜头集合作为 O_{gsg} 的基础数据；最后，利用该层次事件标签 e_n、事件规则 r_n 以及与有序地理视频镜头集合对应的行为过程，构建多层次聚合事件对象，将其作为 O_{gsg} 的语义元数据，保存 O_{gsg} 作为已知信息用于后续数据的分析、组织与检索。特别地，在上述方法流程中涉及以下三个要点问题。

1）语义关系与聚合事件的层次映射与特征关系

地理视频镜头语义元数据关联关系的层次属性是对多尺度事件差异性特征的抽象映射；因此，利用关系的层次性约束，划分地理视频数据聚类组织的层次，符合人们对多尺度事件的认知需求；但同时，考虑语义关系各层次特征仅对应聚合事件层次特征在层次间的增量，因此，在实现关系层次到事件层次的映射时，需要还原层次的完整特征。为此，本算法在利用语义关系逐层聚合地理视频镜头时，首先以关联原子事件对象的地理视频镜头为聚类中心，自底向上，逐层递进地聚合具有各层次关系的地理视频镜头；特别地，在层次聚类过程中，高层次聚合过程继承低层次聚合结果，从而还原随层次递增而逐步丰富的地理视频数据集内容变化信息和事件特征，图 3-11 展示了地理视频镜头语义关系与聚合事件的层次映射与特征关系原理示意。

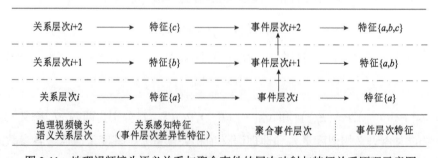

图 3-11　地理视频镜头语义关系与聚合事件的层次映射与特征关系原理示意图

2）聚类内语义关系的约减规则

由于地理视频镜头的语义关系通过集合中的两两对象解析，在表达事件发展过程时，则将可能存在关系的冗余，因此需要对各层次中聚合地理视频集进行关系简化，本算法在顾及事件发展过程流程信息完整性的前提下，根据语义关系的方向性和测度值简化关系表达。如图 3-12 示意，简化规则为：对于任一聚合层次 ei 中的一组地理视频关联集，若两集合元素间存在两条或以上的关系链，则约减测度值较小的语义关系。

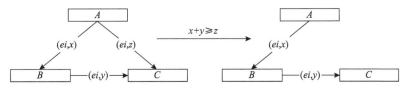

图 3-12　地理视频镜头语义关系与聚合事件的层次映射与特征关系示意图

3）地理视频镜头组对象的基础数据表达

根据对事件与变化关系的分析（详见 3.3.1 节），在不同的认知条件下，同一变化集可能产生不同含义的事件理解，因此对于一组内容变化的地理视频镜头集，也可能需要根据不同的事件特征认知需求，实现不同的聚集方案。为此，在本算法中，以地理视频镜头为关联分析的基本粒度，在事件感知特征驱动下构建地理视频镜头组（O_{gsg}）时，只保存其全局唯一编码（OID）作为 O_{gsg} 的基础数据，从而灵活支持多事件任务的聚集需求。

3.5　本 章 小 结

离散数据的聚类组织是影响数据集特征表达与知识整合能力的关键问题之一。对于网络监控环境中时空分散的相关地理视频数据流，实现面向其内容特征表达的聚类组织，不仅有助于分散地理信息资源的高效整合，快速提高数据内容中信息与知识的表达效率，还有助于支持高效数据存储结构与关联约束检索方案的构建。为此，本章针对现有 GIS 领域研究中基于时空标签关联方法和计算机领域研究中面向局域时空对象地理视频关联方法均难以根据城市突发事件应急处置任务中对多尺度复杂行为事件信息的理解需求，实现监控环境中分散的地理视频数据进行快速整合和检索的问题，提出了一种内容变化感知的地理视频数据自适应关联聚类方法。

该方法的特点是：通过对地理视频内容变化的多层次事件感知建模，实现事件感知驱动的地理视频语义元数据多层次关联，进而利用语义元数据关联约束，实现地理视频数据的多层次聚类。其中：

（1）事件感知建模基于地理视频语义模型中各层次变化语义对象，充分利用其语义内容的变化共性特征，实现事件分层感知特征和分层感知测度的形式化表达；

（2）面向事件特征的感知测度计算，以统一地理框架中融合空间、时间和属性信息的对象状态与行为轨迹为载体，克服时空属性分立对于处理地理视频内容变化过程信息的局限，实现地理视频内容在时间、空间和属性上高维特征关联特性复杂度的降维处理，并支持综合地理视频内容相似和统一参考基准下地理相关的关联解析，其结果作为地理视频数据定性理解、定向表达和特征定量计算的全局关联基础；

（3）地理视频语义元数据关联基于事件感知测度的计算，实现关联关系内容语义相似和地理语义相关的语义距离定量表达；

（4）地理视频数据层次聚类基于地理视频语义模型中，面向各层次变化语义概念的数据粒度框架，利用语义元数据关联关系的层次属性实现层级递进的分组聚集，同时还利用关联关系的度量属性实现组内数据的有序组织。

事件作为对变化呈现模式的认知抽象，从更高和更综合的角度反映监控场景变化的存在规律和人类对地理视频内容变化的认知规律；因此，基于事件来综合特征形式与组织分析粒度异构的地理要素，符合人们认知变化特征和变化过程的模式；对事件的感知适应对"反映多尺度复杂公共安全事件信息的地理视频"进行快速整合与高效知识理解的组织检索需求。

该模型研究的理论价值在于：为"网络监控环境中时空分散的相关地理视频数据流"提供了一种内容自适应的关联聚合方式，实现了面向事件特征的地理视频镜头组多层次关联组织，完成了从传统"面向事件静态格局认知的时空区划组织"到"面向事件动态过程认知的变化内容组织"的转变。由于该组织方式突出并充分利用了地理视频面向公共安全事件的内容特征，因此能构建支持多层次公共安全事件过程理解的高信息密度有序地理视频数据集；在提高网络监控环境地理视频数据中多尺度安全事件知识理解效率的同时，解决了现有地理视频关联方法由于分组依据单一、关联要素单一、组织粒度单一，而难以处理地理视频内容低价值密度特征的问题；为现有地理视频关联方法难以面向数据内容，实现局部图像(图像序列)小尺度和地理空间大尺度间的全局关联问题提供了可行的解决方案；也有助于发展多摄像机地理视频面向事件任务的关联约束组织检索策略。此外，基于该方法还能利用多版本的语义元数据，灵活支持面向不同专题事件的多任务聚集，适应城市安全监控多专题理解任务的并行处置需求。

第4章　变化过程约束推演的地理视频关联语义增强

4.1　引　　言

单摄像机获取的地理视频内容受成像窗口时空局域性的影响，其记录的是特征对象在特定地点或区域的短时行为过程，基于单摄像机的地理视频内容仅局限于解析局部异常变化对应的局域小尺度事件；网络监控环境下，全局关联的多摄像机地理视频虽然有效扩展了监控时空窗口的整体范围，提供了记录多尺度复杂事件信息的地理视频数据集，但数据内容中的事件知识仍受到监控设备作用域普遍的离散和无重叠分布的影响而存在大量信息盲区。为了支持对复杂事件发生发展过程的完整认知，并为面向不同层次事件信息的地理视频数据组织检索提供丰富的检索入口和正确的约束条件，发展面向事件信息盲区的地理视频关联语义增强方法，成为继"实现多摄像机离散地理视频数据层次定性、作用定向和特征定量的关联聚集"之后，"支持关联约束检索的地理视频组织研究"亟须解决的又一关键问题。

支持应急处置任务决策的事件认知需要从"是什么"和"在哪里"的现象认知，进化到能回答"是怎样"的过程认知（详见 3.2 节）。地理视频镜头（O_{gs}）是数据关联解析的基本粒度；O_{gs} 间的关联性由面向专题事件认知需求的地理视频"内容变化过程关系"决定，其关联度亦基于"内容变化共性特征"中的行为过程特征解析。因此，面向内容变化过程来增强多摄像机地理视频间的关联语义，不仅适应公共安全领域对专题事件知识的理解需求，也符合本书研究方法系统性的发展特点。相对于盲区变化过程信息的缺失，地理视频内容中的变化过程是可知的信息集。根据逻辑学研究思路，基于对象自身各组成部分的相互关系规律，从部分数据中推理无法获取的某类事物的全部对象信息是思维的基本形式。由此，如何充分利用已知的内容变化信息合理推演盲区中的变化过程，成为实现地理视频关联语义增强的核心问题。

公共安全监控所面向的城市运行空间，是"城"所代表的地理空间和"市"所代表的人文空间紧耦合的二元空间，80%以上的城市运行信息涉及空间实体、实体的空间关系以及时空过程等空间概念（李德仁等，2014a）。由于地理空间的自相关性，以逻辑学为基础的地理思维与推理作为产生地理知识的重要手段，是人类探索连续地表环境变化最重要的途径。地理视频作为一类面向城市运行空间整体获取并紧密集成时空信息与媒体信息的新型地理空间数据，其数据内容所面向的城市运行过程，包括主要被关注的人文活动时间、地点、目的、行为方式、行为结果、影响以及对象间可能的交互关系都具有与地理环境紧密相关的广域整体性；这种整体性决定了地理视频数据内容的地理属性与其非时空特征属性的紧耦合，共同决定着事物和现象演化规律并影响人们对全局信息链的认知。地理视频数据蕴含的丰富的地理信息成为其区别于传统媒体视频数据并产生全局关联价值的重要内容(详见第 1 章);在对地理视频进行语义关联建模的研究中,地理语义项构成其各层次内容变化特征的核心组成部分(详见第 2 章);特别是统一时空参考基准下的地理语义表达,建立了地理视频内外场景空间的紧密映射,使离散的地理视频数据内容可以有效地映射到统一的地理空间(详见第 3 章)。地理视频数据的全局时空相关性和地理视频内外场景空间的紧密映射,为地理视频内容提供了面向统一地理空间获取开放性地理信息的有利条件;充分挖掘、扩展与利用地理视频内容变化所在统一地理环境的地理信息,增强地理视频数据的地理语义表达,并将其作为从已知内容变化推演盲区中变化过程的基本参考基准与约束条件,因此,地理视频数据语义增强成为建立宏观监控场景的整体关联性并获取完整事件发生发展流程的合理研究方案。

传统面向如医学影像、体育赛事、媒体新闻等专题视频语义的建模研究中,由于其通常面向背景相对模板化的局部场景,支持语义相关性的描述通常分布在视频内容的三个层次(Navarrete, 2006):①信号编码层,在这个层次,可通过不同编码方法和信号分析理论研究其变换特征空间数据信息特征,进而分析图像信息源各类性质的视觉相似性或统计相似性;②特征编码层,包括可以从原始视频中解析出的颜色、纹理、形状、变化梯度等图像的物理特征与音轨特征,在这个层次可以通过各类特征分析视频中记录的场景对象、对象的同一性和同类性以及局部静态的相对空间关系;③语义编码层,即表达人能够从图像或视频中直观认知的信息,包括视频中出现的对象和它们之间的相对时空关系。语义表达的内容是实现语义分析的前提,决定了对数据进行语义理解和语义操作的可行性。然而,分析上述现有计算机领域的三个层次的语义表达可知,现有视频语义建模方法已能面向不同的应用需求,支持对特征对象的提取和行为过程对象的描述,并支持局部场景间基于信号特征、物理特征和语义特征的对象相似性分析。但由于现有方法均侧重描述视频场景自身的内容特征,受视频镜头局部表达能力的限制,对视频内容的分析只能停留在局部场景理解层面,因此,为了能支持对复杂城市环境中包含的具有较大时空跨度和具有内部演化阶段的公共安全事件整体时变进程的理解,仍需要系统地发展支持从局部地理视频数据分析到大尺度复杂行为事件理解的地理语义表达;其中,需要特别强调的是,对于概念的意义、语用和功能研究,只有从形式(结构)出发,才更容易实现相应研究的科学化,语义概念的结构化由此成为支持其解析分析的前提条件;为实现能够兼顾计算机处理和服务于人员计算的语义表达,还需要同时具备形式(结构)的逻辑规则表达以及与自然语言的转换能力。

为此,针对网络监控环境多摄像机地理视频成像范围时空离散分布而导致相关地理视频数据内容中事件过程存在信息盲区的问题,在利用第 3 章"内容变化感知的地理视频数据自适应关联聚类方法"建立了面向事件发生发展流程的地理视频镜头有序关联聚类组织的基础上,本章进一步提出一种变化过程约束推演的地理视频关联语义增强方法。该方法的特点是:基于系统化和结构化增强的多摄像机地理视频内容,在其所处的统一地理环境及地理语义的基础上,利用地理视频内外场景空间的紧密映射关系,实现结合外部地理空间的地理视频内容变化开放式表达,进而利用统一表达框架下的地理时空信息约束地理视频内容中变化过程的规则描述和离散内容间的变化过程推演,实现不同层次中完整事件变化过程信息的表达。

4.2 节首先提出变化过程推演的地理约束层次框架,为后续章节中递进阐述各关键问题提供总纲;4.3 节以地理位置为核心,通过系统性地增强位置标识、位置场景描述、定位判断及位置关系语义,实现地理视频内外场景空间统一表达:增强的位置语义在为变化过程描述提供定位与位置关系判别基本参考的同时,也为变化过程推演提供地理环境中变化的基础条件约束;4.4 节首先归纳行为过程基于“地理位置相对关系变化”的地理运动模式,继而基于增强的地理位置信息,实现各模式类型的形式化表达和判别:行为过程地理运动模式分类表达在为地理视频内容变化过程提供描述规范的同时,还为多内容间变化过程的推演提供趋势约束;4.5 节利用地理位置和地理运动模式联合约束的语义路径规划算法,从已知地理视频内容变化推演监控盲区中的变化过程,实现离散多摄像机地理视频的关联语义增强进一步实现地理语义关联约束的事件信息盲区变化过程推演;最后,4.6 节针对全章节内容总结方法的特点与创新性。

4.2　变化过程推演的地理约束框架

实现推理过程的核心在于根据已知前提及其全局条件关系推出新结论。基于推理的核心特征,利用多摄像机地理视频数据内容中已知的变化过程信息,推演数据间监控盲区中变化过程的首要问题是:明确可建模与可解析的已知信息项及分析其影响全局变化过程的约束价值特征。针对该问题,本节基于前文对多摄像机地理视频数据内容中已知变化过程的特征对象建模和变化特征解析方法,面向其中可建模与解析的地理语义内容,根据其对监控盲区变化过程不同的影响作用,提出监控盲区变化过程推演的地理约束框架,如图 4-1 所示。

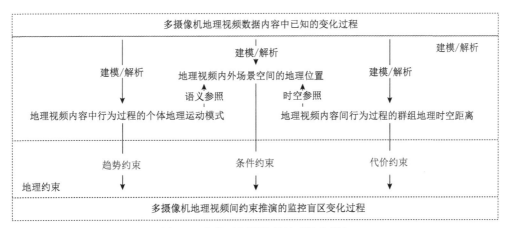

图 4-1　变化过程推演的地理约束框架

1. 视频内外场景空间地理位置的条件约束

地理对象与地理现象在生命周期内的任何状态都与特定的时空位置相对应;基于地

理位置研究地物、地理事件的时空分布及其相关关系是地理领域的研究视点(朱欣焰等，2015)。地理位置对变化过程的影响作用体现在：一方面，面向地理视频内外监控场景空间中多种定位空间层次划分的位置概念集合，变化过程中对象的定位描述以及对象与位置的关系判断都紧密依赖于位置特征的表达。另一方面，"人类活动和活动依托的地表环境变化"作为本书主要研究的专题，其在地理空间中的变化过程不是任意无序的，而是受到地理位置组织结构、时空分布及功能特征的直接限制；典型的如在基于位置的地理实体移动变化过程中，实体对象在整个空间的连续变化过程总是不断从一个位置移动到另一个相邻位置。然而，由于位置范围的约束和位置间连通条件的限制，在复杂监控场景中，空间上相邻甚至相通的位置间不一定能支持对象的迁移，基本的限制因素有：①空间限制，如两个位置边界相邻，但不具备连通性；②时间限制，如两个空间上连通，但受通行时间段限制的位置；③语义限制，如两个空间上连通，但受通行条件项限制的位置。因此，地理位置作为地理空间各类信息的基本参考基准和时空关联纽带，位置的结构、特征、分布和功能成为决定地理空间变化状态位置描述规范性与变化过程可行性的基本条件，构成推演多摄像机地理视频监控盲区变化过程的条件约束。

2. 视频内容中个体地理运动模式的趋势约束

动态地理空间中的变化具有时间上的连续性和惯性特征：变化的时间连续性表现为任何一段变化都存在历史、现在和未来阶段递进的发展模式；而变化的惯性特征则体现在不同发展阶段均具有保持原有发展动向和特征的变化规律。基于上述对变化连续性和惯性特征的认识，行为过程个体地理运动模式对变化过程的影响作用体现在：现有变化过程在一定时空范围和条件中，既受到历史变化过程的影响，也将继而影响未来的变化过程。因此，离散时空窗口中的地理视频内容，虽然仅能解析变化的局部行为过程，但由于变化的连续性和惯性原则，仍可以根据已知局部变化过程，面向其历史与未来阶段外推一定时间范围和条件中未知的变化动向。在本书研究的"人类活动和活动依托的地表环境变化"中，特征对象个体的形变与移动模式以及群组的合并与拆分模式均具有变化的连续性和惯性特征；这些特征为利用如"线性回归"和"趋势外推"等典型模拟和预测方法推演未知变化趋势提供了理论基础。由此，视频内容中个体地理运动模式在推演多摄像机地理视频监控盲区变化过程中能发挥趋势约束作用。

3. 视频内容间群组地理时空距离的代价约束

变化过程伴随着物质和能量的消耗，特定变化模式与所耗费的物质和能量代价间具有特征映射关系。多摄像机地理视频片段具有不同的时空区间属性，变化参与者在多时空区间的变化对应着以不同变化模式产生的时空范围迁移，行为过程群组的地理时空距离对变化过程的影响作用由此体现在：地理视频时空标签元数据为不同变化片段的时空区间距离解析提供了支撑信息；建立变化模式特征参数与已知变化时空区间距离的映射关系，能在一定程度上推演监控盲区变化过程特征。对应"人类活动和活动依托的地表环境变化"，具体的如搜寻处于不同位置的地理单元之间迁移的复杂连通路径，在此基础上根据变化过程群组间已知的时空区间距离，利用变化模式特征参数实现对不同迁移路径的代价评估，支持不同路径的可行性判断。因此，地理视频内容间群组的地理时空距离在推演多摄像机地理视频监控盲区变化过程中能发挥代价约束作用。

综上分析，基于已知地理视频内容的建模与解析，可构建地理位置条件、个体运动趋势和对应迁移代价的时空距离构成的地理视频盲区变化过程推演约束中的地理约束框架。其中，除地理时空距离可通过标签元数据定量求解外，支持定位描述的位置特征和支持位置间迁移表达与推理的运动模式仍需要更具体的形式定义。4.3 节和 4.4 节分别就此需求，依次增强地理视频内外场景空间统一的地理位置语义和位置关系变化的行为过程地理运动模式语义；为具体实现多监控场景间离散地理视频片段基于地理位置关联的连续信息链的推演，并最终实现对宏观监控场景整体表达能力的增强提供了基础。

4.3　地理视频内外场景空间统一的地理位置语义增强

为了支持离散行为过程片段在地理环境中的统一定位描述及地理运动模式的表达与推理，地理位置的表达具体需要：①能支持统一时空基准下位置概念的语义标识；②能支持特征对象状态在地理环境中的多尺度定位判断；③能支持特征对象在位置间的可迁移性与迁移代价描述。针对以上需求，本节将地理位置作为特征对象状态的关联属性进行增强表达，具体从统一的位置命名、位置特征，以及位置关系展开。

4.3.1　支持特征与层次抽取的位置命名

通过自然语言描述的位置概念与位置关系是一种高层次的抽象。相较于几何坐标形式的量化位置标识和位置关系，采用自然语言描述的位置概念更接近于人类的认知和语言习惯，并更易于人类的直观理解和使用(朱欣焰等，2015)。然而，自然语言概念主观性和模糊性以及表达形式的异构性和灵活性容易导致概念使用中的匹配误差，进而造成计算机自动解析与处理的难题(CCF Multimedia Technology Committee，2013)。如何消除定量的结构化位置表达与自然语言中的非结构化位置标识的语义障碍，是地理视频语义描述中"位置语义"表达的难点。

为了在自然语义描述的基础上实现空间位置概念表达，支持从自然语言中抽取空间语义信息，识别空间目标对象，建立空间方位及空间拓扑关系，从而实现人类大脑和计算机间信息带宽的最大化，本书在采用具有位置意义和位置特征的自然语言词汇命名位置的同时，从增强位置名称结构语义的角度归纳位置的语义命名规则，通过位置名称的内部表达模式和内建规则，实现支持位置特征抽取和关系计算的位置概念标识。根据位置概念的参照关系，具体归纳为绝对位置名称的结构化表达和相对位置名称的结构化表达：

<位置名称> = enum {<绝对位置名称>，<相对位置名称>}

1. 绝对位置名称的结构化表达

语义概念表达的位置可以根据不同的参考系划分为绝对位置和相对位置。其中，相对位置的描述需要基于一个或几个绝对位置来实现。因此，考虑这种位置描述的依赖关系，首先将采用自然语言描述的绝对位置概念结构化地归纳为

$$<绝对位置名称> = [<位置修饰>_m<核心位置><位置修饰>_n]_r$$

其中，[]表示构成绝对位置名称的结构单元；$r \in \mathbb{N}^*, \mathbb{N}^* = \{1,2,3,\cdots\}$，表示构成位置名称的结构单元叠加次数，左右相邻的两个结构单元构成语义概念上的层次关系；在结构单元中，<核心位置>是结构单元中的必要成分，一个结构单元有且只有一个核心位置成分；<位置修饰>是结构单元中的选择性表达成分，$m,n \in \mathbb{N}, \mathbb{N} = \{0,1,2,3,\cdots\}$，表示在一个结构单元中允许包含多个位置限定成分，且位置修饰成分和核心位置成分的上下文关系可根据自然语言表述习惯灵活描述。构成核心位置和位置修饰的内容如下。

(1) 核心位置：核心位置采用具有位置意义的名词或名词短语表达。在现有视频监控系统主要面向的公安与交管领域应用所涉及的不同层次的室外与室内环境中，根据定位空间的不同划分域，可知用于定位描述的核心位置词类主要包括：①隶属各行政区划级别的地名库信息，如国家、省、市、街道名等；②各应用行业的基础地址库信息，如邮政地址、邮政编码、IP 地址、电话号码、门牌号码等；③地理环境中具有标志意义的地理实体、事件和现象等静态和动态的地标与兴趣点(Point of Interest，POI)，如城市生活服务网中的福利彩票站点、学校、医院和银行网点等；④室内环境中的建筑结构、室内空间对象以及室内附属对象等。

在面向一定范围的问题空间时，有效的核心位置表达需要同时满足精简和完备两个原则：①精简原则，指在语言用词上，构成核心位置的字符是描述位置概念的最小单位，作为整体不可再拆分与删减，即如果一个具有位置意义的词或短语再拆分后的任何部分仍然能够描述原词所指示的位置，则这个词或者短语描述的位置不能定义为核心位置。②完备原则，指核心位置可以作为唯一性标识指示位置概念。例如，在面向中国范围内的问题时，<湖北省武汉市>作为一个具有位置意义的地名表述，可拆分为<湖北省>和<武汉市>两个名词，其中，<武汉市>作为一个独立的行政区划地名，已可以明确指示一个行政范围限定的位置，因此 <湖北省武汉市>不满足核心位置表达的精简原则；又如，在面向湖北省行政区划范围内的问题时，<武汉大学>作为一个具有地标意义的位置表述，虽可拆为<武汉>和<大学>两个名词，但<大学>在问题所涉及的地理空间中不能明确描述一个位置，不满足核心位置表达的完备原则，因此<武汉大学>需作为整体表达一个有效的核心位置。

(2) 位置修饰：位置修饰采用自然语言中可体现位置特征的修饰词类显示表达位置的内涵属性及由此产生的外延规则。常用的修饰词类包括：①表达位置形态结构特征，如高、矮、宽阔、狭窄等；②表达位置视觉环境特征，如开阔、封闭、昏暗、明亮等；③表达时间属性的时间标签、时间范围或生命周期等，如<2014 年的武汉大学>中的<2014

年>作为特定时间标签修饰<武汉大学>；④表达语义权属关系，如公共场所的管辖单位、建筑权利人/产权主等；⑤表达功能与用途，如<办公室><会客厅>中的<办公><会客>等。

通过在语义层面增强地理位置内涵特征的描述及外延规则的限定，可以支持从高层语义层面构建与语义位置相关的事件的触发条件与探测机制，如教室、会议室等仅限特定用途的位置；又如，展台等具有安全等级和安全距离的位置等。

2. 相对位置名称的结构化表达

在绝对位置概念的结构化表达的基础上，将采用自然语言描述的相对位置概念结构化地归纳为

$$<相对位置名称> = \bigcap_{i=1}^{j} [<绝对位置名称>_p<相对空间关系>_q]$$

其中，[]表示构成相对位置名称的结构单元；$\bigcap_{i=1}^{j}$，$j \in \mathbb{N}^*, \mathbb{N}^* = \{1, 2, 3, \cdots\}$，表示一个相对位置可以表达为以若干个绝对位置概念为参照，且同时满足各参照系中相对空间关系的复合位置；在一个结构单元中，根据相对空间关系描述的需要，$<绝对位置名称>_p$，$p \in \mathbb{N}^*, \mathbb{N}^* = \{1, 2, 3, \cdots\}$，作为相对位置描述的参考基准，可以支持一个或多个位置概念的表达。例如，基于一个位置参考的[<武汉大学五号教学楼><前方>]、基于两个位置参考的[<201 教室><203 教室><中间>]；$<相对空间关系>_q$，$q \in \mathbb{N}^*, \mathbb{N}^* = \{1, 2, 3, \cdots\}$，包括以拓扑、度量和方位及其复合描述构成的相对关系表达，具体包括以下方面。

（1）拓扑描述：拓扑描述表达相对位置与所参照的绝对位置间的空间邻接性和区域性。主要包括：①面向位置几何特征元素的<相离><相邻><相交><重合>等；②面向位置整体范围的<包含>/<包含于>和<覆盖>/<覆盖于>等。

（2）度量描述：度量描述表达相对位置与所参照的绝对位置间基于特定度量空间的距离，主要指空间与时间上的间隔，包括定量描述和定性描述。定性描述主要以自然语言中描述距离间隔的定性指标表达，如"远""近"，常用的度量描述包括：<非常近><很近><较近><远><较远><很远><非常远>等。定量描述的形式包括①数值结构：由度量空间中的距离值及专用度量衡单位构成，如<30 米><1 小时>，常用的空间度量距离公式包括欧式距离、明氏距离、曼哈顿距离、切比雪夫距离等，常用的专用度量距离单位包括公里、里、千米、米等空间距离单位和年、月、日、小时、分钟、秒等时间距离单位；②数量名结构：由数词及具有度量作用的对象名及其表达单位构成，如<一楼><第二个房间>。

（3）方位描述：方位描述表达相对位置与所参照的绝对位置的空间方位，包括定性方位描述和定量方位描述。定性方位描述主要以自然语言中的方位词表达，包括单纯方位词和合成方位词两类。常用的单纯方位词如<上><下>、<左>/<右>、<前方>/<后方>、<东>/ <西>/<南>/<北>及<里>/<外>/<中间>/<内>/<旁>等。合成方位词在现代汉语自然语言中主要由单纯方位词通过以下方式构成：①前边加"以"或"之"，如<以上><之下>；②后边加"边""面""头"，如<前边><左面><里头>；③对举，如<上

下><前后><里外>；④其他修饰，如<底下><当中>等。定量方位描述主要是在定性方位描述的基础上，附加定量度量描述的形式表达，如<前方10米>等。

（4）复合描述：复合描述表达由两个或两个以上拓扑、度量或方位描述共同指示的相对空间关系。例如，由同类型空间关系描述复合表达的<东北>；又如，由不同类型空间关系描述复合表达的<左边第二个房间>。

4.3.2　支持多尺度定位判断的位置特征

为了实现监控场景中对特征对象状态的定位判断，需要表达支持在监控场景中进行位置理解和位置估算的关键特征。本书面向不同应用需求和观察视点中人对地理位置认知的层次性描述和表达需求，分别从认知特征和固有特征的角度增强地理位置的表达，以支持不同尺度问题中的定位判断。具体包括描述不同认知层次的位置尺度特征，以及不同认知层次下地理位置固有时空属性维度所能呈现的结构特征。

尺度空间的概念源于人类对世界认识的层次性，不同的尺度对应了人们理解和描述地理问题不同的详细程度(李霖和应申，2005；赵君峤，2013)。因此，地理问题的尺度决定了地理位置固有时空属性的具体表达内容和表达形式。不同的应用需求和观察视点通常对应着描述地理位置时合适的尺度。例如，对于某位置概念<建筑A的房间a>：当描述人在位置<建筑A的房间a>内部活动时，通常需要该位置详细的细节特征，包括房间自身的精细形态结构，以及房间内的功能设施与障碍物等；当描述同属一幢建筑的两个不同位置<建筑A的房间a>和<建筑A的房间a′>的连通性时，相对宏观的几何轮廓和出口/入口等信息较之建筑内部的细节特征更有价值；而当描述如何从位置<建筑A的房间a>到另一个大时空跨度的位置<建筑B的房间b>时，如果房间的几何尺寸相较于房间的空间距离存在跨数量级的差异，房间的实体信息则相对冗余，将两个房间抽象为质变表达形式的"点位置"进行整体属性描述更符合人们清晰直观的认识。上述实例中，目标位置<建筑A的房间a>和研究问题在空间尺度上的相对性决定了地理位置合适的细节表达。

（1）在面向房间级别的问题，特别是涉及房间内部空间的问题时，问题空间和位置自身的空间尺度相当。本书将其定性描述为<小尺度>，在小尺度问题分析中位置适合表达出自身的细节特征。

（2）在面向整个建筑级别的问题时，问题空间的尺度层次较高于位置自身的空间尺度。本书将其定性描述为<中尺度>，在中尺度问题分析中位置适合表达出整体概括的宏观特征。

（3）在面向大时空跨度级别的问题时，问题空间远大于位置自身的空间尺度。本书将其定性描述为<大尺度>，在大尺度问题分析中位置适合表达出高度概括的抽象特征。

因此，需要对位置进行多个尺度的表达和标识，用以支持不同尺度问题中对位置细节程度的设定。为了界定和区分位置的不同尺度，本书采用尺度框架、尺度标识和尺度边界来具体表达尺度特征。

（1）尺度框架：尺度框架是位置多尺度表达的参考系。由于尺度是一种抽象的地理概念，难以用统一的标准去刻画，因此采用不同专题中具有尺度意义的概念表达尺度划分的参考系。常用的概念包括 Open Geospatial Consortium（OGC）标准 CityGML 中采用的<细节层次>、地图制图中采用的<比例尺>、行政管理中采用的<行政区划>等。

（2）尺度标识：尺度标识表示尺度框架下的具体尺度划分。对应以上常用的尺度框架，尺度标识包括<细节层次>中的<LOD0><LOD1><LOD2><LOD3><LOD4>，<比例尺>中定性表达的<大比例尺><中比例尺>和<小比例尺>，以及定量表达的<1：100 万><1：50 万><1：25 万><1：10 万><1：5 万><1：2.5 万><1：1 万><1：5000>，<行政区划>中的<国家><省><市><区县><乡镇><街道办><村><组>等。

（3）尺度边界：由于尺度是对不同细节的直观反映，本书通过定义位置在具体尺度标识下所能表达出的最精细的时空属性特征来描述位置的尺度边界。例如，在建筑模型的<细节层次表达>中，<LOD0>所支持的<2.5D 地形区域>、<LOD1>所支持的<建筑体块>、<LOD2>所支持的<屋顶结构>、<LOD3>所支持的<门窗和外观细节结构>、<LOD4>所支持的<内部建筑空间和建筑结构>。

根据上文分析，不同的认知尺度决定了适用于不同细节层次地理位置描述的空间要素和属性要素；其中，小尺度问题侧重位置内部结构和组成；中尺度问题侧重位置整体形态结构以及与其他位置的连通性；大尺度问题侧重定位特征、功能用途以及影响范围等。这些要素支持人们在不同尺度问题中理解位置、定位位置、判断位置关系并识别位置自身及对象在位置间的变化。为了综合表达位置的多尺度结构特征，本书将其归纳为位置场景、位置边界、位置接口、定位点和定位置信场，具体内容如下。

（1）位置场景[Scene，$S(L)$]：位置场景表达位置的组成特征，包括构成位置对象的结构部件、位置对象的内部空间划分，以及处于位置边界和位置内部的各类对象集。这些构成位置场景的对象及其组合又可表达为空间上包含位置场景的子位置，子位置在语义概念上与位置场景所表达的位置概念构成层次关系，这种位置概念间的层次关系在语义命名上可以通过将父位置名称表达为子位置的结构单元来表达，如上文列举的父位置概念<建筑 A>和子位置概念<建筑 A 的房间 a>，其中，将<建筑 A>作为父位置命名的结构单元叠加在子位置概念前。位置场景是支持特征对象在位置内部精细定位与具体行为过程描述的基础特征，在地理视频数据模型的空间维度对象表达中，可依次抽象为由点（Point）、线（Curve）、面（Surface）、体（Volume）四种基本空间对象组合表达的三维场景。

（2）位置边界[Boundary，$B(L)$]：位置边界表达位置占据的地理空间范围。位置边界判断特征对象与位置的相对关系，以及特征对象位置变化的参考特征。在计算机模型表达中，根据实际问题所面向的不同空间维度，位置边界可以表达为面向三维空间的边界体和面向二维投影空间的边界线。几何与拓扑完备表达的位置边界将监控场景划分为与该位置相对应的"内部空间"[$S_{in}(L)$]和"外部空间"[$S_{out}(L)$]。

（3）位置接口[Connector，$C(L)$]：特征对象在地理环境中位置的改变伴随着其在位置间的迁移过程。本书通过增强位置接口的概念细化对象在位置间的迁移过程描述。位置接口在语义概念层次上可构成隶属于其所连接的位置对象的子位置，当位置接口所连接的两个位置不在同一语义层次时，则在无特别设定的情况下，位置接口由语义层次较低的父位置决定；在几何表达的层次上，位置接口隶属于父位置边界，当位置的连通性不受限制时，位置接口的几何表达等同于位置边界。特别地，为细化对迁移方向的限定，赋予接口"出/入"属性；同时，为进一步支持对位置接口迁移能力的限定，赋予接口"连通条件"和"连通级别"属性，其中连通条件可以包含：①面向接口自身的条件，如开放时间、允许的通行速度与通行方式等；②面向在位置间迁移的对象条件，如限制通行对象的类型、数目、尺寸等。连通级别由位置接口所隶属的父位置在监控场景中所处的最高语义概念层次决定。一个位置对象允许包含多个具有不同属性的位置接口。

（4）定位点[Anchor Point，Ap(L)]：定位点作为位置对象抽象的质变表达形式，是位置对象自身绝对定位描述、以位置对象为参考的其他对象相对位置描述，以及与对象行为过程相关的位置集格局分析所需要参考的关键特征。定位点可以实例化为位置对象在形态和组成上的特征点，也可以实例化为位置场景中具有几何意义的顶点、角点以及具有物理等意义的重心等。

（5）定位置信域[Anchor Domain，Ad(L)]：位置对象除了影响自身所覆盖的地理空间范围内的对象定位外，在监控场景中，对其附近一定范围内的特征对象也具有不同程度的定位作用。为此，定义位置概念的定位置信域。定位置信域可被表达为一个以空间范围（Space，S）为自变量的置信度（Degree of Confidence，Dc）分布函数，其形式化表达为

$$\mathrm{Dc} = F(S); S \subseteq \mathbb{R}^3, \mathrm{Dc} \in [0,1]$$

其中，位置边界和边界内部定位置信度恒定为 1；边界外部的定位置信度由位置在视频场景中所呈现的显著程度决定。在利用位置语义概念描述地理视频内容时，不同位置的定位置信度可以通过综合考虑视觉显著性（Visual Significance，Sv）、语义显著性（Semantic Significance，Ss）和主题显著性（Theme Significance，St，考虑行为特征、事件规则）三个因素来确定。其中，Sv 反映位置在视频成像空间所能吸引视觉注意力的程度，决定于位置在图像中的颜色、形状、范围大小等图像视觉特征；Ss 反映位置在视频成像空间所能体现出语义概念的完整程度，决定于位置自身的内涵属性、与图像中其他位置概念的语义层次的关系以及位置场景在图像中的完整性；St 反映位置在面向主题任务的描述需求中的重要性，决定于主题场景中对象行为趋势的表达需求和事件规则的定义。考虑到各显著性因素在不同场景中敏感程度的差异，给定权重向量 $W = \{\mathrm{Wv}, \mathrm{Ws}, \mathrm{Wt}\}$，$\mathrm{Wv} + \mathrm{Ws} + \mathrm{Wt} = 1$，并令 $y = \mathrm{normalize}(x), x \in \mathbb{R}, y \in [0,1]$，为归一化函数，则置信度分布函数可以进一步形式化表达为

$$\mathrm{Dc} = \begin{cases} 1, S \subseteq \mathrm{Bounday} \\ \mathrm{normalize}[\mathrm{Sv} \times \mathrm{Wv}(S), \mathrm{Ss} \times \mathrm{Ws}(S), \mathrm{St} \times \mathrm{Wt}(S)], S \cap \mathrm{Bounday} = \varnothing \end{cases}$$

位置对象所有非零置信度所对应的空间范围构成其定位置信域。由于不同位置概念的定位置信域存在空间叠置现象，映射到地理环境中的特征对象可能同时存在于多个定位置信域中，因此，特征对象在整个空间连续位置迁移过程的表达还需要对特征对象位置描述的定位优先级进行判断。为了体现出尽可能精细的位置迁移过程信息，给出以下

定位优先级判断规则：

（1）定位置信度高的位置具有较高的定位优先级；在定位置信度相等的情况下，处于更细节层次的位置概念具有更高的定位优先级。

（2）位置接口的定位优先级高于它所隶属的位置对象；当接口隶属于不同层次的位置时，接口的定位优先级高于其所隶属的最大细节层次的位置对象。

在面向实际场景表达指定位置的特征时，可根据问题的尺度选择性地表达以上特征项，从而支持对变化过程不同状态的多尺度定位判断。

4.3.3　支持迁移代价计算的位置关系

变化在时空区间的迁移代价定量表达可以分别从空间维度和时间维度来考虑：①空间维度中的距离是传统 GIS 中定量评估体系中的主要指标（Pissinou et al.，2001）。因此，经典距离度量空间的距离计算方法，如欧式距离、明氏距离、曼哈顿距离、切比雪夫距离等，都能很好地适用于位置的空间迁移代价计算。然而，不同于传统空间对象距离求解的是：位置迁移距离的估算特别需要考虑迁移路径中障碍物对象对实际联通距离的影响，因此在以距离指标衡量迁移代价时，首先需要基于位置场景的组成特征规划无障碍的实际可行路径。②时间维度的指标主要用间隔表达。考虑到状态与行为过程间时间代价可以直接通过视频元数据获取，而位置迁移过程在地理视频中直接映射为视频的时序关系，特别地，时间间隔还是迁移过程中特征对象类型、状态、迁移能力等特征属性及实际路径、迁移方式和行进速度的综合体现，因此，相较于在空间维度上评估位置迁移代价的直观优势，时间代价则更具完备性和实用性。

为了更准确地表达特征对象在位置间的可迁移性，在空间拓扑关系的基础上，基于位置特征语义增强面向特征对象的位置语义联通关系；在此基础上，进一步增强位置间的迁移代价，以定量评估不同联通路径中位置的地理相关性。

1. 位置的语义联通关系

面向监控场景中待分析的特征对象，并基于位置接口，定义位置概念的语义联通关系。设有某定位空间划分中的两个地理位置 $L<A>$ 和 $L<B>$；$C(L<A>)$、$C(L<B>)$ 分别为隶属于 $L<A>$ 和 $L<B>$ 的位置接口集合，那么：

（1）若存在非空集合 $C'(L<A>) \subseteq C(L<A>)$，对于任意位置接口 $c(L<A>) \in C'(L<A>)$，有满足 $c(L<A>)$ 联通条件的特征对象 O_{ge}，使 O_{ge} 能仅通过 $c(L<A>)$ 实现从 $L<A>$ 到 $L<B>$ 的转移，则称 $L<A>$ 到 $L<B>$ 具有面向 O_{ge} 的**直接联通关系**，记为 $L<A> \xrightarrow[O_{ge}]{C'(L<A>)} L<B>$。其中，$L<A>$ 称为 $L<B>$ 的**上行联通位置**，$L<B>$ 称为 $L<A>$ 的**下行联通位置**。

（2）若存在非空集合 $C'(L<A>) \subseteq C(L<A>)$、$C'(L<B>) \subseteq C(L<B>)$，对于任意位置接口 $c(L<A>) \in C'(L<A>)$、$c(L<B>) \in C'(L<B>)$ 且 $c(L<B>) \neq c(L<A>)$，有同时满足 $c(L<A>)$ 和 $c(L<B>)$ 联通条件的特征对象 O_{ge}，使 O_{ge} 能依次通过 $c(L<A>)$ 和 $c(L<B>)$ 实现从 $L<A>$ 到 $L<B>$ 的转移，则称 $L<A>$ 到 $L<B>$ 具有面向 O_{ge} 的**间接联通关系**，记为 $L<A> \xrightarrow[O_{ge}]{C'(L<A>)} \cdots$

$\xrightarrow[O_{\text{ge}}]{C'(L<B>)}L<B>$。在监控场景中，如果出现了特征对象在具有间接联通关系的地理位置 $L<A>$ 和 $L<B>$ 间的转移，则可通过分别对 $L<A>$ 的下行联通位置和 $L<B>$ 的上行联通位置进行迭代分析，构建地理位置间面向特征对象的**联通路径**，进而推理特征对象在地理位置间可行的连续迁移过程。

（3）若 $L<A>$ 和 $L<B>$ 既不满足直接联通关系也不满足间接联通关系，则称 $L<A>$ 到 $L<B>$ **不联通**，记为 $L<A>\xrightarrow{\quad X \quad}L<B>$。

位置的语义联通关系属于拓扑关系。位置间语义连通性表达，首先将每个位置抽象为一个包含时空语义多维信息的高维节点；位置间的直接联通关系表达为由上行联通位置指向下行联通位置的有向边。特别地，在语义层次相邻的父位置节点和子位置节点间构建位置节点的多尺度关系。由于父位置和子位置具有位置场景特征的包含关系，位置间的语义联通关系满足以下两条推论。

推论 4-1： 设有某定位空间划分中的三个地理位置 $L<A>$、$L<A'>$ 和 $L<B>$；$C_{(L<A>)}$、$C_{(L<B>)}$ 分别为隶属于 $L<A>$ 和 $L<B>$ 的位置接口集合，$L<A'>$ 是 $L<A>$ 的父位置，但不是 $L<B>$ 的父位置，那么，对于某特征对象 O_{ge}，若有 $L<A>\xrightarrow[O_{\text{ge}}]{C'(L<A>)}L<B>$［或 $L<B>\xrightarrow[O_{\text{ge}}]{C'(L<B>)}L<A>$］，则有 $L<A'>\xrightarrow[O_{\text{ge}}]{C'(L<A>)}L<B>$［或 $L<B>\xrightarrow[O_{\text{ge}}]{C'(L<B>)}L<A'>$］。

推论 4-2： 设有某定位空间划分中的地理位置 $L<A>$ 和 $L<B>$；$C_{(L<A>)}$、$C_{(L<B>)}$ 分别为隶属于 $L<A>$ 和 $L<B>$ 的位置接口集合；$L<A>$ 的位置场景能完全剖分为一组子位置集合 $\{L<a_x>\}$，那么对于某特征对象 O_{ge}，若有 $L<A>\xrightarrow[O_{\text{ge}}]{C'(L<A>)}L<B>$［或 $L<B>\xrightarrow[O_{\text{ge}}]{C'(L<B>)}L<A>$］，则存在 $L<a>\in L<a_x>$，满足 $L<a>\xrightarrow[O_{\text{ge}}]{c(L<A>)}L<B>$［或 $L<B>\xrightarrow[O_{\text{ge}}]{c(L<B>)}L<a>$］。

---

2. 位置的迁移代价

在位置迁移代价的估算中，一方面位置接口及其实体边界在视频图像空间中普遍存在对连续迁移路径的遮挡问题，其将中断或分割连续迁移过程；另一方面，特定迁移条件的限制还可能产生局部移速滞后的影响，考虑上述因素，需要在连续迁移过程中，独立评估位置接口的迁移代价。

为了支持两位置 $L<A>$ 到 $L<B>$ 间迁移代价（Migration Cost，MG）规则的迭代计算，在位置的语义联通关系的基础上，将 MG 形式化地分段表达为

（1）若 $L<A>$、$L<B>$ 满足 $L<A>\xrightarrow[O_{\text{ge}}]{C'(L<A>)}L<B>$，$c(L<A>)\in C'(L<A>)$，那么 O_{ge} 从 $L<A>$ 到 $L<B>$ 的迁移代价为

$$MG=MG_{(\text{in }L<A>)}+MG_{[\text{pass through }c(L<A>)]}+MG_{(\text{in }L<B>)}$$

式中，$MG_{(\text{in }L<A>)}$ 表示 O_{ge} 从 $L<A>$ 内部到接口 $c(L<A>)$ 的迁移代价；$MG_{[\text{pass through }c(L<A>)]}$ 表

示 O_{ge} 通过接口 $c_{(L<A>)}$ 的迁移代价；$MG_{(in\,L<B>)}$ 表示 O_{ge} 从接口 $c_{(L<A>)}$ 到 $L<B>$ 内部的迁移代价。位置内部迁移代价的估算中，若位置作为父位置包含有若干层次的子位置集，那么其内部迁移代价的估算由最精细层次子位置开始，自底向上迭代求和实现。

(2)若 $L<A>$、$L<B>$ 满足 $L<A> \xrightarrow[O_{ge}]{C'_{(L<A>)}} \cdots \xrightarrow[O_{ge}]{C'_{(L<B>)}} L<B>$，$c_{(L<A>)} \in C'_{(L<A>)}$，$c_{(L<B>)} \in C'_{(L<B>)}$ 且 $c_{(L<B>)} \neq c_{(L<A>)}$，那么 O_{ge} 从 $L<A>$ 到 $L<B>$ 的迁移代价为

$$MG=MG_{(in\,L<A>)} + MG_{[pass\,from\,c(L<A>)\,to\,c(L<B>)]} + MG_{(in\,L<B>)}$$

式中，$MG_{(in\,L<A>)}$ 表示 O_{ge} 从 $L<A>$ 内部到接口 $c_{(L<A>)}$ 的迁移代价；$MG_{[pass\,from\,c(L<A>)\,to\,c(L<B>)]}$ 表示 O_{ge} 从接口 $c_{(L<A>)}$ 到 $c_{(L<B>)}$ 的迁移代价；$MG_{(in\,L<B>)}$ 表示 O_{ge} 从接口 $c_{(L<A>)}$ 到 $L<B>$ 内部的迁移代价。

(3)若位置 $L<A> \xrightarrow{\quad\times\quad} L<B>$，则迁移代价为 $+\infty$。

位置语义联通关系的定义提供了语义约束的位置联通集判定准则。在面向监控设备作用域离散分布而存在的信息盲区，基于离散视频场景推演对象的连续迁移过程时，特征对象的地理位置语义联通关系及迁移代价的定量表达能为待分析数据集提供面向任务的时空约束。

本节从结构化的角度系统性地增强了支持特征与层次抽取的位置语义标识、支持多尺度定位判断的位置场景语义描述，以及支持迁移代价计算的位置语义关系，实现了地理视频内外场景空间统一表达的基础框架。增强的位置语义一方面为变化过程描述提供了基于地理位置匹配和关联的定位与位置关系判别的基本参考；另一方面还能支持地理位置的多层次立体语义联通网络的构建，为以地理位置为关联的变化过程连续信息链的推演提供了地理环境中变化的基础条件约束。

4.4　位置关系变化的行为过程地理运动模式语义增强

轨迹对象作为地理视频内容变化中行为过程特征的表达形式，不仅在一定程度上反映了行为的目的、结果与趋势(王晓峰等，2010)，还为基于统一地理环境解析行为关联提供了综合时空信息的载体；基于轨迹研究行为过程的地理运动模式由此成为挖掘行为活动信息的重要途径(袁冠等，2011)。

现有轨迹语义的地理表达主要面向连续的原始轨迹点集，通过基于密度的轨迹点聚类算法获取与重点地理目标相关的低速聚集区域，表达离散地理目标"停留"的局部特征，进而抽象出轨迹所主要经历的地理行程节点，王晓峰等(2010)、窦丽莎(2013)等对此问题进行了阐述。从建立离散轨迹片段关联的角度分析这类研究的适应性：一方面主要关注轨迹与离散地理目标的对应关系而不考虑连续运动过程，所研究的语义内容打破了行为过程的内在连续性，缺乏从全局角度对轨迹中运动特征和运动趋势的表达；另一方面，其主要采用同一套参数判定聚集情况，适用于包含单一尺度行为特征的连续轨迹数据处理，却难以支持多层次监控场景中具有多尺度特征的行为解析与离散分布的轨迹

信息关联。

　　针对视频中离散的轨迹片段关联问题，现有研究主要面向目标跟踪任务，采用基于轨迹几何特征参数和物理特征量的统计模型判断轨迹特征相似性，实现由轨迹片段到连续轨迹的构建，Zhang 和 Zimmermann(2012)、袁冠等(2011)对此问题进行了探讨。由于这类研究仅考虑了轨迹片段本身的结构特征，在构建连续轨迹的过程中难以顾及复杂地理环境要素对行为轨迹的约束(如受位置边界限制或随机障碍物影响而需要绕道通行的行为，或如路网限制等需要在特定范围或区域活动的行为)，其适用性由此局限于如目标之间重叠、短暂消失以及被场景部件遮挡等移动环境相对简单的场景，而难以支持面向间隔跨度大、场景关系复杂的轨迹片段关联问题。因此，为了支持复杂监控场景盲区中的行为变化过程推演，对象行为的轨迹语义表达不仅需要描述其自身完整的运动特征，还需要实现整体的地理关联性。

　　针对现有研究侧重点的差异和研究方法对建立地理关联性并表达行为过程运动趋势的需求的局限，本节从轨迹与地理位置关系变化的角度，增强行为过程的地理运动模式表达，4.3 节中增强的位置语义为行为过程轨迹的地理运动模式表达与全局推理提供了基础。具体地，本节首先对典型行为过程地理变化的运动模式进行分组归类描述，然后基于增强的位置特征给出各类运动模式的判别方法。

4.4.1　基于位置关系变化的运动模式分类

　　在地理空间中，特征对象的任何行为过程都伴随着对象与地理位置相对关系的变化。由于地理位置的全局关联性，对其中以位置为参照的变化过程的理解和表达能为阶段性的行为过程提供全局关联的参考特征。为此，对地理视频数据中对象行为的轨迹语义表达要素进行如下定义：

[轨迹语义]={<行为动作>，<运动模式语义(<位置名称>)>}

　　其中，在增强的轨迹语义表达中，行为动作语义能够反映轨迹自身对应的活动类型，具体类型可按照轨迹语义增强的动作特征解析方式，从轨迹的几何特征与统计特征中解析；运动模式语义反映轨迹以地理位置为参照的地理空间关系时变趋势特征，从而使轨迹对象获得基于位置语义的整体地理关联性与地理运动趋势。

　　具体地，根据本书对"人类活动和活动依托的地表环境变化"中轨迹的运动模式表达的需要，结合行为轨迹发生的位置场景，以不同尺度的位置特征为参考，综合考虑轨迹的形态、轨迹与位置的相对空间关系变化与运动趋势等因素，将地理视频中行为过程语义"运动模式"的基本模式分类分组定义如下。

　　1.<离开>/<抵达>模式

　　(1)<离开>模式(Leave from)：若轨迹片段自某地理位置开始，呈现逐渐远离位置的趋势，则称该轨迹片段的运动模式为离开模式。离开模式强调轨迹所对应行为活动的起点位置。

(2)<抵达>模式(Arrive at)：若轨迹片段呈现逐渐接近某地理位置的趋势，并终止于某地理位置，则称该轨迹的运动模式为抵达模式。抵达模式强调轨迹所对应行为活动的结果位置，抵达模式所参照的地理位置通常也是能直接从地理视频数据内容中解析的。

<离开>/<抵达>模式所参照的地理位置通常能直接从地理视频数据内容中解析。

2. <来自>/<去往>模式

(1)<来自>模式(Come from)：若轨迹片段呈现源自某一位置所在方位的特征，则称该轨迹的运动模式为来自模式。

(2)<去往>模式(Go to)：若轨迹片段呈现指向某一位置所在方位的运动趋势，则称该轨迹的运动模式为去往模式。

在<来自>/<去往>模式中，所参照的地理位置不受地理视频数据内容范围的局限，即既可以是被记录于地理视频图像中的位置，也可以是宏观监控场景中的位置。此外，<来自>/<去往>模式通常以组合运动模式的形式表达。但在以下两种情况中，其则可单独表达：①轨迹源头方位或轨迹运动趋势指向方位有多个可能性相当的位置；②强调表达轨迹源头方位的位置或轨迹运动趋势指向方位的位置。

3. <远离>/<接近>模式

(1)<远离>模式(Be Away from)：若轨迹片段呈现逐渐远离指定位置的趋势，则称该轨迹片段的运动模式为远离模式。

(2)<接近>模式(Be Close to)：若轨迹片段呈现逐渐接近某地理位置的趋势，则称该轨迹片段的运动模式为接近模式。

<远离>/<接近>模式中所参照的地理位置也不受地理视频数据内容范围的局限，既可以是被记录于地理视频图像中的位置，也可以是宏观监控场景中的位置。

4. <进>/<出>/<穿越>模式

(1)<进>模式(Go into)：若轨迹片段呈现从位置外部空间进入位置接口范围或从位置接口范围进入位置内部空间的特征，则称该轨迹片段的运动模式为进模式。

(2)<出>模式(Go out)：若轨迹片段在位置外部空间呈现自位置接口范围开始逐渐远离位置或从位置内部空间逐渐接近位置接口范围的特征，则称该轨迹片段的运动模式为出模式。

(3)<穿越>模式(Go through)：若同一个特征对象的轨迹片段(组)在一定时间阈值 $\delta(t)$ 范围内依次呈现进模式和出模式特征，则称该轨迹片段(组)的运动模式为穿越模式。

<进>/<出>/<穿越>模式所参照的地理位置通常能直接从地理视频数据内容中解析；特别地，由于<进>/<出>/<穿越>模式的判定与位置接口直接相关，因此在描述时，需要注明相关的位置接口。

5. <经过>/<伴随>/<绕过>模式

（1）<经过>模式（Pass by）：若轨迹片段呈现从位置附近一定范围内通过的特征，则称该轨迹片段的运动模式为经过模式。

（2）<伴随>模式（Along with）：若轨迹片段呈现顺沿位置边界运动的特征，则称该轨迹片段的运动模式为伴随模式。

（3）<绕过>模式（Steer Clear of）：若某轨迹片段位置呈现沿运动方向的障碍特征，且该特征影响轨迹在局部范围内的行进结果，使轨迹片段在局部位置范围内呈现伴随模式，则称该轨迹片段的运动模式为绕过模式。

<经过>/<伴随>/<绕过>模式所参照的地理位置同样不受地理视频成像窗口范围的局限，既可以是被记录于地理视频图像中的位置，也可以是宏观监控场景中的位置。

6. <环绕>/<折返>模式

（1）<环绕>模式（Around）：若轨迹片段呈现围绕位置边界的单向运动特征，则称该轨迹片段的运动模式为环绕模式。

（2）<折返>模式（Retrace）：若轨迹片段首先呈现相对位置的接近模式，然后在位置边界以外的定位置信域中或环绕位置之后折返，并在接近模型运动方向相反的方向上呈现相对位置的远离模式，则称该轨迹片段的运动模式为折返模式。

<环绕>/<折返>模式所参照的地理位置通常能直接从地理视频数据内容中解析。

7. <徘徊>/<穿梭>模式

（1）<徘徊>（Lingering Around）模式：若轨迹片段在以位置为参照的局域范围内呈现持续一段时间的低速往复运动特征，则称该轨迹片段的运动模式为徘徊模式。

（2）<穿梭>（Back and Forth among）模式：若同一个特征对象的轨迹片段（组）在两个或两个以上位置间交替呈现离开和抵达模式，则称该轨迹片段（组）的运动模式为穿梭模式。

<徘徊>/<穿梭>模式所参照的地理位置通常是以某绝对位置为参照，并特别包含距离关系和方位关系的相对位置描述。

利用以上七组运动模式，可以满足面向监控场景获取的地理视频数据中，"人类活动和活动依托的地表环境变化"产生的大部分地理实体个体行为过程地理运动模式的表达需要。

4.4.2　基于增强位置特征的运动模式判别

为了支持对具体地理视频数据内容中运动模式的判别,本节在 4.4.1 节各运动模式分组定义的基础上,利用行为轨迹发生的位置场景(4.3 节),以结构化增强的不同尺度位置特征为参考,综合考虑轨迹的形态、轨迹与位置的相对空间关系变化与运动趋势等因素,给出各运动模式的形式判别标准。

不妨设有某轨迹片段 $Trajectory(x)$ 和某定位空间划分中的地理位置为 $L<X_i>$;

$B_{(L<X_i>)}$、$C_{(L<X_i>)}$、$\mathrm{Ap}_{(L<X_i>)}$、$\mathrm{Ad}_{(L<X_i>)}$ 分别为隶属于 $L<X_i>$ 的位置边界、位置接口集合、定位点和定位置信域，则以 $L<X_i>$ 为参照的 Trajectory(x) 各类运动模式的概念和判断规则见图 4-2。

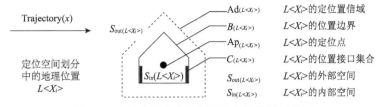

图 4-2　支持多尺度定位判断的位置特征示意图

1. <离开>/<抵达>模式的判定原则

<离开>模式的判定原则[图 4-3(a)]为①轨迹起始点与位置的度量关系：以位置边界为距离度量判断的参考特征，当给定以轨迹片段起始点为中心的空间阈值 $\delta(S), S \subset \mathbb{R}^3$ 时，需满足 $\delta(S) \bigcap B_{(L<X_i>)} \neq \varnothing$；②轨迹运动趋势与位置的相对方位关系：以定位点为运动趋势判断的参考特征，当给定 Trajectory(x) 上的时序采样点序列 $p_\mathrm{T}(t_i), p_\mathrm{T}(t_{i+1}), \cdots, p_\mathrm{T}(t_{i+n})$ 时，可依次得到采样点与定位点的距离序列 $\mathrm{d}[\mathrm{Ap}_{(L<X_i>)}, p_\mathrm{T}(t_i)], \mathrm{d}[\mathrm{Ap}_{(L<X_i>)}, p_\mathrm{T}(t_{i+1})], \cdots, \mathrm{d}[\mathrm{Ap}_{(L<X_i>)}, p_\mathrm{T}(t_{i+n})]$，则基于距离序列拟合出以时间 T 为自变量、以距离 D 为因变量的一次函数 $D = aT + b$，需满足 $a > 0$，在轨迹几何结构相对简单时，通常可简化为由起始点和终止点表达采样点。

<抵达>模式的判定原则[图 4-3(b)]为①轨迹运动趋势与位置的相对方位关系：以定位点为运动趋势判断的参考特征，当给定 Trajectory(x) 上的时序采样点序列 $p_\mathrm{T}(t_i), p_\mathrm{T}(t_{i+1}), \cdots, p_\mathrm{T}(t_{i+n})$ 时，可依次得到采样点与定位点的距离序列 $\mathrm{d}[\mathrm{Ap}_{(L<X_i>)}, p_\mathrm{T}(t_i)], \mathrm{d}[\mathrm{Ap}_{(L<X_i>)}, p_\mathrm{T}(t_{i+1})], \cdots, \mathrm{d}[\mathrm{Ap}_{(L<X_i>)}, p_\mathrm{T}(t_{i+n})]$，则基于距离序列拟合出以时间 T 为自变量、以距离 D 为因变量的一次函数 $D = aT + b$，需满足 $a < 0$，在轨迹几何结构相对简单时，通常可简化为由起始点和终止点表达采样点；②轨迹终止点与位置的度量关系：以位置边界为距离度量判断的参考特征，当给定以 Trajectory(x) 终止点为中心的空间阈值 $\delta(S), S \subset \mathbb{R}^3$ 时，需满足 $\delta(S) \bigcap B_{(L<X_i>)} \neq \varnothing$，如图 4-3 所示。

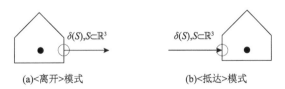

(a)<离开>模式　　　　　　　(b)<抵达>模式

图 4-3　基于位置特征关系的行为过程地理运动模式(1)

2. <来自>/<去往>模式的判定原则

<来自>模式的判定原则[图 4-4(a)]为轨迹起始点或起始区段运动趋势与位置的相对方位关系：以位置的定位置信域为关系判断的参考特征，令 $\vec{d}$ 表示轨迹起始点或起始区

段的运动方向矢量，$\overleftarrow{d}$ 为 $\vec{d}$ 受位置场景约束(如路网等对对象行为活动区间具有约束作用的位置场景)的反向延长线，则需满足 $\overleftarrow{d} \bigcap \mathrm{Ad}_{(L<X_i>)} \neq \varnothing$。

<去往>模式的判定原则[图 4-4(b)]为轨迹终止点或终止区段运动趋势与位置的相对方位关系：以位置的定位置信域为关系判断的参考特征，令 $\vec{d}$ 表示轨迹终止点或终止区段的运动方向矢量，$\overrightarrow{d}$ 为 $\vec{d}$ 受位置场景约束(如路网等对对象行为活动区间具有约束作用的位置场景)的延长线，则需满足 $\overrightarrow{d} \bigcap \mathrm{Ad}_{(L<X_i>)} \neq \varnothing$，如图 4-4 所示。

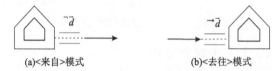

(a)<来自>模式　　　　　　　　　(b)<去往>模式

图 4-4　基于位置特征关系的行为过程地理运动模式(2)

3. <远离>/<接近>模式的判定原则

<远离>模式的判定原则[图 4-5(a)]为①轨迹运动趋势与位置的相对方位关系：以定位点为运动趋势判断的参考特征，当给定轨迹片段上的时序采样点序列 $p_T(t_i), p_T(t_{i+1}), \cdots, p_T(t_{i+n})$ 时，可依次得到采样点与定位点的距离序列 $\mathrm{d}\left[\mathrm{Ap}_{(L<X_i>)}, p_T(t_i)\right]$，$\mathrm{d}\left[\mathrm{Ap}_{(L<X_i>)}, p_T(t_{i+1})\right], \cdots, \mathrm{d}\left[\mathrm{Ap}_{(L<X_i>)}, p_T(t_{i+n})\right]$，则基于距离序列拟合出以时间 T 为自变量、以距离 D 为因变量的一次函数 $D = aT + b$，需满足 $a > 0$，在轨迹几何结构相对简单时，可简化为由起始点和终止点表达采样点；②轨迹与位置的拓扑关系：以位置边界为拓扑关系判断的参考特征，轨迹需满足与位置边界不相交且在位置外部空间，即 $\mathrm{Trajectory}(x) \bigcap B_{(L<X_i>)} = \varnothing$ 且 $\mathrm{Trajectory}(x) \subset S_{\mathrm{out}}(L)$。

<接近>模式的判定原则[图 4-5(b)]为①轨迹运动趋势与位置的相对方位关系：以定位点为运动趋势判断的参考特征，当给定轨迹片段上的时序采样点序列 $p_T(t_i), p_T(t_{i+1}), \cdots, p_T(t_{i+n})$ 时，可依次得到采样点与定位点的距离序列 $\mathrm{d}\left[\mathrm{Ap}_{(L<X_i>)}, p_T(t_i)\right]$，$\mathrm{d}\left[\mathrm{Ap}_{(L<X_i>)}, p_T(t_{i+1})\right], \cdots, \mathrm{d}\left[\mathrm{Ap}_{(L<X_i>)}, p_T(t_{i+n})\right]$，则基于距离序列拟合出以时间 T 为自变量、以距离 D 为因变量的一次函数 $D = aT + b$，需满足 $a < 0$，在轨迹几何结构相对简单时，可简化为由起始点和终止点表达采样点；②轨迹与位置的拓扑关系：以位置边界为拓扑关系判断的参考特征，轨迹需满足与位置边界不相交且在位置外部空间，即 $\mathrm{Trajectory}(x) \bigcap B_{(L<X_i>)} = \varnothing$ 且 $\mathrm{Trajectory}(x) \subset S_{\mathrm{out}(L<X_i>)}$，如图 4-5 所示。

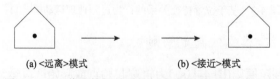

(a)<远离>模式　　　　　　　　　(b)<接近>模式

图 4-5　基于位置特征关系的行为过程地理运动模式(3)

4. <进>/<出>/<穿越>模式的判定原则

<进>模式的判定原则如图 4-6(a)所示,其分两种情况。

(1) 在第一种情况下,即 $\text{Trajectory}(x) \subset S_{\text{out}(L<X_i>)}$ 时,进模式的判定要素包括①轨迹运动趋势与位置接口的相对方位关系:以位置接口的定位点为运动趋势判断的参考特征,当给定轨迹片段上的时序采样点序列 $p_T(t_i), p_T(t_{i+1}), \cdots, p_T(t_{i+n})$ 时,可依次得到采样点与位置接口定位点的距离序列 $\text{d}\{\text{Ap}_{[c(L<X_i>)]}, p_T(t_i)\}$, $\text{d}\{\text{Ap}_{[c(L<X_i>)]}, p_T(t_{i+1})\}, \cdots,$ $\text{d}\{\text{Ap}_{[c(L<X_i>)]}, p_T(t_{i+n})\}$,则基于距离序列拟合出以时间 T 为自变量、以距离 D 为因变量的一次函数 $D = aT + b$,需满足 $a < 0$,在轨迹几何结构相对简单时,可简化为由起始点和终止点表达采样点;②轨迹与位置接口的拓扑关系:以位置接口的定位置信域为关系判断的参考特征,需满足 $\text{Trajectory}(x) \bigcap \text{Ad}_{[c(L<X_i>)]} \neq \varnothing$。

(2) 在第二种情况下,即 $\text{Trajectory}(x) \subset S_{\text{in}(L<X_i>)}$ 时,进模式的判定要素包括①轨迹运动趋势与位置接口的相对方位关系:以位置接口的定位点为运动趋势判断的参考特征,当给定轨迹片段上的时序采样点序列 $p_T(t_i), p_T(t_{i+1}), \cdots, p_T(t_{i+n})$ 时,可依次得到采样点与位置接口定位点的距离序列 $\text{d}\{\text{Ap}_{[c(L<X_i>)]}, p_T(t_i)\}$, $\text{d}\{\text{Ap}_{[c(L<X_i>)]}, p_T(t_{i+1})\}, \cdots,$ $\text{d}\{\text{Ap}_{[c(L<X_i>)]}, p_T(t_{i+n})\}$,则基于距离序列拟合出以时间 T 为自变量、以距离 D 为因变量的一次函数 $D = aT + b$,需满足 $a > 0$,在轨迹几何结构相对简单时,通常可简化为由起始点和终止点表达采样点;②轨迹与位置接口的拓扑关系:以位置接口的定位置信域为关系判断的参考特征,需满足 $\text{Trajectory}(x) \bigcap \text{Ad}_{[c(L<X_i>)]} \neq \varnothing$。

<出>模式的判定原则如图 4-6(b)所示,其也分两种情况。

(1) 在第一种情况下,即 $\text{Trajectory}(x) \subset S_{\text{out}(L<X_i>)}$ 时,出模式的判定要素包括①轨迹运动趋势与位置接口的相对方位关系:以位置接口的定位点为运动趋势判断的参考特征,当给定轨迹片段上的时序采样点序列 $p_T(t_i), p_T(t_{i+1}), \cdots, p_T(t_{i+n})$ 时,可依次得到采样点与位置接口定位点的距离序列 $\text{d}\{\text{Ap}_{[c(L<X_i>)]}, p_T(t_i)\}$, $\text{d}\{\text{Ap}_{[c(L<X_i>)]}, p_T(t_{i+1})\}, \cdots,$ $\text{d}\{\text{Ap}_{[c(L<X_i>)]}, p_T(t_{i+n})\}$,则基于距离序列拟合出以时间 T 为自变量、以距离 D 为因变量的一次函数 $D = aT + b$,需满足 $a > 0$,在轨迹几何结构相对简单时,可简化为由起始点和终止点表达采样点;②轨迹与位置接口的拓扑关系:以位置接口的定位置信域为关系判断的参考特征,需满足 $\text{Trajectory}(x) \bigcap \text{Ad}_{[c(L<X_i>)]} \neq \varnothing$。

(2) 在第二种情况下,即 $\text{Trajectory}(x) \subset S_{\text{in}(L<X_i>)}$ 时,出模式的判定要素包括①轨迹运动趋势与位置接口的相对方位关系:以位置接口的定位点为运动趋势判断的参考特征,当给定轨迹片段上的时序采样点序列 $p_T(t_i), p_T(t_{i+1}), \cdots, p_T(t_{i+n})$ 时,可依次得到采样点与位置接口定位点的距离序列 $\text{d}\{\text{Ap}_{[c(L<X_i>)]}, p_T(t_i)\}$, $\text{d}\{\text{Ap}_{[c(L<X_i>)]}, p_T(t_{i+1})\}, \cdots,$

$\mathrm{d}\left\{\mathrm{Ap}_{[c(L<X_i>)]}, p_\mathrm{T}(t_{i+n})\right\}$，则基于距离序列拟合出以时间 T 为自变量、以距离 D 为因变量的一次函数 $D = aT + b$，需满足 $a < 0$，在轨迹几何结构相对简单时，通常可简化为由起始点和终止点表达采样点；②轨迹与位置接口的拓扑关系：以位置接口的定位置信域为关系判断的参考特征，需满足 $\mathrm{Trajectory}(x) \cap \mathrm{Ad}_{[c(L<X_i>)]} \neq \varnothing$。

　　<穿越>模式的判定原则如图 4-6(c)所示，根据其定义描述：若同一个特征对象的轨迹片段(组)在一定时间阈值 $\delta(t)$ 范围内依次呈现进模式和出模式特征，则称该轨迹片段(组)的运动模式为穿越模式，其中，$\delta(t)$ 的取值参照进模式和出模式对应的位置接口 $\mathrm{Ad}_{[c1(L<X_i>)]}$ 和 $\mathrm{Ad}_{[c2(L<X_i>)]}$ 间的时间迁移代价来确定。

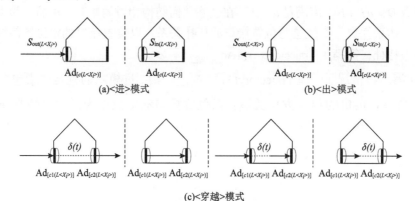

(a)<进>模式　　　　　　　　　　　(b)<出>模式

(c)<穿越>模式

图 4-6　基于位置特征关系的行为过程地理运动模式(4)

5. <经过>/<伴随>/<绕过>模式的判定原则

　　<经过>模式的判定原则[图 4-7(a)]为经过模式的判定要素为轨迹与位置边界及定位置信域的拓扑关系：轨迹需满足与位置边界相离且与定位置信域相交，即 $\mathrm{Trajectory}(x) \cap B(L<X_i>) = \varnothing$ 且 $\mathrm{Trajectory}(x) \cap \mathrm{Ad}(L<X_i>) \neq \varnothing$ $\mathrm{Ad}(L<X_i>)$。经过模式所参照的地理位置同样不受视频成像窗口范围的局限，既可以是被记录于视频图像中的位置，也可以是宏观监控场景中的位置。

　　<伴随>模式的判定原则[图 4-7(b)]为伴随模式的判定要素为轨迹与位置边界的位置关系：轨迹满足与位置边界在一定空间阈值范围内的平行或近似平行关系，伴随模式所参照的地理位置通常是被记录于视频图像中的位置。

　　<绕过>模式的判定原则[图 4-7(c)]为绕过模式的判定要素为轨迹整体运动方向与位置边界相交，但在位置局部范围内呈现伴随模式。绕过模式所参照的地理位置通常也是被记录于视频图像中的位置。

(a)<经过>模式　　　　(b)<伴随>模式　　　　(c)<绕过>模式

图 4-7　基于位置特征关系的行为过程地理运动模式(5)

6. <环绕>/<折返>模式的判定原则

<环绕>模式的判定原则如图 4-8(a)所示，根据其定义描述：若轨迹片段呈现围绕位置边界的单向运动特征，则称该轨迹片段的运动模式为环绕模式，如图 4-8(a)所示。

<折返>模式的判定原则如图 4-8(b)所示，根据其定义描述：若轨迹片段首先呈现相对位置的接近模式，然后在位置边界以外的定位置信域中或环绕位置之后折返，并在接近模型运动方向相反的方向上呈现相对位置的远离模式，则称该轨迹片段的运动模式为折返模式，其中，运动方向相反的判定要素为轨迹来源方向和去往方向向量的补角在一定角度阈值范围 $\delta(\theta)$ 内。

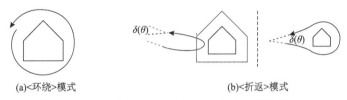

(a)<环绕>模式　　　　　　　　　　(b)<折返>模式

图 4-8　基于位置特征关系的行为过程地理运动模式(6)

7. <徘徊>/<穿梭>模式的判定原则

<徘徊>模式的判定原则如图 4-9(a)所示：若轨迹片段在以位置为参照的局域范围内呈现持续一段时间的低速往复运动特征，表现为轨迹片段可进一步划分为多个几何特征和物理特征相似的子片段。徘徊模式所参照的地理位置通常是以某绝对位置为参照，包含距离关系和方位关系的相对位置描述。

<穿梭>模式的判定原则如图 4-9(b)所示：若同一个特征对象的轨迹片段(组)在两个或两个以上位置间交替呈现离开和抵达模式，则称该轨迹片段(组)的运动模式为穿梭模式。

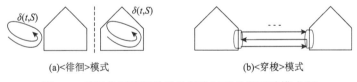

(a)<徘徊>模式　　　　　　　　　　(b)<穿梭>模式

图 4-9　基于位置特征关系的行为过程地理运动模式(7)

本节针对多摄像机地理视频内容中离散行为过程片段的全局关联表达与趋势表达的需求，利用"行为过程轨迹"相对于"地理位置"的关系变化特征，分组归纳了地理运动模式语义类型，并基于增强的位置特征提供了各运动模式的判别方法。增强的地理运动模式语义一方面建立了地理视频内外场景空间基于统一地理位置的紧密映射，为多摄像机地理视频内容中离散行为过程提供了一种全局统一的地理关联基础；另一方面还突破了地理视频成像时空窗口内容信息的局限，表达出面向地理位置趋势外推的行为过程特征，为事件信息盲区行为过程的推演提供趋势约束。

4.5　地理语义关联约束的事件信息盲区变化过程推演方法

本节针对"基于可解析与可建模的地理视频内容变化信息合理推演监控视域盲区中的变化过程",从而"增强地理视频关联语义"的核心问题;在利用"内容变化感知的地理视频数据自适应关联聚类方法"建立面向事件发生发展流程的地理视频镜头有序关联聚类组织的基础上,面向"变化过程推演的地理约束框架"(4.2 节),以及系统增强的地理视频内外场景空间统一的结构化地理位置表达(4.3 节)和地理运动模式表达(4.4节),进一步具体提出一种地理语义关联约束的事件信息盲区变化过程推演方法。

4.5.1　原理与算法概述

1. 算法的创新原理

该算法的核心思想是:基于地理视频内外场景空间的可定位映射关系,结合外部场景地理空间信息统一基准的 GIS 建模表达,实现视频内容离散变化过程地理相关的开放式规则描述;进而基于变化过程的地理环境依赖性,利用 GIS 分析方法完成离散变化过程盲区信息的地理约束推演,实现面向监控区域连续变化过程的地理语义增强,支持不同层次中对完整事件变化过程信息的理解。其中,算法设计与实现的要点包括:

(1)利用增强的结构化地理位置对象,实现研究区域完整覆盖的统一定位区间划分与区间拓扑构建,提供地理视频内外场景空间统一基准的 GIS 基础地理框架。其中,①统一定位区间划分用于支持基于位置关系变化的行为过程地理运动模式定位判别,以及基于增强位置特征的行为过程地理运动模式类型判别;②构建区间拓扑,将其作为基于 GIS 的多约束语义路径规划算法的基础条件。

(2)利用轨迹数据对象实现各离散行为过程的地理运动模式判别及行为过程盲区运动特征估计,共同为事件信息盲区行为过程的推演提供趋势约束;其中,①地理运动模式判别主要利用轨迹位置、方向等外部结构表征,表达出面向地理位置趋势外推的行为过程特征;②盲区运动特征估计主要利用轨迹结构特征项的全局均值等对象内部统计信息,支持与时空距离迁移代价相映射的盲区行为过程特征参数表达。

(3)多约束的路径规划的解析中,首先,利用计算与描述分离的语义位置层次约束简化位置的逻辑关系复杂性;然后,利用位置的联通条件进一步简化位置间迁移路径的复杂性;最后,利用迁移代价作为最优路径求解的判别指标,执行顾及代价约束的改进路径规划,从地理位置和地理行为过程形式化语义描述的角度实现监控盲区移动行为过程推演。

2. 算法的关键步骤流程

以上述原理为算法核心,在利用"内容变化感知的地理视频数据自适应关联聚类方法",建立了面向事件发生发展流程的地理视频镜头有序关联聚类组织的基础上,对地理实体"个体持续活动"事件层次聚类中的地理视频镜头组,提出地理语义关联约束的事件信息盲区变化过程推演算法流程。

　　如图 4-10 所示,算法的核心步骤为:首先,根据地理位置构建面向多摄像机地理视频关联推演的地理环境约束条件,具体通过提取增强的语义地理位置的纵向层次结构和横向拓扑网络,实现监控场景区间统一定位划分基准下的地理位置语义关联表达;然后,构建面向运动模式的推演趋势约束,具体在增强待分析监控场景区域的地理位置定位判断特征的基础上,利用局域地理视频内容中行为过程片段的轨迹结构特征,基于轨迹与地理位置的关系变化特征,判别逐行为过程的地理运动模式;再次,利用轨迹的统计特征,在有序组织的地理视频镜头组间,通过逐相邻行为过程的轨迹,对分析行为过程间信息盲区的行为运动特征,建立映射时空距离迁移代价的盲区行为过程特征参数;最后,通过联合地理位置场景、地理运动模式和时空距离约束的监控盲区地理实体语义路径规划,实现盲区行为过程推演,并将推演的语义路径保存为地理视频镜头组关联语义增强的元数据,将增强的元数据作为已知信息,服务于后续的数据组织、存储与检索。

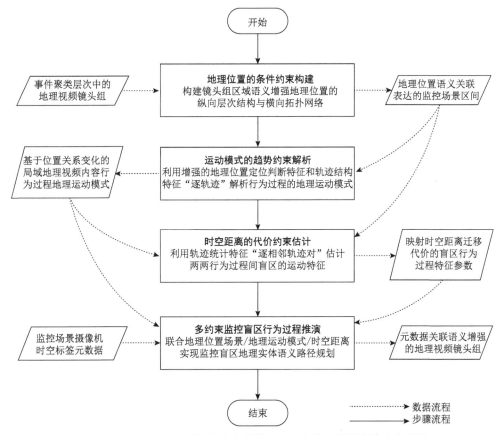

图 4-10　地理语义关联约束的事件信息盲区变化过程推演算法流程图

　　下文就算法流程中的各关键问题依次展开详细论述,并结合示例数据阐述具体步骤中的关键处理过程与处理结果。

4.5.2 面向地理位置的条件约束构建

根据 4.5.1 节对本章算法原理的阐述，"实现以地理位置为核心的视频内外场景空间统一基础框架表达"是利用 GIS 方法进行盲区变化过程推演的条件基础。为此，本节首先提出地理视频镜头组监控区域地理位置语义关联表达方法：具体在获取监控区域专题语义信息的基础上，解析其中的地理位置语义，提取地理位置对象和对象关系；进而面向位置关系，构建纵向位置层次结构和横向位置拓扑网络，实现监控场景区间统一定位区间划分下的地理位置语义关联表达。

1. 提取监控场景区域的专题地理位置对象集

在数字地球研究背景下，日益丰富和完善的地理空间信息基础框架建设，为丰富的地理位置信息的获取和解析提供了数据基础。现有各相关领域的多种主题数据库均可以作为地理位置对象的信息源，其中，图 3-8 中的地理位置对象也可作为服务于公共安全监控需求的室内外位置信息源(详见 3.4.3 节)。基于以上地理空间信息主题数据集，地理视频相关的专题位置信息提取具体可通过以下方法实现：首先，面向事件聚类层次中的地理视频镜头组，提取各地理视频镜头包含的地理视频帧对象增强的元数据信息，具体通过元数据中的成像特征项(详见 3.4.2 节)获取三维监控场景成像区间集；然后，基于成像区间集的整体空间区域，计算能完整覆盖多摄像机地理视频内容中离散变化过程的监控场景区间，并将其作为统一基准的地理位置基本表达范围；之后，利用上述区间范围作为空间检索条件，从现有主题数据库中获取专题位置信息，包括与位置相关的几何、拓扑、语义、属性及功能等信息的详尽描述，保存每个位置概念为一个地理位置对象，在数据模型中通过类 CLocationSemantics(详见 2.5.2 节)对象表达。

2. 构建纵向语义位置层次结构

在提取了监控场景区间的专题地理位置对象集之后，可根据集合中位置对象几何要素的空间包含关系，构建位置对象纵向"父位置—子位置"逐层嵌套的层次结构。一种监控场景典型的位置集合关系示例如图 4-11 所示，根据图 4-11(a)中位置集合{X, A, B, C, D, E, F}的空间关系，可构建如图 4-11(b)所示的层次结构。

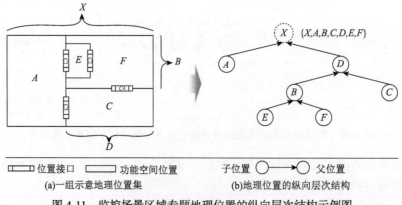

(a)一组示意地理位置集　　　　(b)地理位置的纵向层次结构

图 4-11　监控场景区域专题地理位置的纵向层次结构示例图

特别地，对于层次组织的地理位置对象，逐对象检查其区域内基于统一的定位空间划分的位置名称表达，具体根据 4.3.1 节位置命名结构的增强规则，保证局域内位置对象名称的规范性与唯一性；将规范表达的位置名称作为描述位置概念和使用位置对象的唯一标识码。规范与全局唯一的位置命名为研究区域内基于位置关系变化特征的语义路径表达提供基础支撑条件。

3. 构建横向语义位置联通网络

如图 4-12 所示，在构建了纵向语义位置层次结构的基础上，利用与位置对象同步提取的对象间拓扑、语义、属性及功能关系信息，以 4.3.3 节"位置的语义联通关系"的定义为依据，判别两两位置间支持特征对象迁移的以位置接口为条件载体的联通性，保存支持位置间联通性的各项条件为条件约束的位置联通关系；其中，条件约束信息项划分并保存为"空间约束"（T）、"时间约束"（S）和"功能属性约束"（A）三类，将它们作为具体构建联通网络时各联通关系查询接口的条件。

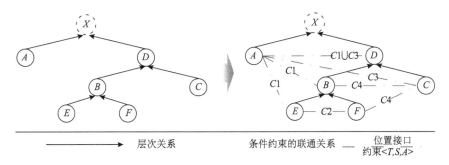

图 4-12 监控场景区域专题地理位置的横向联通网络示例图

通过提取基于统一定位空间划分的地理位置对象，并构建位置对象间纵向层次结构和横向联通网络后，即得到地理位置语义关联表达的监控场景区间。构建的层次关系和联通关系在数据模型中通过类 CAssociation（详见 2.5.2 节）对象记录。位置集合中的联通关系形成条件约束的联通网络，作为多约束路径规划解析的数据基础。

4. 计算-描述语义层次分离的地理位置联通逻辑简化

在地理位置语义关联表达的监控场景中，由于人们对位置具有多层次概念理解和表达的需求，以位置为参照的行为过程地理运动模式随之需要基于不同语义层次的位置联通关系实现地理语义轨迹的描述。然而，不同语义层次位置间交错的联通关系，使位置网络存在语义联通逻辑的复杂性；如图 4-13 所示，这种逻辑复杂性体现在如原子语义位置 A 和聚合语义位置 B，以及与位置 B 具有层次关系的原子语义位置 E 均存在联通关系。根据 4.3.3 节推论 4-1 和推论 4-2：在语义层次相邻的父位置节点和子位置节点 B 和 E 间，AB 间的联通关系可通过 AE 间的联通关系推理获得，因此，监控场景中基于不同语义层次位置的联通关系描述存在信息冗余。在基于位置联通性的网络分析计算中，冗余的关联关系将造成网络结构的复杂性，进而产生计算冗余的问题，且冗余度随着立体监控场景中定位空间的不规则划分以及空间拓扑结构的复杂性增强而急速增大；由此，在面向具有更为立体空间拓扑结构、更加复杂且密集的功能语义及关系语意的室内监控场景和公共建筑监控场景时，地理位置语义关联表达的问题更为突出；因此，需要面向计算分析提取精简而完备的联通网络。

为了在兼顾监控场景行为过程地理运动模式对多层次位置概念及其多层次联通关系表达需要的同时，简化监控场景中服务于高性能联通路径分析计算的地理位置的语义联通网，本节提出计算与描述分层映射的位置关联表达结构，如图 4-13 所示。

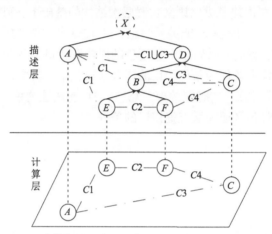

图 4-13　计算与描述分层映射的位置关联表达结构示意图

如图 4-13 所示，该分层映射表达结构的具体构建方式如下：

（1）首先通过在描述层保留多层次位置概念及其多层次联通关系的表达，来支持监控场景中行为过程面向不同层次地理位置的地理语义轨迹表达需求；

（2）在此基础上，以 4.3.3 节推论 4-1 和推论 4-2 为依据，将纵向层次结构中叶子节点层次的位置对象及其联通关系映射到计算层，用于支持后续基于联通网络的路径分析。

如图 4-13 示例所示，计算与描述分层映射的位置关联表达在保留对基于多层次位置概念运动模式描述适应性的同时，将原有不同语义层次的 6 个位置节点和 7 组联通关系简化为同一语义层次的 4 个位置节点和 4 组联通关系，因此该分层形式有助于简化用于路径分析计算的位置概念间逻辑关系的复杂性，从而实现对计算信息的降维。

5. 条件约束的计算层地理位置联通网络简化

在构建了计算层的位置及其联通关系后，可进一步根据 4.5.2 节设置的"空间约束"（T）、"时间约束"（S）和"功能属性约束"（A）三类联通条件，通过设置具体的条件参数，在计算层进一步提取面向特定参数条件约减的地理位置联通网络，如图 4-14 所示。不同的理视频镜头数据内容中的行为实例对应了不同条件的参数组，因此可以得到不同的约减结果，示例如图 4-14 所示，根据条件参数的不同取值 $<T1,S1,A1>$ 和 $<T2,S2,A2>$，相应分别约减位置联通网络中的联通边 $C1$ 和 $C3$。

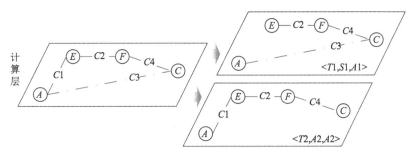

图 4-14　条件约束的计算层联通关系简化示意图

　　上述处理流程构建的地理位置关联表达，能支持基于位置的视频内容离散变化过程联合地理监控场景的开放式描述，为利用 GIS 方法求解监控盲区事件信息提供基于地理位置的基础条件约束信息。

4.5.3　面向运动模式的趋势约束解析

　　基于 4.5.2 节构建的地理位置语义关联表达的监控场景，即可进一步基于地理视频内容变化过程的行为轨迹与各地理位置的相对变化关系特征，解析其地理语义运动模式。根据 4.4 节对地理运动模式的归类描述，位置对象"支持多尺度定位判别的位置特征"是利用轨迹判别行为过程运动模式类型的重要参照指标，提取完备的地理位置特征由此成为决定"面向运动模式趋势约束解析"可行性与正确性的前提条件。

　　然而，从现有地理空间信息主题数据集中获取的地理位置信息仍存在影响位置特征完备性的几何构成与语义概念不一致的问题，这种不一致主要存在于基础三维城市语义模型数据，特别是涉及室内精细位置场景的复杂三维建筑物模型（赵君嵘，2013）。由于本书研究的地理视频内容变化源于人类活动和活动依托的地理环境变化，而 80% 的人类活动进一步聚集于室内空间中，因此，如何基于现有广泛使用的"三维城市语义模型数据"实现完备的定位特征表达，成为解析行为过程地理运动模式，进而构建监控盲区变化过程推演趋势约束的关键问题。

　　从不一致成因和特征角度分析，从当前地理空间信息系统中获取并创建复杂三维城市几何模型，特别是精细三维建筑模型主要是利用激光扫描或计算机辅助设计（Computer Aided Design，CAD）技术建模。这种建模方式生成的模型具有以表面模型表达的共性特点；在此基础上，面向当前建筑信息模型主流行业标准进行的语义增强建模，也自然地以几何对象中语义概念表达的基本粒度，并通过表面几何表示的方式支持，建立在体或组这类几何结构上的高层次语义概念表达；根据对象表面构成的维度特点，这些语义概念可被划分为语义面对象和语义实体对象。由于模型几何构成的复杂性以及不同层次语义对象间基本几何对象的重叠和共用的特点，复杂三维建筑物模型具有多层次紧密相关的几何拓扑关系与语义关系，且相关关系的复杂性随着模型复杂度的增大而增强。几何与语义构成要素的复杂性使模型数据中大量存在开放的几何结构和不完备的拓扑结构，图 4-15(a)给出了一个具体的位置示例，其中：

　　(1)图 4-15(b)为体概念层次的语义对象在几何构成上的开放边界，如室内空间中的走廊等几何边界半开放的语义连接对象或房间等包含门窗等不同语义层次开口的空间对象。

(2)图 4-15(c)为不同层次语义对象的几何表面间不完备的拓扑连接；完备的拓扑连接要求几何表面相交于公共边，而复杂三维建筑物模型中几何表面通常通过激光扫描点云逐面提取或逐部件的 CAD 参数化建模建立，因此原始模型存在大量不完备的拓扑连接面片。

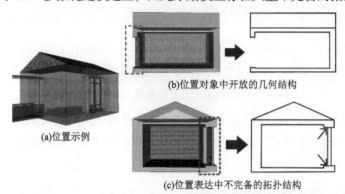

(a)位置示例　　(b)位置对象中开放的几何结构

(c)位置表达中不完备的拓扑结构

图 4-15　三维城市语义模型数据中的不完备位置特征示例图

上述两种模型几何结构和语义概念的不一致问题，将导致位置的几何表达与人们理解和描述问题所使用位置语义概念的不一致性；其中，几何构成上的开放边界使相对应的"位置边界"特征没有或只存在部分几何边界，本书称之为"实际边界"（Real Boundary）；不完备的拓扑结构则将造成空间对象组合表达的"位置场景"特征难以提取几何拓扑正确的位置边界。这些不一致问题都将造成"基于位置关系变化特征的轨迹运动模式判别"中，具有空间相邻、相接或包含关系的位置间自动定位判断的歧义，影响正确的判别结果。为此，本节面向现有表面模型构成并具有多层次几何语义相关性的三维城市语义模型数据，在位置边界的表达中引入相对于实际边界的"虚拟边界"（Virtual Boundary）对象来支持相邻位置概念的明确空间界定；根据不同情况，虚拟边界可进一步派生为"虚拟面"（Virtual Surface）对象和"虚拟边"（Virtual Edge）对象，如图 4-16 所示。

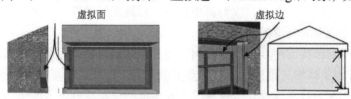

虚拟面　　　　　　　　　　　　　　虚拟边

图 4-16　支持定位特征表达的地理位置边界语义要素

以下针对性地提出利用虚拟边界自动构建完备定位特征的处理流程。其核心思想是：针对现有复杂三维建筑物模型多形态类型表面构成中几何形体的维度和语义概念的描述粒度不匹配，造成位置边界的组成对象间不完备拓扑链接和开放边界问题，在统一模型构成元素几何形体表达维度和语义概念描述粒度的基础上，分类归纳、解析并充分利用模型中的特征语义关系，提取完整表达复杂三维建筑物模型且正则形体化的位置边界特征，用于对基于位置特征的运动模式判别，具体要点如下。

1. 统一几何形体表达维度和语义概念描述粒度的模型表面剖分

构成一个复杂三维建筑物模型的基本几何要素可抽象为以下三类几何对象混合表

达的多表面形态类型：①独立平面；②边界开放的规则网格曲面；③构成有限封闭空间正则几何形体且可参数化的网格曲面。

同时，可将现有描述室内三维建筑模型的主流行业标准 IFC（工业基础类）、IndoorGML 和 CityGML 中的语义对象，根据其语义描述粒度划分为语义面对象和语义体对象两大类；其中，语义体对象是模型中构成场景中地理位置概念的语义粒度。进一步地，根据与语义面对象的直接构成关系，可将语义体对象划分为：①占据连续几何空间且在语义概念上不能再细分的语义体对象，称为"原子语义位置"对象；②由原子语义体对象组合构成的语义体对象，称为"聚合语义位置"对象；其中"原子语义体"对象是本方法引入虚拟边界进行位置边界自动完备化修正处理的位置语义粒度。

基于以上几何与语义要素的类型划分，根据模型中表面对象的几何形态类型和所关联的最低层次语义粒度特征，可以将三维模型的剖面分为三种处理类型：

(1) 关联语义面的网格平面；

(2) 关联语义面且边界开放的网格曲面；

(3) 关联语义实体且构成有限封闭空间的网格曲面。

统一几何形体表达维度和语义概念描述粒度的模型表面剖分，即分别根据上述三种处理类型(图 4-17)，对于基于多摄像机地理视频镜头范围提取的复杂三维建筑物模型，

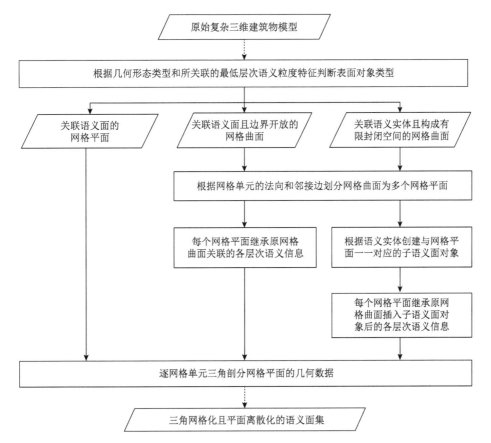

图 4-17 统一几何形体表达维度和语义概念描述粒度的模型表面剖分流程图

在提取模型构成中关联多层次语义信息的表面对象集后，逐对象剖分多形态类型表面对象为统一几何数据结构、统一表面形态类型和统一基本语义粒度的语义对象集合。

上述统一处理流程中：

(1) 以语义对象"语义面-语义实体"类型划分中的"语义面"对象为统一关联几何对象的基本语义粒度。采用该粒度是为了提供与几何表面相适应的语义关系解析基础特征结构。

(2) 以"三角形为核心的网格数据结构"为统一的几何数据结构。采用三角形网格表达是基于其具有能以任意精度表达任意复杂的曲面的优点，且有利于数据对象间的信息交互与共享。为不失一般性，本方法采用的三角形网格数据结构以顶点集合和顶点索引列表为核心并关联材质、纹理等信息，其内存对象结构如下：

```
Typedef struct G DTriangleMesh
{
    void* m_ VertexList;          // 顶点列表
    long m_lVertNum;              // 顶点列表长度，亦即顶点数目
    unsigned char m_iVertexType;  // 顶点类型编码
    long *m_ lTriangleList;       // 三角形索引表
    long m_lTriListSize;          // 三角形索引表长度 为三角形个数的3倍，索引指向顶点列表
    MID m_lMaterialID;            // 材质ID
    TID m_lTextureID;             // 纹理ID
}
```

(3) 以"连续网格单元构成的平面"为统一表面形态类型；选择该类型旨在降低后续搜索处理过程中的计算维度，保证计算机自动化几何处理的计算效率和稳定性。保存剖分后统一了几何形体表达维度和语义概念基本描述粒度，并关联多层次语义信息的表面对象集，作为后续处理所利用的基础数据集。

2. 语义关系约束的原子语义位置自动提取与位置边界修正

基于语义对象层次关系的原子语义位置自动提取与位置边界修正流程如图 4-18 所示。流程要点包括：

(1) 提取对象间的语义关系。提取结构剖分后的表面对象集关联的语义信息，根据语义对象的包含关系，在内存中建立语义对象的树形层次结构。具体通过判断并分类提取相邻层次语义对象间的语义关系；自底向上依次提取的语义关系包括"语义面对象和语义体对象之间的语义组合关系"以及"语义体对象之间的语义聚合关系"。保存语义关系类型原子语义位置，自动提取利用的参考信息。

(2) 基于语义关系解析原子语义位置对象。具体利用"语义体对象之间的语义聚合关系"，逐个提取最低聚合层次的语义实体，得到完整且无重叠地覆盖原模型空间范围的"原子语义位置集"。

(3) 修正原子语义位置对象的位置边界。具体首先利用"语义面对象和语义体对象之间的语义组合关系"，从剖分得到的三角网格化且平面离散化的语义表面对象集中提取每个原子语义位置对象的"实体边界"，并根据表面特征，进行分类修正：

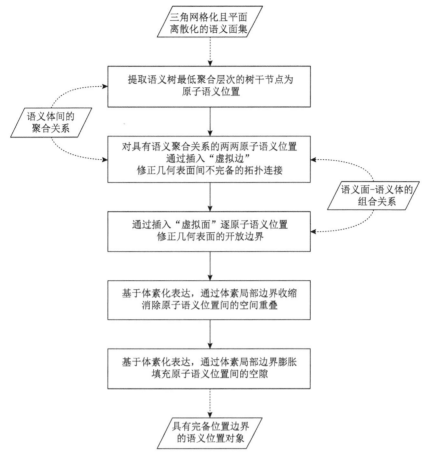

图 4-18　语义关系约束的原子语义位置自动提取与位置边界修正流程图

第一，对具有语义聚合关系的两两原子语义位置，通过插入"虚拟边"修正几何表面间不完备的拓扑连接，具体步骤如下：①提取两两原子语义位置的几何表面集合；②采用图形学中多边形矢量求交通用技术的一种或多种组合，依次计算表面集合间两两表面对象的交线段，分别保存线段到相交表面的交线段；③遍历两原子语义实体对象的每个表面，采用图形学中特征约束的三角剖分通用技术的一种或多种组合，以交线段为约束特征，依次进行三角剖分计算，将新插入的交边保存为原子语义位置"虚拟边"边界。

第二，对每个原子语义位置，通过插入"虚拟面"修正几何表面间的开放边界，具体步骤如下：①提取原子语义位置几何表面集合；②提取每个几何平面的边界轮廓线，保存为线段数组；③遍历每个线段数组，提取只出现一次的线段集合；④在只出现一次的线段集合中搜索封闭多边形，直到集合中所有线段被使用；⑤三角平面化每一个封闭多边形，将三角平面化的多边形网格作为原子语义位置"虚拟面"边界。

（4）检查并修正原子语义位置的空间覆盖完备性。基于正则形体边界体素化原子语义实体的空间覆盖范围，根据体素集的空间关系，从以下方案中选择具体的修正操作：①对于两两原子语义实体对象，通过体素局部边界收缩，消除对象间的空间重叠；②对于两两相邻原子语义位置，通过体素局部边界膨胀，填充原子语义实体间的空隙。

基于上述处理流程,可得到修正边界的各地理位置对象,示例处理结果如图 4-19 所示。

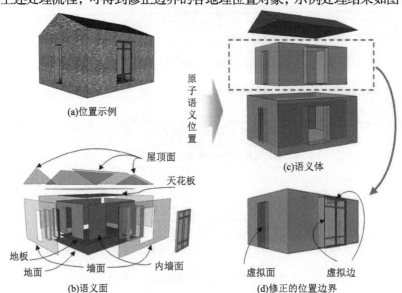

图 4-19　基于语义对象层次关系的原子语义位置提取与位置边界修正示例图

在获得位置边界修正的各地理位置对象后,根据 4.4.2 节基于增强位置特征的轨迹运动模式判别原则,以位置边界、基于位置变化划分的位置内外空间和求解的定位点,以及依附位置边界的位置接口为增强的位置特征,依据单体位置参照模式优先的原则,以及逐行为对象轨迹结构特征项中的"局部方位"和"转角"信息(详见 3.4.3 节),解析判别其基于地理位置表达的地理语义运动模式。由于地理语义运动模式的描述形式突破了地理视频成像时空窗口内容信息的局限,且表达出面向地理位置趋势外推的行为过程特征,因而形成对盲区移动行为推演的趋势约束作用。

4.5.4　面向时空距离的代价约束估计

根据 4.5.1 节对本章方法原理的阐述,利用统一基准的地理位置来关联表达监控场景的根本目的是支持利用 GIS 分析方法推演盲区变化过程。对于本书重点研究的对象,即以位置迁移为主要变化类型的"人类活动及活动依托的地理环境变化",路径规划作为网络理论的典型问题之一,是一类面向地理位置关联网络对行为过程进行推演的适应性分析方法;其方法的核心思想是按照某一性能指标,搜索从起始状态到目标状态的最优路径方案;传统无约束的路径规划通常直接以距离代价最短或时间代价最短为基本评估指标。然而,在监控场景统一时空参考基准描述的地理视频内容变化中,不同地理视频镜头对应的行为过程对象受到对象间可解析的时空距离约束,使传统距离最短或时间最短的路径规划基本指标产生与数据特征间适应性的矛盾,需要针对性地定义符合地理视频数据特征且可定量求解的指标。

为此,本节首先从地理视频数据自身特征信息相关性角度提出如下假设和推论。

假设:特征对象在监控场景的变化过程中具有各参数取值的总体平稳连续变化特征;

推论 4-3:基于上述假设,某监控盲区中特征对象的行为过程与邻接盲区的地理视频镜头中的行为过程具有参数取值可拟合的相关性特征。

基于上述推论，当令 $O_{ob(x)}$ 为某盲区行为过程，$O_{ob(a)}$、$O_{ob(b)}$ 分别为邻接盲区的地理视频镜头中的行为过程，则有

(1) 根据地理视频内容变化特征的语义元数据参数分类表达（详见 3.4.3 节）。每个行为过程对象可描述为：① 描述 "对象个体特征" 的内容语义项（CSE）；② 描述各状态在统一时空框架基准下 "地理位置" 的地理语义项（GSE）；③ 描述行为动作类型的内容语义项（CSB）；④ 描述统一时空基准下位置关系变化运动模式的地理语义项（GSB），则 $O_{ob(x)}$ 和 $O_{ob(a)}$、$O_{ob(b)}$ 可分别表达为

$$O_{ob(x)} = \{\mathrm{CSE}_{(x)}, \mathrm{GSE}_{(x)}, \mathrm{CSB}_{(x)}, \mathrm{GSB}_{(x)}\}$$
$$O_{ob(a)} = \{\mathrm{CSE}_{(a)}, \mathrm{GSE}_{(a)}, \mathrm{CSB}_{(a)}, \mathrm{GSB}_{(a)}\}$$
$$O_{ob(b)} = \{\mathrm{CSE}_{(b)}, \mathrm{GSE}_{(b)}, \mathrm{CSB}_{(b)}, \mathrm{GSB}_{(b)}\}$$

(2) 根据推论 4-3：$O_{ob(x)}$ 和 $O_{ob(a)}$、$O_{ob(b)}$ 的特征参数可基于相关性特征建立函数拟合关系 F，从而实现利用已知的 $O_{ob(a)}$、$O_{ob(b)}$ 估计盲区 $O_{ob(x)}$ 的变化特征，其形式化表示为

$$\{\mathrm{CSE}_{(x)}, \mathrm{GSE}_{(x)}, \mathrm{CSB}_{(x)}, \mathrm{GSB}_{(x)}\} = F(\{\mathrm{CSE}_{(a)}, \mathrm{GSE}_{(a)}, \mathrm{CSB}_{(a)}, \mathrm{GSB}_{(a)}\},$$
$$\{\mathrm{CSE}_{(b)}, \mathrm{GSE}_{(b)}, \mathrm{CSB}_{(b)}, \mathrm{GSB}_{(b)}\})$$

当将上式简化表达为 $\mathrm{CGEB}_{(x)} = F[\mathrm{CGEB}_{(a)}, \mathrm{CGEB}_{(b)}]$ 时，则可利用可解析与建模的 ① 行为过程自身的特征 $\mathrm{CGEB}_{(a)}$、$\mathrm{CGEB}_{(b)}$，与 ② 行为过程间的时空距离 $D_{min}[O_{ob(a)}, O_{ob(b)}]$，定义两行为过程间盲区位置迁移变化最优方案的约束指标（Constrained Optimal Index，COI），其计算方式如下：

$$\mathrm{COI}[O_{ob(a)}, O_{ob(b)}] = f\{D[O_{ob(a)}, O_{ob(b)}], \mathrm{CGEB}_{(x)}\} = f\{D[O_{ob(a)}, O_{ob(b)}], F[\mathrm{CGEB}_{(a)}, \mathrm{CGEB}_{(b)}]\}$$

具体地，在以轨迹数据对象为载体的行为过程表达中（详见 3.4.3 节），f 为参数项 $D[O_{ob(a)}, O_{ob(b)}]$ 和 $\mathrm{CGEB}_{(a)}$、$\mathrm{CGEB}_{(b)}$ 的函数运算关系，参数项 $D[O_{ob(a)}, O_{ob(b)}]$ 具体表达为，通过地理视频镜头时空元数据求解的轨迹时空区间间隔；$\mathrm{CGEB}_{(a)}$、$\mathrm{CGEB}_{(b)}$ 则具体表达为行为轨迹的局部方位、转角、速度、加速度等各结构特征和结构特征的全局最值、均值、方差统计特征项。

4.5.5　多约束语义路径规划的盲区移动行为过程推演

在实现监控场景区间地理位置语义关联表达，进而基于修正的位置特征实现地理视频内容中各行为过程对象的地理运动模式判别与描述后，本节通过联合：① 监控场景的地理位置关系网，② 视频内容中行为过程的地理运动模式，③ 可基于时空距离和轨迹特征定量求解的最优路径判别指标，提出监控盲区地理实体移动行为过程语义路径推演方法，进而实现地理视频镜头组语义元数据中监控盲区的关联语义增强。下文以 4.5.1 节的原理分析为基础，根据图 4-20 所示处理流程，并结合上文示意性示例进行要点阐述。

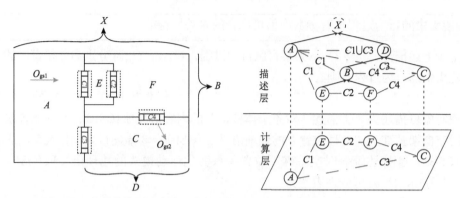

图 4-20 事件聚类层次中的地理视频镜头语义元数据离散轨迹示意性示例图

1. 地理视频镜头语义元数据的轨迹语义表达

实现"地理视频数据内容中行为过程的轨迹语义表达"是推演"盲区移动行为过程语义路径"的基础。因此,首先对利用第 3 章"内容变化感知的地理视频数据自适应关联聚类方法"、面向事件发生发展流程建立的地理实体"个体持续活动"事件层次聚类中的地理视频镜头组,实现镜头组中"各地理视频镜头语义元数据"保存的行为过程对象的轨迹语义结构化表达,具体在依据 4.5.2 节和 4.5.3 节方法提取地理视频镜头组所面向的基于统一定位空间划分的监控场景地理位置对象集,实现位置对象间纵向层次结构和横向联通网络构建并完备位置特征信息后,执行以下步骤。

1)轨迹序列点的语义位置定位判别

对各地理视频镜头语义元数据中基于 3.4.3 节解析方法获得的时空维度扩展的序列点轨迹数据对象,以基于 4.5.3 节方法增强的各地理位置定位特征为参考信息,重点面向"位置边界特征",根据轨迹点相对于位置边界划分的位置内部空间和外部空间关系,具体面向轨迹中的"状态点"和地理位置边界的"边界体或投影多边形",利用现有图形学空间中点与多面体或多边形空间关系判别算法,判别轨迹点所隶属的语义位置。

结合上文所使用的位置场景示意性示例:O_{gs1} 和 O_{gs2} 分别为一个地理视频镜头组中对应两个地理视频镜头语义元数据的示意性离散轨迹,将其映射到统一地理框架划分的地理位置集合 $\{X, A, B, C, D, E, F\}$ 场景中;其中,根据轨迹 O_{gs1} 和 O_{gs2} 上各点与各位置定位置信域的空间包含关系,可得轨迹对象隶属的位置:

$$O_{gs1}\{A\}$$
$$O_{gs2}\{C\}$$

由于根据 4.5.3 节增强方法实现了监控场景完整的地理位置空间表达,因此能确保基于几何拓扑完备位置边界判别的每个轨迹点均可以映射到场景中有效的语义位置;同时,基于 4.3.2 节约定的场景位置的定位优先级规则,还能确保每个轨迹点无歧义地映射到监控场景中特定的语义位置。

2)轨迹数据对象的地理运动模式判别

以序列点描述的轨迹数据对象为整体,基于监控场景中位置边界修正的各地理位置对象，根据轨迹与位置关系的变化特征，依据 4.4.2 节运动模式判别规则，并以单位置参照模式优先为原则，利用逐行为对象轨迹结构特征项中的"局部方位"和"转角"信息项(详见 3.4.3 节)，解析判别其基于地理位置表达的地理语义运动模式。

由此，上述示意性轨迹示例 O_{gs1} 和 O_{gs2} 的地理运动模式满足：$O_{gs1}\{接近 D\}$，$O_{gs2}\{离开 c4\}$；结合 O_{gs1} 和 O_{gs2} 的地理运动模式和轨迹序列点的语义位置定位，可得综合表达的 O_{gs1} 和 O_{gs2} 地理运动模式为

$$O_{gs1}\{由 A 接近 D\}$$
$$O_{gs2}\{从 C4 进入 C\}$$

由此可见，位置 D 和位置接口 $C4$ 虽然不在地理视频镜头 O_{gs1} 的数据内容中，但基于监控场景地理位置网络开放式表达的地理语义运动模式描述形式，突破了地理视频成像时空窗口内容信息的局限，因而表达出轨迹对象面向地理位置趋势外推的行为过程特征，形成对盲区移动行为推演的趋势约束作用。

2. 盲区移动行为过程的语义路径推演

在实现"地理视频数据内容中行为过程的轨迹语义表达"后，可继而推演地理视频镜头组中有序组织的两两相邻地理视频镜头盲区移动行为过程的语义路径，具体通过以下步骤实现。

1) 多层次语义位置及其关联关系的计算层映射

对于两两相邻地理视频镜头对应的行为轨迹，基于上一步判别的地理运动模式：将模式中涉及的地理位置，根据 4.5.1 节的计算-描述分层组织方法，统一映射到监控场景中以原子地理位置表达的计算层，并记录映射路径，以便在得到估计的轨迹数据对象后还原相应层次的语义路径描述。

上文位置场景示意性示例 O_{gs1} 和 O_{gs2}，涉及"A-D，C4-C"4 个语义位置；由于 D 属于聚合语义位置，因此按照图 4-21 位置的计算-描述分层组织结构将其映射到计算层：可将 $\{A\text{-}D\}$ 映射为位置节点及其联通关系 $\{A-C1-E, A-C3-C\}$，而映射路径分别为 $\{A-B-E, A-C\}$。

2) 计算层盲区路径规划

在实现多层次位置的计算层映射后，在计算层利用顾及约束条件的最短路径算法实现盲区路径规划。在核心算法的选择方面，"最短路径"作为图论研究中的经典算法问题，已发展出如 Floyd-Warshall、SPFA、Bellman-Ford、Dijkstra 及其面向静态网络求解的 A^* 和面向动态网络求解的 D^* 等代表算法。在针对数据特征项定义适应性的节点集和带权重的边集后，这些算法均可以作为两行为过程间盲区位置迁移变化几何路径规划所使用的基本算法；其中，考虑不同类型方法对网络特征和起始终止节点特征的适应性，A^* 算法是一种有效适应"静态网络"求解最短路径的"直接搜索方法"；顾及监控场景地理位置关联网络的静态特征，本书方法主要基于 A^* 算法实现盲区几何路径规划，其中的要点问题如下。

A. 面向迁移代价表达的加权位置图构建

图的定义和组织是利用基于图论的最短路径算法执行计算分析的前提。节点和边是图结构的核心要素；因此，基于计算层的位置关联网络，建立支持迁移代价表达的节点

对象集和加权边对象集是实现几何路径规划的基础问题。为此，本节根据 4.3.3 节对位置迁移代价的分段表达，基于计算层原子位置对象及其联通关系网络，构建支持迁移代价表达的加权图，见图 4-21。

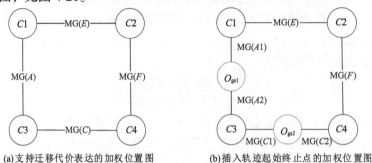

(a)支持迁移代价表达的加权位置图　　(b)插入轨迹起始终止点的加权位置图

图 4-21　支持迁移代价表达的加权位置图

a. 构建监控场景的加权位置图

首先根据计算层位置联通网络，构建支持迁移代价表达的加权位置图 G，如图 4-21(a)示例所示。具体地，$G = (V, E)$，其中，节点集 V 的元素表达为各位置接口；边集 E 的元素表达为从位置接口穿过某位置的路径，其权重为路径的迁移代价 MG（详见 4.3.3 节），如图 4-21 中连接节点 $C1$、$C2$ 的边 MG(E)，MG(E) 为从位置接口 $C1$、$C2$ 穿越位置 E 的迁移代价。由此，在示例中节点集 V 和边集 E 分别为

$$V = \{ C1, C2, C3, C4 \}$$
$$E = \{ \text{MG}(A), \text{MG}(C), \text{MG}(E), \text{MG}(F) \}$$

b. 根据待分析轨迹对象更新加权位置图

在构建了位置场景的加权位置图 G 后，插入定位到具体位置的轨迹节点，生成同时包含两类节点的图 G' 并更新边集，如图 4-21(b)示例所示。具体地，$G' = (V', E')$，其中，节点集 V' 的元素同时包含原节点集 V 中的位置接口节点和插入的轨迹节点，如图 4-21 示例中的轨迹节点 O_{gs1} 和 O_{gs2}；边集 E' 基于原边集 E，通过删除轨迹定位位置对应的边元素，并在插入的轨迹节点和该位置接口间建立新的边实现，如删除 E 中 O_{gs1} 的定位位置 A 对应的边 MG(A) 和 O_{gs2} 的定位位置 C 对应的边 MG(C)，并新增 $C1$ 和 O_{gs1} 的边 MG($A1$)、$C3$ 和 O_{gs1} 的边 MG($A2$)、$C3$ 和 O_{gs2} 的边 MG($C1$)、$C4$ 和 O_{gs2} 的边 MG($C2$)。由此，分别得到示例中节点集 V' 和边集 E'：

$$V' = \{ C1, C2, C3, C4, O_{gs1}, O_{gs2} \}$$
$$E' = \{ \text{MG}(A1), \text{MG}(A2), \text{MG}(C1), \text{MG}(C2), \text{MG}(E), \text{MG}(F) \}$$

在构建图 G' 后，对示例中 O_{gs1} 和 O_{gs2} 间盲区移动行为过程的路径推演，即求解图中从节点 O_{gs1} 到节点 O_{gs2} 的最优路径。

B. 顾及镜头间时空距离约束的最优路径解析

空间距离是几何路网迁移代价评估的常用指标，结合空间距离和轨迹速度、方向等

结构特征，可进一步求解迁移的时间代价，因此空间距离是迁移代价计算的基础信息项。为了实现顾及镜头间时空距离约束的路径规划，本节具体面向"以地理视频数据模型空间维度几何对象(详见 2.5.1 节)表达的位置场景"，在基于加权位置图各特征项构建"寻径网格"后，利用估值函数约束的 $A*$ 算法，在寻径网格中解析地理视频镜头内容中两两离散行为过程盲区间的最优几何路径，以下内容阐述其中涉及的要点问题。

　　a. 构建加权位置图的寻径网格(Navigation Meshes)

　　基于加权位置图各特征项几何模型信息构建用于执行 $A*$ 算法的"寻径网格"。其中，利用现有计算机图形学和 GIS 空间分析方法构建寻径网格主要涉及"网格类型选择"和"网格创建算法"两方面，如图 4-22 所示。

　　(1)网格类型选择：为了支持位置场景几何模型的一致性维护和内存数据对象分析中的信息共享，仍采用以任意精度拟合复杂表面且与位置边界几何模型网格表达相匹配的三角形格网数据结构(详见 4.5.3 节)。利用 4.5.3 节三角网格数据对象类 C3DTriangleMesh 中的顶点集合和顶点索引，可直接通过顶点索引定位并获取三角形图元信息作为 $A*$ 算法中的几何计算单元。

　　(2)网格创建算法：采用被广泛使用的带约束条件的狄洛尼三角网生成算法构建 C3DtriangleMesh 类对象。该算法执行的关键在于参与构网的特征点和特征边的设定；从地理视频监控场景数据特征的角度，基于加权位置图各特征结构的几何模型提取特征点和特征边，其中，①提取的特征点包括：各位置接口的定位点、轨迹对象点序列的首尾顶点；②提取的特征边包括：各位置对象的二维投影边界线、空间位置中障碍物模型对象的边界线、轨迹对象序列点中特征点构成的线段集。

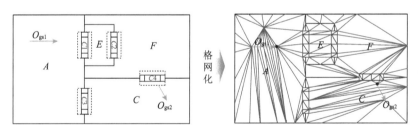

图 4-22　加权位置图的寻径网格构建示意图

　　b. 基于约束估值函数的 $A*$ 路径计算

　　基于既定的网格结构，$A*$ 算法实现最优解的关键在于选取"从初始点经由某节点到目标点的估值函数"。该算法约束思想的核心，即顾及镜头间时空距离约束进行估值函数建模。具体的约束方法为：在现有 $A*$ 算法估值函数选取的基础上，顾及 4.5.4 节定义的最优方案约束指标 COI 的参数影响；当前现有 $A*$ 算法估值函数表达为 $E(n)$，n 为网络中的经由节点时，采用顾及约束的估值函数 $E'(n)$ 取代原算法函数 $E(n)$ 执行最优路径求解，$E'(n)$ 通过 $E(n)$ 和约束指标 COI 差值绝对值求解，函数表示为

$$E'(n) = |E(n) - \mathrm{COI}|$$

以空间距离为指标，则 O_{gs1} 和 O_{gs2} 的 COI 计算可具体实例化为

$$COI(O_{gs1}, O_{gs2}) = \Delta T_{min}(O_{gs1}, O_{gs2}) \times AVERAGE \left[V(O_{gs1}), V(O_{gs1}) \right]$$

其中，地理视频内容中的行为过程参数 $CGEB_{(a)}$、$CGEB_{(b)}$ 具体表达为轨迹各序列点的速度特征 $V(O_{gs1})$、$V(O_{gs1})$；同时，$V(O_{gs1})$、$V(O_{gs1})$ 的拟合函数 F 简单具体化为均值函数 $AVERAGE(a,b)$；行为过程间的时空条件参数 $D\left[O_{ob(a)}, O_{ob(b)} \right]$ 具体表达为轨迹的最小时间差 $\Delta T_{min}(O_{gs1}, O_{gs2})$；函数运算关系 f 具体通过数乘×实现。该组示例化参数为以空间距离为指标的一组可行的参数，当需要更高精度轨迹表达时，可通过进一步改进函数 f 和 F 实现。

由此，本书在使用基于三角网格的 $A*$ 算法计算原理的基础上，采用改进约束估值函数 $E'(n)$ 判别从轨迹 O_{gs1} 终点到 O_{gs2} 起点的最优路径。特别地，受位置间可迁移性的约束，所得有效路径需满足与加权位置图中边的映射，即所得轨迹在穿越位置边界时，需经由位置接口所对应的特征点（集）。图 4-23 分别展示了示例数据无约束的最短路径[图 4-23（a）]、位置图约束的最短路径[图 4-23（b）]和位置图与观测时空距离联合约束的最优路径[图 4-23（c）]。

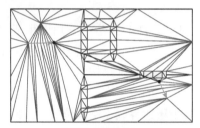
(a)无约束的最短路径

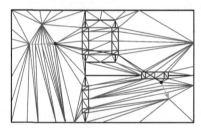
(b)位置图约束的最短路径

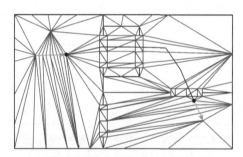
(c)位置图与观测时空距离联合约束的最优路径

图 4-23　基于约束估值函数的 $A*$ 路径规划示意图

C. 盲区轨迹的多层次语义路径表达

对于解析获取的盲区行为过程的几何轨迹，利用上文"地理视频镜头语义元数据的轨迹语义表达"方法（4.5.5 节　步骤 1），在多层次地理位置关联表达的监控场景中，以加权位置图的节点和边为参照，描述语义路径；特别地，为了支持对地理视频内容和盲区连续行为过程的语义理解，对盲区的语义表达需在地理位置上满足其自身与地理视频镜头语义元数据中轨迹语义的逻辑衔接。最后，保存可解析的多层次语义路径为相应地理视频镜头组关联语义增强的语义元数据。

如图 4-24 所示，将盲区推演轨迹映射到多层次地理位置关联表达的监控场景中。

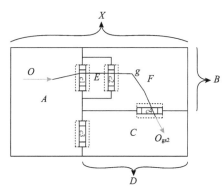

图 4-24　映射到多层次地理位置关联表达监控场景的盲区轨迹

基于加权位置图的节点与边，如图 4-25 (a) 所示，建立与镜头内容中 O_{gs1} {由 A 接近 D} 及 O_{gs2} {从 $C4$ 进入 C} 语义位置相衔接的轨迹地理运动模式语义路径如下：

$$\text{Level}_i < O_{gs1} - O_{gs2} >:\ \{\text{从 } A \text{ 到达 } C1，\text{从 } C1 \text{ 进入并穿过 } E \text{ 从 } C2 \text{ 出，}$$
$$\text{从 } C2 \text{ 进入并穿过 } F \text{ 从 } C4 \text{ 出}\}$$

此外，还可如图 4-25 (b) 所示，基于描述层多层次地理位置的关联表达，建立面向不同层次地理位置的语义轨迹描述：

$$\text{Level}_{i+1} < O_{gs1} - O_{gs2} >':\ \{\text{从 } A \text{ 到达 } C1，\text{从 } C1 \text{ 进入并穿过 } B \text{ 从 } C4 \text{ 出}\}$$

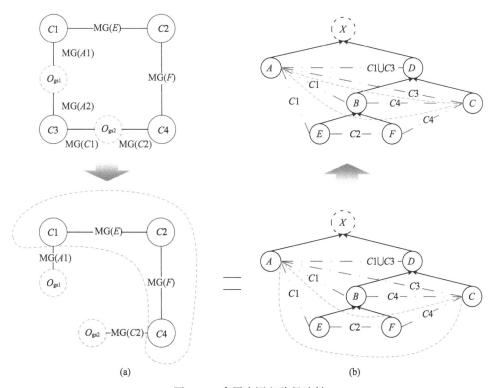

图 4-25　多层次语义路径映射

4.6　本章小结

基于局部内容推理无法获取的整体信息是增强离散数据集知识价值的重要方法。利用网络监控环境下记录事件信息的离散地理视频数据合理推演盲区中的变化过程，不仅有助于提升地理视频数据对完整事件发生发展过程核心知识价值的表达，还有助于为面向不同层次事件信息的地理视频数据约束检索提供有效的约束特征和完备的查询入口。为此，本章针对面向事件过程关联聚类的地理视频镜头组中因监控设备作用域离散分布影响而普遍存在的事件信息盲区问题，提出一种变化过程约束推演的地理视频关联语义增强方法。

该方法的特点是：基于地理视频内外场景空间的可定位映射关系，结合外部场景地理空间信息统一基准的 GIS 建模表达，实现视频内容离散变化过程地理相关的开放式规则描述；在此基础上，基于变化过程的地理环境依赖性，利用"统一表达框架下的地理时空信息"约束"地理视频内容中变化过程"的规则描述；进而利用 GIS 分析方法完成离散变化过程盲区信息的地理约束推演，实现面向监控区域连续变化过程的地理语义增强，支持不同语义层次中完整事件变化过程信息的表达。其中：

(1) 地理视频外部场景统一基准的 GIS 建模表达具体通过系统地结构化增强多摄像机地理视频内容统一时空基准的地理位置实现，通过结构化增强的地理位置，构建了研究区域完整覆盖的统一定位区间划分与区间拓扑关联框架，为基于位置关系变化的行为过程地理运动模式定位判别、基于增强位置特征的行为过程地理运动模式类型判别，以及基于位置关联图的多约束语义路径规划算法，提供了地理视频内外场景空间统一基准的 GIS 基础条件约束。

(2) 地理视频内容中变化过程的规则描述具体利用基于位置关系变化特征且形式化表达的轨迹形式化地理运动模式实现；规则表达的轨迹语义支持各离散行为过程的地理运动模式表达及行为过程盲区运动特征估计，共同为事件信息盲区行为过程的推演提供趋势约束；其中，①地理运动模式判别主要利用轨迹位置、方向等外部结构表征，表达出面向地理位置趋势外推的行为过程特征；②盲区运动特征估计主要利用轨迹结构特征项的全局均值等对象内部统计信息，支持与时空距离迁移代价相映射的盲区行为过程特征参数表达。

(3) 基于 GIS 分析方法的盲区信息地理约束推演具体在联合：监控场景的地理位置关系网、视频内容中行为过程的地理运动模式，以及基于时空距离和轨迹特征定量构建的最优路径判别指标框架；顾及多层次位置关联表达监控场景及其涉及的多层次语义路径描述需求，采用计算与描述分离的位置概念分层及划分原则，简化多层次位置关联关系的计算逻辑，并在此基础上面向计算层构建监控场景迁移代价加权位置图，利用约束估值函数优化建模的 A*算法，完成监控盲区地理实体移动行为过程语义路径推演，从而实现地理视频镜头组语义元数据中监控盲区的关联语义增强。

该方法的创新性包括：

(1) 从"面向单一视频图像空间"到"联合地理视频内外场景空间"的地理视频内容解析机制：突破了传统地理视频内容解析受成像窗口时空的局域性限制，充分利用地理视频内外场景空间的可定位映射关系，实现了结合地理视频内外场景统一的地理视频内容表达与解析机制；该机制建立了地理视频内外场景空间基于统一地理位置的紧密映射，为多摄像机地理视频内容中离散行为过程提供了一种全局统一的地理关联基础。

(2) 从"局部特征相似性约束"到"全局地理相关性约束"的地理视频 GIS 分析机制：突破了传统视频数据基于信号编码相似性、图像特征相似性和内容语义相似性的关联分析受视频成像窗口时空局域性的局限，通过监控场景和地理环境的语义映射，表达出面向地理位置趋势外推的行为过程特征，为离散地理视频内容盲区的变化过程推演提供核心支撑条件，实现了基于地理迁移代价的视频场景相关性可量化解析，支持跨时空区域多摄像机地理视频内容的地理相关性与相关过程分析，在地理视频关联关系的基础上增强了地理视频的关联语义，提高了地理视频数据的知识表征能力。

通过对示意性示例分析表明，该方法为"因监控设备作用域离散分布而存在信息盲区的离散地理视频镜头"提供了一种变化过程地理约束推演的关联语义增强方式。该方法充分利用了已知的内容变化信息合理推演盲区中的变化过程，从而实现了地理视频关联语义增强。需要注意的是，无法直接观测完整事件过程信息，而根据局部地理视频内容做出推演的方法，难以绝对保证推演结果的正确性。但全面顾及有效约束信息的解析过程无疑有助于作出合乎逻辑和事实的推演，提高推理结果的可信度和合理性。

第 5 章　视频 GIS 数据组织管理原型系统与综合实例

5.1　引　　言

为实现支持关联约束检索的地理视频管理，并综合验证语义模型与关联聚类方法的整体实施能力和价值特征，首先针对现有安防监控领域对"高效准确获取涉案地理视频数据"的专题应用需求，设计"以多层次地理视频语义关联模型为核心"的视频 GIS 数据管理原型系统；通过原型系统的实现，阐明模型的使用价值并验证模型设计的科学性。在此基础上，基于面向室内监控实例场景模拟的实验数据进行综合实验分析，验证"面向时空变化的多层次地理视频语义关联模型"和"内容变化感知的地理视频数据自适应关联聚类方法"对网络监控环境涉案地理视频数据组织管理与综合利用的创新价值。

5.2　视频 GIS 数据库组织管理原型系统

视频 GIS 数据库组织管理原型系统设计与实现的目的是充分利用"地理视频语义关联模型"面向视频数据内容变化共性要素提出的"层次结构框架及框架中多粒度数据对象与多类型、多要素语义对象"，从决定系统组织管理能力的核心数据模型和数据结构层面，为"监控网络环境多摄像机地理视频数据"提供一种"面向变化语义"的新型组织管理模式，提高对涉案数据的处理和利用能力。

为基于语义关联模型实现原型系统，需要依次解决层次递进的 4 个关键问题：①明确的系统研发与可运行环境；②实现基于三域数据结构、语义结构及其关联结构的核心数据库模型；③实现基于数据库模型的表结构；④实现面向数据表结构的功能接口。以下内容逐点阐述具体实现方案。

5.2.1　系统研发运行环境

1. 系统研发硬件环境与推荐运行配置

顾及专题领域多级行政区划与空间区划中，网络监控地理视频在数据获取、存储与检索的时空分布特征与并发性需求，原型系统底层基于分布式数据库 MongoDB 实现。为保证 MongoDB 面向地理视频大数据与高并发用户条件的可扩展性与稳定性，系统采用一种支持大数据条件高效运行且可水平扩展的 Replica Set + Sharding 部署架构。面向该架构，系统运行推荐的硬件环境除了以工作站为核心的基础部分，还推荐根据地理视频数据量配置对应的数据库服务器来部署 MongoDB 服务；特别地，考虑数据存储和检索性能与硬件环境直接相关，因此，在可获取的硬件资源中，推荐选用高性能工作站和数据库服务器，配置如表 5-1 所示。

表 5-1 视频 GIS 数据库管理系统运行的推荐硬件配置

设备名称	配置名称	推荐配置
工作站	处理器	Intel Xeon X5670 33GHz
	主板	Intel 5520
	内存	4GB
	硬盘	500GB
	图像处理芯片	NVIDIA Quadro 4000
	网卡集成	Broadcom 5761 千兆以太网控制器
	电源	1100W
数据库集群	处理器	Intel Xeon E5 2600 v3
	操作系统	Windows Server 2012 SP2 x64
	内存	64GB
	硬盘	20TB 磁盘阵列
	网卡	Broadcom 57810 双端口 10 GB
	电源	1100W
网络交换机	用户流量速率	960Mpps
	堆叠速率	160Gbps
	交换延迟	800ns
	CPU 内存	2GB
	内置电源冗余	支持
	数据包缓冲区内存	9MB

2. 系统研发运行的软件环境

顾及视频 GIS 数据源类型以及多约束关联检索和可视化等随实际应用不断更新或增加的专题数据集应用需求特征，原型系统基于"组件+插件"形式研发：将系统的集成平台设计为支持以插件灵活扩展的软件平台，在软件总线的基础上，通过面向对象的设计思想，对系统功能进行插件抽象分配，从而实现平台功能的研发。具体以 Visual Studio 2010 为研发环境并采用 C++编程语言实现；运行环境为 Windows 7 系统，如表 5-2 所示。

表 5-2 视频 GIS 数据库管理系统研发运行的软件环境

序号	用途	软件名称
1	操作系统	Windows 7 64 位简体中文

序号	用途	软件名称
2	数据库软件	MongoDB 2.6.8（Windows 64 位）
3	VC++ 2010 64 位运行库	Microsoft Visual Studio 2010 Redistributable

5.2.2　核心数据结构

为了支持多粒度视频数据及面向变化要素的语义对象表达，实现视频数据与地理空间数据的耦合集成，原型系统的核心数据模型基于第 2 章所提出的"面向时空变化的多层次地理视频语义关联模型"编码实现。具体地，采用面向对象的统一建模语言（Unified Modeling Language，UML）描述模型中地理视频数据对象、地理视频语义对象及各类对象间的关系。其中，2.3 节和 2.4 节中各层次地理视频数据对象和语义对象为模型核心数据对象的设计提供了基础；同时，地理视频数据对象和语义对象的形式化表达为各数据对象属性项的设计提供了支撑。图中各对象类的命名参照命名规范"匈牙利命名法"执行，核心类所采用的英文名称均在文中相关概念处说明；成员变量的含义则通过正文中核心概念的形式化表达符号建立联系。另外，为了更清晰地表达概念模型、数据模型和文字描述的直观联系，图中①用一致的颜色标记概念模型中的概念及其在数据模型中的核心类，从而建立语义模型图中主要概念与其在数据模型图中对应的核心类的直观联系；②用加粗的线条标记数据模型图中数据层次和语义层次的 6 个核心类，它们分别对应地理视频数据结构和语义结构的 6 个核心概念。

1. 地理视频数据的多层次结构核心类

如图 5-1 所示，在地理视频数据的多层次结构核心类的设计中，将地理视频的三个数据粒度：地理视频帧、地理视频镜头和地理视频镜头组依次表达为派生于父类 CGeovideoStructure 的 三 个 核 心 子 类 CGeovideoFrame 、 CGeovideoShot 和 CGeovideoShotGroup。在 CGeovideoFrame 和 CGeovideoShot 类，以及 CGeovideoShot 和 CGeovideoShotGroup 类之间建立"多对一"的聚合关系。同时，为了支持这些类对象中基础视频数据，即视频图像数据的表达，引入通用的栅格图像数据结构类 CSimpleImage 记录图像编码，并建立 CGeovideoFrame 和 CSimpleImage 的依赖关系。此外，为支持专题领域中对象个体解析、识别和行为阶段划分，设计模板信息父类 CClassifier，以支持各专题领域的信息扩展以及与其他专题模型的集成。

2. 地理视频的多层次语义对象核心类

如图 5-2 所示，在地理视频多层次语义对象与关联对象类的设计中，将与地理视频数据相映射的三个地理视频语义层次：地理实体和场景、对象行为和多层次事件分别表达为派生于父类 CInnerSemanticObject 的三个核心子类 CGeoEntity、CObjectBehavior、

CHierarchicalEvent。其中，CObjectBehavior 和 CGeoEntity 间构成依赖关系；CObjectBehavior 和 CHierarchicalEvent 间构成"多对一"的关联关系。同时，利用 CGeoEntity 实例，从地理视频帧中解析出对象状态，设计兼顾不同维度和不同形式对象状态表达的 CEntityStatus 类用于对象状态信息的显示表达。此外，还设计支持以上语义对象内容描述的特征语义类(CPropertySemantic)/动作语义类(CActionSemantic)，以及支持地理语义描述的位置语义类(CLoctionSemantic)/轨迹语义类(CTrajectorySemantic)。特别地，引入以 CGeoReferenceTrans 为父类的统一时空语义框架作为地理语义类的重要成员变量，用于支持多摄像机地理视频内容和地理环境语义映射。

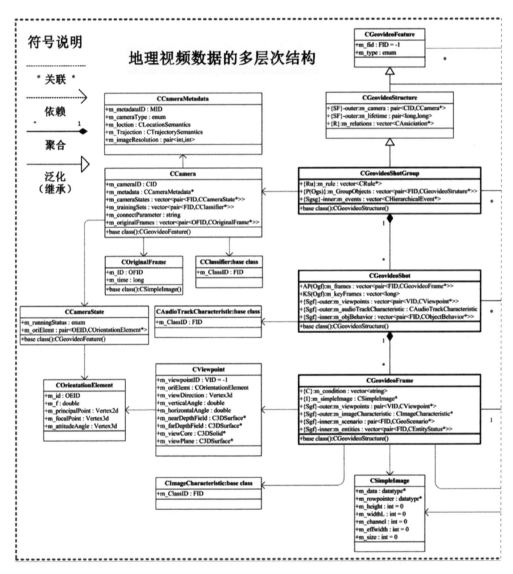

图 5-1　视频 GIS 数据库模型(地理视频数据的多层次结构类图)

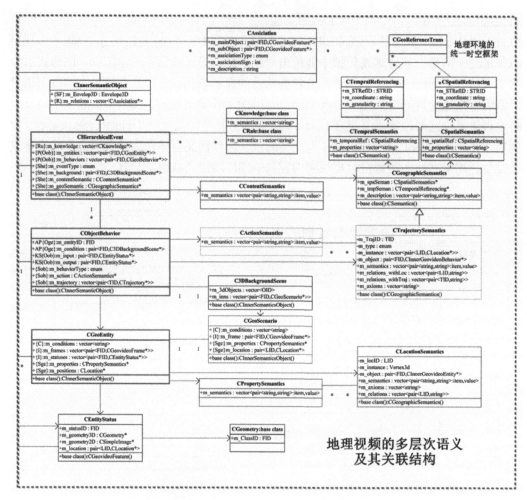

图 5-2　视频 GIS 数据库模型（地理视频多层次语义对象及其关联对象类图）

3. 地理视频的关联对象核心类

综合考虑关系表达形式的共性并顾及不同类型对象间关系的非对称性，可将关联关系对象抽象为形式化三元组（MainObject、RefObject、AssociatedFactors）。其中，MainObject 为关联关系描述面向的主对象，RefObject 为关系分析的参考对象，AssociatedFactors 为关联关系要素。为了实现系统中关联关系类对象的统一描述，在关联关系类的设计上：首先，将不同粒度地理视频数据父类 CGeovideoStructure 和不同层次语义对象父类 CInnerSemanticObject 派生于共同的父类 CGeovideoFeature。在此基础上，设计统一的 CAssiciation 关系类，显示存储系统中各对象之间的关联关系。其中，不同数据对象及语义对象间的关联类型，通过 CAssiciation 的成员变量 m_assiciationType 描述；各关联类型对象中的关联要素则通过成员变量 m_description 描述。同时，为集成变化成因中外部因素，提供地理视频场景间时空关联的基础信息，设计以 CCamera 为核心的相机成像参数类 CCameraMetadata 和时空参考信息类 CCameraState、CViewpoint 等附加类组。

5.2.3　数据库表结构及对象关系

为了支持多粒度层次地理视频数据的关联存储，进而支持面向事件的多特征约束关联查询，数据库存储表结构设计的关键在于显示表达不同层次结构的地理视频数据对象和语义对象的映射关系，以及不同层次语义对象间的语义关联关系(郝忠孝，2011)。为此，本节面向 5.2.2 节基于多层次地理视频语义模型设计的核心数据类库结构，进一步设计了视频 GIS 数据库表结构。其中，对应数据模型结构中各语义对象类设计的核心存储表结构如图 5-3 所示。根据对象类型与关系类型差异，可将地理视频数据存储内容归纳为图中自底向上的 4 类：①地理视频数据对象表；②地理视频语义对象表；③地理视频数据对象-语义对象映射关系表；④地理视频语义关联对象表。

1. 地理视频数据对象表

其由地理视频帧表、地理视频镜头表和地理视频镜头组表组成，用于实现对不同粒度层次地理视频数据对象的表达。

2. 地理视频语义对象表

其由特征对象表、行为过程对象表和多层次事件对象表组成，用于实现地理视频内容变化要素对象的表达。

3. 地理视频数据对象-语义对象映射关系表

其由特征对象状态信息表、行为流程表和事件规则表组成，分别用于显示记录特征域中"地理视频帧对象和特征对象"、"地理视频镜头对象和行为过程对象"以及"地理视频镜头组对象和多层次事件对象"的规则统一的内联映射关系，为基于语义对象的地理视频数据组织提供基础。

4. 地理视频语义关联对象表

其由状态映射关系表、条件聚合关系表和控制约束关系表组成，分别用于显示表达地理视频内容变化要素对象在变化过程中的关联性，为理解地理视频变化含义并分析其关联性提供基础。

5. 其他关键对象表

其他关键对象表包括摄像机对象表、地理位置对象表、轨迹对象表、行为模型表。

(1)摄像机对象表：用于记录监控场景中摄像机的空间参考信息，为地理视频帧对象和地理视频镜头对象提供坐标基准、成像时空信息及标签描述等元数据；

(2)地理位置对象表：用于为特征对象状态提供地理位置描述的参考信息；

(3)轨迹对象表：用于记录各地理视频镜头中所解析的轨迹对象，为行为流程的描述提供支撑信息；

(4) 行为模型表：记录应用专题所采用的行为模型，包括行为模型的特征和参数化表达，为行为过程对象的内容语义提供描述的判别信息。

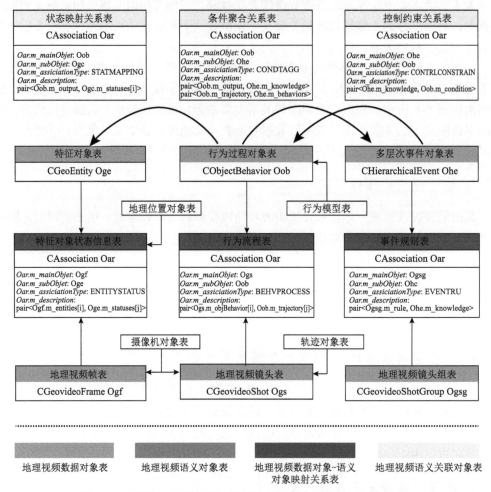

图 5-3　视频 GIS 数据管理原型系统对象及关系的核心存储表结构

5.2.4　数据建库与检索功能接口

视频 GIS 涉及的原始数据包括：①原始地理视频数据，包括实时接入的视频流、历史视频档案；②公共安全行业标准；③地理空间专题数据，主要包括监控场景所重点涉及的地址库地名库信息、城市道路网络数据，以及二维和三维城市模型数据。

地理视频数据经过基于"多层次地理视频语义关联建模"和"变化感知的地理视频关联聚类"处理转化为：①多粒度的结构化地理视频数据；②与地理视频数据建立多层次映射关系的变化语义对象数据及语义关系。由此，视频 GIS 数据库主要面向结构化地理视频及其变化语义元数据与语义关系数据进行管理，其内容框架如图 5-4 所示。

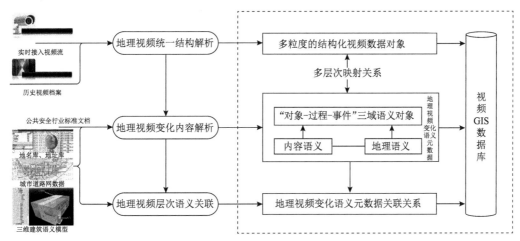

图 5-4　视频 GIS 数据管理的内容框架图

1. 支持多类型数据对象统一管理的建库接口

如表 5-3 所示，基于视频 GIS 数据类库核心对象及数据库表结构，设计了视频 GIS 数据管理原型系统支持多类型数据对象统一管理的建库接口。

表 5-3　支持多类型数据对象统一管理的建库接口

建库接口	功能描述	建库接口	功能描述
AddCameraInfo	插入一个摄像机对象	ModifyInnerGeovideoEvent	修改事件对象
ModifyCameraInfo	修改摄像机对象	DeleteInnerGeovideoEvent	删除事件对象
DeleteCameraInfo	删除摄像机对象	AddInnerGeovideoBehavior	插入行为对象
AddClassifier	插入分类器对象	ModifyInnerGeovideoBehavior	修改行为对象
ModifyClassifier	修改分类器对象	DeleteInnerGeovideoBehavior	删除行为对象
DeleteClassifier	删除分器器	AddInnerGeovideoEntities	插入实体对象
AddGeovideoState	插入某摄像头的状态	ModifyInnerGeovideoEntities	修改实体对象
AddGeovideoFrames	插入某摄像头的视频帧序列	DeleteInnerGeovideoEntities	删除实体对象
AddGeovideoFile	插入某摄像头的视频文件	AddTrajectory	插入轨迹对象
DeleteGeovideoContents	删除某摄像头原始视频内容	ModifyTrajectory	修改轨迹对象
AddGeovideoStructure	插入某摄像头的视频数据	DeleteTrajectory	删除轨迹对象
ModifyAddGeovideoStructure	修改摄像头的地理视频数据	AddLocation	插入位置对象
DeleteAddGeovideoStructure	删除摄像头的视频数据	ModifyLocation	修改位置对象
AddInnerGeovideoEvent	插入事件对象	DeleteLocation	删除位置对象

2. 支持多类型条件约束的检索接口

基于视频 GIS 数据类库核心对象及数据库表结构，设计了视频 GIS 数据管理原型系统支持多类型条件约束的检索接口，如表 5-4 所示。

表 5-4　支持多类型条件约束的检索接口

检索接口	功能描述	检索接口	功能描述
QueryCameras	查询符合空间范围的摄像机对象集合	QueryInnerGeovideoEvent	查询事件信息
QueryCameraInfo	查询摄像机对象	QueryInnerGeovideoBehaviors	查询事件中行为对象集合
QueryClassifier	查询一组分类器	QueryInnerGeovideoBehavior	查询行为对象
QueryVideoShot	查询某一个摄像头一段时间范围内的视频信息	QueryInnerGeovideoEntities	查询事件中实体对象集合
QueryGeovideoState	查询某摄像头的状态	QueryInnerGeovideoEntity	查询实体对象
QueryGeovideoFrames	查询某摄像头的视频帧序列	QueryTrajectory	查询轨迹对象
QueryGeovideoFiles	查询某摄像头的视频文件	QueryLocation	查询位置对象

3. 功能接口的设计特征与实现意义

建库接口的设计特征与实现意义在于：一方面，在规范了视频建库处理流程的同时，使系统涉及的多粒度、多类型数据对象可独立处理，在提升了数据组织管理的独立性和灵活性的同时，保证了数据的安全性和可并发的高效建库策略的实施；另一方面，支持对摄像机对象、结构化多粒度层次地理视频数据对象、多语义层次地理视频内容对象的灵活建库、更新，支持地理视频内外场景变化特征的统一管理组织、编辑和管理，提高了地理视频内容变化语义信息管理能力。

检索接口的设计特征与实现意义在于：提供了地理视频内外场景空间多类型变化特征对象的多条件查询能力，不仅支持面向摄像机时空参考信息查询，还支持视频内外场景空间的时空范围查询，并特别支持地理视频内容变化的时空语义多约束关联查询，有助于丰富和发展现有面向单一媒体流存档检索的地理视频应用模式。

5.3　面向室内监控的地理视频语义建模与关联聚类实例

相较于室外环境，室内环境具有更加立体的空间拓扑结构、空间更为密集的功能语义划分与语义关系。因此，选取具有数据特征典型性和领域应用代表性的室内公共安全监控专题，进行实例阐述地理视频语义建模与关联聚类方法的实现情况，以验证理论方法应用的可行性和有效性。

一个面向室内环境的多路视频监控场景实例如图 5-5 所示，该场景展示了一个包含三层室内环境的公共建筑及其内部 23 路监控视频网络布设情况。其中，各路视频对应设置于建筑内不同空间位置的摄像机，其视域分别对应展品、展厅和楼层等不同层次室内语义对象；在非高清的普通摄制模式下，一条监控线路 1h 的数据量约为 200MB；其原始组织存储方式以摄像机为组织单位，对历史存储和实时获取的视频流以"二进制数据块"存储。

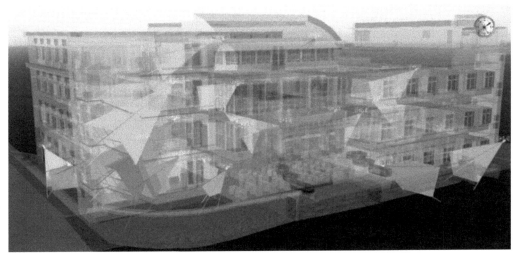

图 5-5 室内多路视频监控场景实例

5.3.1 专题领域语义建模的实例层次分析

不同的监控专题所关注并需要理解的具体语义信息不同。为说明本书中提出的地理视频语义模型的专题可行性，面向室内监控专题，以《中华人民共和国公共安全行业标准刑事犯罪信息管理代码》(简称《代码》)所定义的"入室盗窃〔案件类别代码(GA 241.3—2000)：050201〕"视频监控为专题，实例化地理视频数据三域要素如下。

1. 特征对象实例

对应特征对象的分类定义，从公安信息所关注的五要素(人员、案件、物品、组织、场所)中归纳"入室盗窃"专题所涉及的特征对象，具体如下。

(1)具有主动改变自身状态的行为能力的地理实体(ACE)：人员。根据《代码》定义，将"人员"对象的特征语义根据其对象来源[选择对象分类和代码(GA240.6—2000)：200]的社会属性划分为本地人员(201)/外来人员(202)。其中，本地人员又可以附加对象身份[选择对象分类和代码(GA240.6—2000)：400]特征属性，如治保人员(415)；外来人员也可以附加对象身份特征属性，如参观者等。

(2)支持状态被动改变的地理实体(PCE)：展品。展品对象在模型中用唯一标识的 ID表达。

(3)变化中状态相对不变的地理场景(SS)：室内环境部件。室内环境部件的描述以城市地理标识语言 OGC CityGML 和室内多维位置信息标识语言 OGC IndoorGML 国际标准中的室内对象分类定义为参考，划分为室内功能空间对象和建筑结构对象。本实例中，室内环境部件在作为地理场景对象的同时，也作为地理实体位置语义描述的基本参考对象。

2. 行为过程对象

对应行为过程的分类定义，将"入室盗窃案"专题所涉及的行为过程对象归纳为以下几类。

(1)由人员执行的主动行为(AB)：包括由外来人员盗窃意图驱动的主动行为，以及由本地人员防护意图驱动的主动行为。其中，涉及的行为模型主要参照人的移动行为模型，包括以速度的均值、最值、标准差以及加速度等统计量为移动方式表征而判别的"跑步""行走"等(成勋，2013；窦丽莎，2013)。

(2)由展品执行的被动行为(CE)：其中涉及的行为模型包括"被移动""被携带""被抛投""被藏匿"等。

(3)轨迹语义的表达采用区分连续运动过程的"移动"和"停留"等描述。

3. 多层次事件对象

本专题领域中面向三域要素的事件规则描述包括：①人员(ACE)的特殊位置迁移；②外来人员(ACE)与展品(PCE)的距离小于制定的安全距离阈值；③外来人员(ACE)造成展品(PCE)空间位置的改变。由此，地理视频中经历规则①或②状态的主动行为(AB)和规则③状态的被动行为(PB)为触发事件的行为过程。

事件的发展过程则根据《代码》所定义的作案手段(GA240.7—2000)，自底向上的核心事件层次划分如下。

(1)触发入室盗窃案件的短时局域行为过程：破橱、箱、桌(4300)。

(2)入室盗窃案件的各执行阶段：预备手段(1000)、制造条件(1100)、物色对象(1113)、调离事主(1109)、入侵(2000)、干扰(6400)、逃跑(6500)、拦截(7200)。

(3)入室盗窃案件的各生命周期：继承公共安全事件生命周期中"起因、策划、实施、逃逸"四阶段的划分，具体分为：①包含预备手段和制造条件执行阶段的"策划"阶段；②包含调离物色对象、调离事主、入侵执行阶段的"实施"阶段；③包含干扰、逃跑和拦截子执行阶段的"逃逸"阶段。

(4)入室盗窃案件完整的发展过程：以触发入室盗窃案件的行为过程所对应的人员在案发公共建筑空间内的活动总时间范围为外部时间结构约束理解事件的时间边界，以案发公共建筑所涉及的区域为事件的外部空间结构约束理解案发经过的空间边界和描述位置场景的层次划分。

为现实语义描述的规范性，便于支持计算机自动解析与进一步的数据组织，表 5-5 形式化描述了以上专题实例中的语义项，所包含的相关符号的含义如表 5-6 所示。

表 5-5　室内监控专题的地理视频三域语义要素

结构化地理视频数据对象	地理视频语义对象
特征域　$\{O_{gf}\,|\,\exists\{O_{ge}(\text{ACE})\vee O_{ge}(\text{PCE})\}\neq\varnothing\}$	$\{O_{ge}|O_{ge}\in$ 人员(ACE) $\vee$ 展品(PCE) $\vee$ 室内环境部件(SS)$\}$ + 人员 = { ACE | ACE∈本地人员 ∨ACE∈外来人员 } + 展品 = { PCE | PCE = ID_1, ID_2, …, ID_n, n∈N } + 室内环境部件= {SS | SS = 建筑结构 ∨室内功能空间 }

续表

结构化地理视频数据对象	地理视频语义对象
行为过程域　$\{O_{gs} \mid \forall (AP(O_{gf}).\{\{C\},\{S_{gf}\}\}) <$ 变化特征阈值 $\}$　变化特征=人员/展品在空间位置上的连续变化	$\{O_{ob}\mid O_{ob}\in$ 主动行为<ACE>(AB) ∨ 被动行为<PCE>(PB)$\}$ +　主动行为<ACE> = { AB | AB ∈（人的移动行为模型<ACE> ∧ 轨迹语义 <SS>）} +　被动行为<PCE> = { CE | CE ∈ 物品的移动行为模型<ACE> ∧ 轨迹语义 <SS>） +　人的移动行为模型<ACE> = {跑步<ACE > ∨ 行走<ACE > ∨ …，等} +　物品的移动行为模型<PCE >={被移动<ACE<<PCE >> ∨ 被携带 <ACE<<PCE >> ∨ 被抛投<ACE<<PCE >> ∨ 被藏匿<ACE<<PCE >>…，等} +　轨迹语义<SS> = {移动 ∨ 停留}
事件域　$\{O_{gsg}\mid\{P(O_{gs})\}$ ⊢事件模板 ∧ $\{Ru\}$ ⊢事件规则)　事件模板 =入室盗窃　原子事件规则=\{外来人员(ACE)入侵/逃离，人员(ACE)的特殊位置迁移，外来人员与展品(PCE)的距离小于制定的安全距离阈值，外来人员(ACE)造成展品(PCE)空间位置的改变，等等\}	$\{O_{he}\mid O_{ob}=$入室盗窃　(TID.050201)<{CE},{SS}>\} +　TID.050201 = {起因<{CE},{SS}> ∧ 策划<{CE},{SS}> ∧ 实施<{CE},{SS}> ∧ 逃逸<{CE},{SS}>} +　策划<{CE},{SS}>= {预备手段<{CE },{SS}>,制造条件<{CE },{SS}>} +　实施<{CE},{SS}>= {入侵<{CE},{SS}>,调离事主<{CE },{SS}>物色对象 <{CE },{SS}> } +　逃逸<{CE},{SS}>= {干扰 <{CE},{SS}>,逃跑<{CE },{SS}>,拦截 <{CE },{SS}>} +　破橱、箱、桌<{ACE},{SS}>

表 5-6　表 5-5 所采用的相关符号含义

符号	关系	符号	关系
∃ / ∀	存在/任意	≠ / =	非等价/等价
∧ / ∨	且/或	∅	空
⊢ / ∨	满足/属于	+	子层次

5.3.2　专题实例数据的关联聚类解析流程分析

为了在 5.3.1 节语义建模实例的基础上，进一步阐述关联聚集方法的可行性，同时便于对方法步骤的理解，本节面向一组简单而典型的实例数据，示意说明地理视频数据结构解析的要点，详细说明解析方法流程中关键步骤的实现方法。

实例数据具体面向 5.3 节开篇展示的具有代表性的室内多路视频监控场景，选取其中某时间段面向开放大厅区域的 3 路监控视频流，如图 5-6 所示；同时，以 5.3.1 节实例分析的室内公共安全监控专题作为事件认知的专题领域，以"入室盗窃"可疑人员移动行为监控任务，阐述具体关联聚类的解析流程。

1. 支持变化增量计算的专题实例地理视频数据结构解析

地理视频结构化预处理过程是为"基于图像特征增量的时空变化解析"提供统一形

式的数据基础构型，以便于利用现有图像处理算法进行快速、自动的分析处理。如图 5-7 所示，根据算法中对地理视频数据结构解析要点的阐述，首先将实例数据中的三路监控视频流以摄像机为处理单位进行格式转换和信息抽取处理,并将其转换为统一数据格式、内存形式和特征项表达的地理视频帧序列集合。其中，地理视频帧以 BMP 为基础栅格图像存储的数据格式；图像对象的内存形式具体采用数据模型中 CSimpleImage 类对象表达(详见 5.2.2 节)；特别地，统一记录的各类特征项信息具体实例化如下。

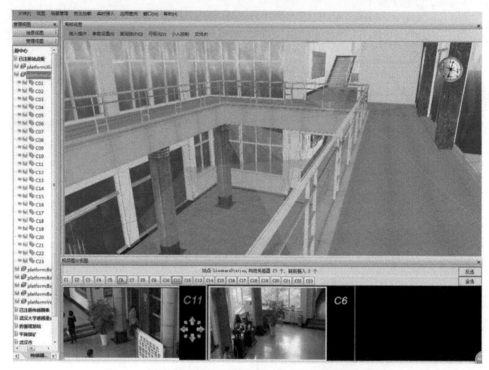

图 5-6　网络监控环境中选取的多路地理视频数据实例图

(1)成像特征项：帧对象统一时空参考基准下的成像时刻、摄像机位置、方位、姿态；

(2)结构特征项：帧对象的编码格式、帧率、码率、尺寸、分辨率；

(3)图像特征项：帧图像的颜色特征组、几何特征组、纹理特征组；

(4)应用特征项：实体对象"人员""建筑结构""室内功能空间"等的图像分割约束条件与分割规则。

2. 面向实例专题事件感知特征的地理视频内容变化解析

1)状态变化的地理实体解析

根据 5.3.1 节对实例专题的语义建模层次分析,在面向室内公共安全监控的事件认知中，"人员"是最主要的"状态变化"的地理实体类型。因此，对实例数据的地理实体解析着重面向"人员"对象，以地理视频帧对象为解析粒度，逐帧执行以下关键步骤。

A. 图像数据剖分的人员对象状态前景化

考虑计算机视觉领域中目标检测算法能够适应于不同变化特征的运动目标，其中对

适应"人员"对象的算法进行分析:

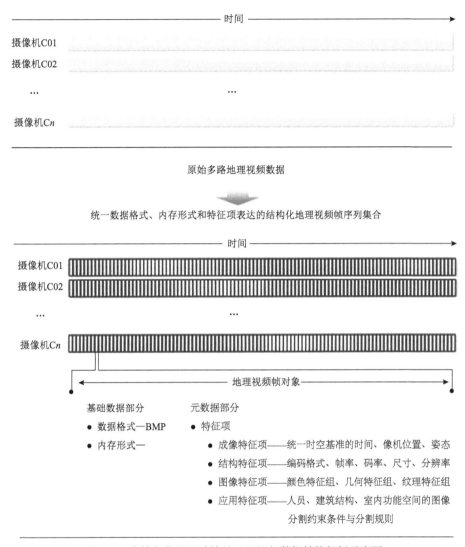

图 5-7　支持变化增量计算的地理视频数据结构解析示意图

基于高斯背景建模的背景差分法既能满足对人员状态位置和轮廓的提取需求,也能很好地适应室内监控场景实例中各摄像机位置、姿态和成像参数等成像特征项固定、监控场景背景扰动小的特点;因此,在图像人员移动模式相对单一时,选用一种被广泛使用的背景差分法(Stauffer and Grimson,2001)即可实现对"人员"状态前景图像的提取。

然而,当图像中移动对象数据和模式变得复杂时,如综合考虑监控网络下地理视频帧中可能存在的多地理实体(多检测目标)及变化过程中多地理实体状态间的遮挡,且同时顾及应用中海量历史数据的高效处理需求和动态接入数据的实时检测的时效性需求,则可以采用一种结合"基于背景建模的动态目标检测算法"(王晓峰等,2010)与"多目标实时检测技术"(方帅,2005)的解析方案,其要点包括:利用背景差分法分离视频图像中的前景和背景;对于可能包含多个变化地理实体的视频帧,从特征点层次、局部区域层次、物体层次三个层次解析变化信息，其子步骤如下：①利用特征点的运动信息和基于背景模型得到的差分信息确定运动的前景特征点；②进行局部区域的特征点聚类，确定每一个变化的区域；③根据区域变化的相似性以及前些帧局部区域与物体的所属关系进行局部区域层次的聚类，从而实现从视频图像解析变化地理实体对象的个体状态信息。

上述算法执行中所利用的"人员"对象的基本建模条件和规则预先记录为地理视频帧对象的应用特征元数据；在数据模型的实现中(详见 5.2.2 节)，通过基类 CClassifier 派生专题规则类实施具体算法步骤。

B. 前景人员状态图像的信息优化

"人员"状态问题产生的最主要原因是移动速率不均衡而使状态像素内部出现空洞或轮廓的扩大现象。考虑到形态学算子计算效率高，能较好地针对状态信息的局域性去除状态内部空洞的像素和轮廓扩大的像素，同时，其基于现有像素进行处理，而不会因处理过程而引入二次错误特征，因此，实例主要依据形态学算子处理，具体针对每一幅人员状态前景图像，依次采用向下采样、竖直方向膨胀、竖直方向腐蚀和向上采样 4 个形态学算子的组合去除噪声，强化对象状态；但同时，考虑监控网络多摄像机多视角会引起形态学处理算子对光线变化的敏感，因此对光线变化较大的多视角联合监控数据进行处理时，相应采用基于形态学算子的改进方法，如结合形态学算子与 Canny 梯度计算法(向南，2009)等适应性的改进算法进行处理。

C. 基于图像特征元数据的人员对象语义增强

面向专题实例数据中的"人员"状态语义，增强表达个体特征项和地理位置特征项。其中，个体特征项的表达综合刑事犯罪信息管理(GA 240.1—2000～GA 240.20—2000)中主要涉及的人员特征描述。

(1)表达对象状态个体特征的语义项：

+ 　{个体特征}
+ 　专题对象类型：enum{外来人员，本地人员}
+ 　性别：enum{男，女}
+ 　年龄段：enum{儿童，少年，青年，中年，老年}
+ 　脸型：enum{圆形，方形，梨形，长形，钻石形，心形}
+ 　着装：{类型，款式，花色}
+ 　发型：{enum{长，中长，短}∪enum{直，卷}}
+ 　体型：{enum{高，中等，矮}∪enum{胖，瘦}}
+ 　体表特殊标记

(2)表达对象状态地理位置的语义项：

+ 　{地理位置}
+ 　像素位置：(X_i, Y_i)
+ 　空间位置：(x_i, y_i, z_i)
+ 　语义位置：enum{建筑结构部件，室内功能空间}

D. 全局冗余的人员特征识别与状态映射

对于人员对象多状态导致的信息冗余问题，利用应用特征项关联的专题领域分类器对全局范围内提取的地理实体状态进行"人员"个体识别：首先，通过专题领域的分类器对所检测到的人员对象状态进行对象的个体识别，把不与分类器中"本地人员"模板特征匹配的"人员"归类为"外来人员"，并通过对象矩形外围轮廓在视频帧中标记。然后，面向解析到的每个"人员"对象，将特征项划分为描述"人员"对象共性的一组元数据项和描述"人员"在图像状态间具有差异性的多组状态特征项。如图 5-8 所示，依据以上处理流程，从某时段三路面向"大厅"的实例数据中解析出 2 个外来人员对象，分别标记为"外来人员 0001"和"外来人员 0002"；图 5-8 中同时给出了包含人员对象的 2 个地理视频帧对象示例。将地理视频帧对象的语义描述为与图像内容对应的人员对象状态信息，具体采用人员对象状态特征在数组中的序号编码表达，状态序号编码建立了地理视频帧和人员对象间的映射关系。

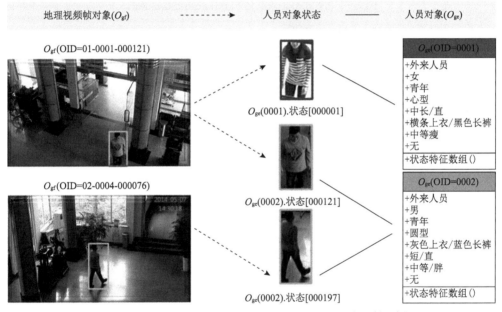

图 5-8　状态变化的地理实体（人员实例）解析与状态映射示例

2）轨迹表达的行为过程解析

A. 图像数据中的人员移动轨迹提取

实例中将"人员"对象作为跟踪目标，从结构化地理视频序列中提取各"人员"对象的移动轨迹点序列。同样考虑现有不同方法对运动目标特征的适应性，考虑"人员"对象显著视觉外观特征体现在颜色信息上（如服装、发色等），因此，对于"人员"实例，可采用一类经典的基于运动物体颜色信息进行跟踪的算法（图 5-9）（Bradski，1998），从三路示例连续地理视频帧序列中提取的"人员"对象在局部成像空间包含时间标签的任一段序列点轨迹 T_{2d} 可表示为

$$T_{2d\_OID\_i} = \left\{ (X_0, Y_0, t_0), \cdots, (X_j, Y_j, t_j), \cdots, (X_n, Y_n, t_n) \right\}, \ i, n \in \mathbb{N}, \mathbb{N} = \{0, 1, 2, 3, \cdots\}$$

式中，2d 表示图像局部成像空间标识；OID 为"人员"对象的全局标识码；i 为轨迹段

序数；$(X_j，Y_j)$ 为与任一图像状态对应的局部轨迹点坐标，所标识的坐标点可以是图像上人体部位特征点，也可以选择人员状态外接矩形的几何特征点；t_j 为时刻点。

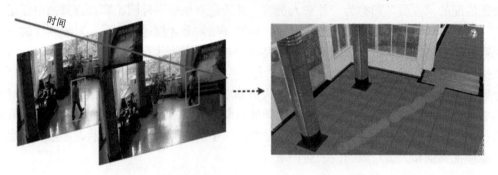

图 5-9　逐帧跟踪地理实体对象移动轨迹点示意图

B. 人员移动图像轨迹的形态优化

采用移动平均法优化人员对象的移动图像轨迹。根据各元素权重的差异，移动平均法可进行进一步分类，其中，各元素的权重都相等时称为简单移动平均，而考虑各元素作用效应的差异并给每个元素赋予不同的权重时，称为加权移动平均。因此，需要根据实际处理需求加以选择。仍以三路示例数据中"人员"的轨迹为例，考虑各状态轨迹点的等价性和解析误差的随机性，可直接采用各元素的权重都相等的简单移动平均法处理。当选择时距 $\Delta j = 3$，即对每个点的处理以前后两个点为参照时，则可得到平滑处理后的轨迹点集 T_{2d}' 表达为

$$T_{2d}'_{\_OID\_i} = \left\{ (X_0,Y_0,t_0)，\cdots，(X_j,Y_j,\ t_j)'，\cdots，(X_n,Y_n,t_n) \right\}，\ i,n \in \mathbb{N}，\mathbb{N} = \{0,1,2,3,\cdots\}$$

由此可见，处理前后的轨迹序列结构一致；其中，由于时距 $\Delta j = 3$，除首尾点外，其他点均根据前后数据进行了更新；根据实际数据处理情况，可相应扩大时距，从而使每个点综合更多附近点的信息。值得指出的是，由于处理前后轨迹序列结构的一致性，当处理结果仍存在较大抖动时，可进一步在 T_{2d}' 的基础上循环执行移动平均操作，直至得到平滑的轨迹。将平滑后的轨迹点连接可得光滑的有向轨迹线，其示意图如图 5-10 所示。

图 5-10　轨迹点平滑连线示意图

C. 人员移动图像轨迹的时空维度扩展与特征增强

利用地理视频帧元数据特征项中的成像特征和结构特征，将经过形态优化的图像轨

迹映射到统一时空参考基准的高维特征空间。具体利用拍摄视频时相机的"空间参考信息"和摄像机的"成像参数信息"对示例数据进行处理，将 T_{2d}' 映射到统一时空参考基准的三维空间和时间特征空间，得到四维特征空间中的轨迹点序列集合 T_{4d}，T_{4d} 中任意一段轨迹数据可表达为

$$T_{4d\_OID\_i} = \left\{(x_0, y_0, z_0, t_0), \cdots, (x_j, y_j, z_j, t_j), \cdots, (x_n, y_n, z_n, t_n)\right\}, \quad i, n \in \mathbb{N}, \mathbb{N} = \{0, 1, 2, 3, \cdots\}$$

式中，(x_j, y_j, z_j) 表示基于统一的时空参考基准表达的三维监控场景空间的坐标点；统一的时空参考基准用于将时空离散分布行为过程映射到统一地理框架中，提供全局特征关联和整体内容解析的基础。

D. 顾及时空区分度的人员连续轨迹片段划分

对于实例数据，考虑空间和时间四维特征，即 $n=4$，$\text{EVAL} = \left(\sum\limits_{i=1}^{4} S_i / 4\right)^4$。根据 EVAL 的计算公式可知，对于任一指定集合，全局将存在最小 EVAL 取值。对于示例数据，则据此以全局最小 EVAL 为指标，从 T_{4d} 中划分连续的轨迹片段集合 T_{4d}'，形式表达上，T_{4d}' 中的轨迹和 T_{4d} 一致：

$$T_{4d}'_{\_OID\_p} = \left\{(x_0, y_0, z_0, t_0), \cdots, (x_q, y_q, z_q, t_q), \cdots, (x_m, y_m, z_m, t_m)\right\}, \quad p, m \in \mathbb{N}, \mathbb{N} = \{0, 1, 2, 3, \cdots\}$$

式中，$\forall T_{4d}'_{\_OID\_p}, (\exists T_{4d\_OID\_i} \in T_{4d}) \wedge (T_{4d}'_{\_OID\_p} \subseteq T_{4d\_OID\_i})$。每个 $T_{4d}'_{\_OID\_p}$ 作为对应一段行为过程的解析载体，保存为轨迹数据对象。全局最小的 EVAL 保证了多轨迹间全局最大的时空区分度，为轨迹特征模型的提取和表达提供了支持。

E. 轨迹语义增强

按照轨迹语义增强算法步骤的思路具体处理示例数据：对于每一个 $T_{4d}'_{\_OID\_p}$ 数据对象，创建一个与之相应的行为过程对象，赋予全局唯一行为对象标识 $\text{BID} = \text{OID}\_P$；行为过程对象的动作特征和运动模式具体通过以下方法解析。

(1) 动作特征语义增强首先计算结构特征和统计特征，具体选择的特征项如下。

①结构特征项：局部方位、转角、速度、加速度；

②统计特征项：结构特征的全局最值、均值、方差。

利用基于以上特征作为参数的模糊行为模式识别模型（王晓峰等，2010；窦丽莎，2013），挖掘轨迹中停留、步行、跑步的行为动作，模型中对应各动作类型的参数取值通过基于历史数据的统计值确定。保存 $T_{4d\_OID\_p}$ 数据对象、特征阈值和动作类型为行为过程对象的内容语义项。

(2) 动作特征语义增强首先将轨迹数据对象映射到三维场景空间，然后根据轨迹与场景中语义位置的定位特征描述其与位置概念间的关系变化模式，基本的模式描述包括：以语义位置为参照的离开/抵达、来自/去往、接近/远离、进/出/穿越、经过/伴随/绕过、环绕/折返、徘徊/穿梭等。保存轨迹运动模式和所参照的语义位置为行为过程对象的地理语义。

如图 5-11 所示，针对三路示例地理视频数据，分别解析了对应"外来人员 0001"的 3 个轨迹数据对象和对应"外来人员 0002"的 2 个轨迹数据对象。将其映射到统一参考基准下三维监控场景对应的室内建筑"大厅"位置区域，并通过语义增强创建 5 个相应的行为过程对象，作为事件感知测度计算的基础视图。

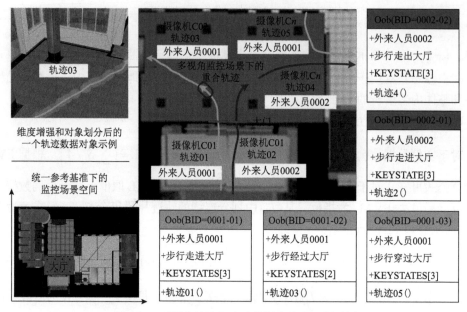

图 5-11　　"行为轨迹"表达的行为过程解析示例

3. 顾及特征关系优化的地理视频变化语义净化

1) 面向事件感知特征加密的变化价值数据提取

变化价值数据的提取具体是通过提取映射地理实体对象状态及地理实体行为轨迹数据对象的连续地理视频帧的集合来实现的。在示例数据中，则具体化为依次抽取结构化地理视频帧序列中与各"人员"对象状态具有解析映射关系的地理视频帧对象集，保存为用于地理视频关联的基础数据集，从而完成对有效数据的提取，实现数据集的价值信息加密。

2) 面向变化语义对象的局部映射关系规则分解

如图 5-12 所示，依据关系分解原则对 O_{gs} 的划分步骤包括，从面向大厅区域的三路联合监控数据中划分出记录 2 个外来人员步行移动行为的 5 个地理视频镜头对象，依次根据摄像机编号以及镜头在该路视频中的时序分段号标记为"C01-01"、"C01-02"、"C02-02"、"C03-02"和"C03-04"，其中，C01-01 和 C01-02 存在相关地理视频帧序列的区间重叠（首尾重叠）。同时，将地理视频镜头的起始状态（即外来人员进入监控区）、地理视频镜头的终止状态（即外来人员离开监控区）、外来人员跨越指定位置区域（即进/出<大厅>）状态作为地理视频镜头中的关键帧标记。

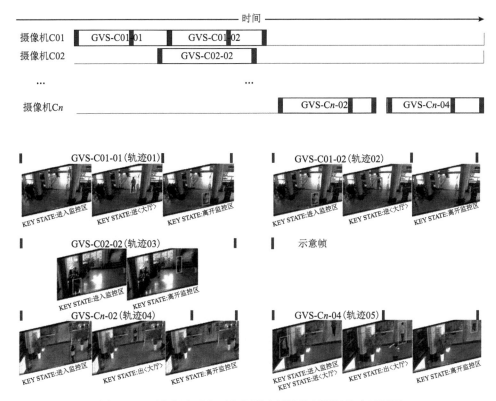

图 5-12　面向行为过程对象规则映射的地理视频镜头示例图

如图 5-13 所示，对于创建的每一个 O_{gs}，通过轨迹数据对象建立其与行为过程对象的映射关系；保存移动行为过程对象及相应"人员"对象为相应 O_{gs} 的语义元数据。语义元数据作为事件感知驱动的地理视频语义关联解析信息的基础。

4. 事件感知驱动的地理视频语义关联层次聚集

1）事件感知驱动的地理视频语义元数据关联

A. 逐地理视频镜头的原子事件发生感知

对于示例数据所面向的室内安全监控专题，"可疑人员入侵/逃离"是判别监控区域安全性及是否需要触发安全问题响应的重要变化信息。因此，在对示例数据提取的地理视频镜头进行事件发生感知测度计算时：

（1）实例化该专题事件的异常变化特征描述标签 e_a 为

$$e_a = 可疑人员入侵 / 逃离$$

（2）根据"人员"对象的特征参数项，建立特征子集 CSE｛专题对象类型｝和 GSE｛语义位置｝到 e_a｛可疑人员入侵/逃离｝的映射：

$$r_a : \{CSE.专题对象类型=外来人员\} \times \{GSE.语义位置=大门\}$$
$$\rightarrow \{外来人员入侵/逃离\}$$

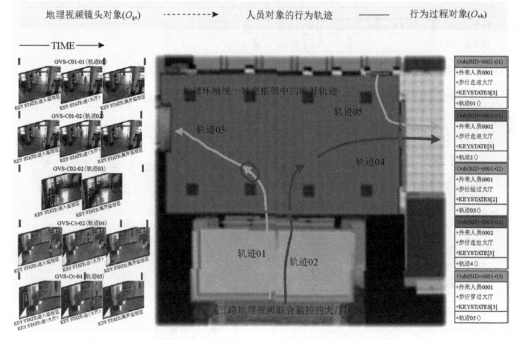

图 5-13　地理视频镜头变化语义元数据的增强表达示例图

(3)以经验信息外部输入方式，将有序变化特征范围 F_{nr} 实例化为：变化过程中状态相对改变的地理实体对象"外来人员"和状态相对不变的地理场景对象"大门"的相对位置关系：

$$F_{nr} : \min\_distance[S_{O_{ge}(\text{外来人员})}, S_{O_{ge}(\text{大门})}] > 0$$

(4)根据 O_{gs} 语义元数据中变化的各对象状态取值 $F(S_{O_{ge}})$，计算 O_{gs} 内容中的事件发生测度 PM_o：

$$PM_o = \begin{cases} 0, & \text{if } \{ \forall \min\_distance[S_{O_{ge}(\text{外来人员})}, S_{O_{ge}(\text{大门})}] > 0 \} \\ 1, & \text{else} \end{cases}$$

根据以上事件特征和计算流程，可得示例数据中提取的 5 个地理视频镜头对象的事件发生感知测度分别为

$$PM_o(C01\text{-}01) = PM_o(C01\text{-}02) = 1 \; ; \; PM_o(C02\text{-}02) = PM_o(Cn\text{-}02) = PM_o(Cn\text{-}04) = 0$$

由此可知，示例数据中的地理视频镜头 C01-01 和 C01-02 中发生了产生异常变化状态的事件，根据事件的表达规则，分别基于这两个镜头所关联的语义元数据创建原子事件对象，如图 5-14 所示。

B. 地理视频镜头间的聚合事件发展感知

基于地理视频镜头间的聚合事件发展感知解析的步骤流程，可构建实例镜头集的层

次性元数据语义关联关系。以下仍结合示例数据获取的 5 个地理视频镜头，进行处理流程的实例阐述。

图 5-14　面向地理视频镜头的原子事件发生感知示例图

(1) 面向示例数据的室内安全监控专题，以发生"可疑人员入侵/逃离"异常变化为原子事件层次 e0，建立一组层级递进认知可疑人员区域活动的事件内容描述标签 E：

事件层次 $n = 3$；

事件标签 $E = \{ e0,\ e1,\ e2,\ e3 \}$；

e0=可疑人员入侵/逃离；

e1=可疑人员局部多视角监控区域中的活动；

e2=可疑人员个体持续活动；

e3=可疑人员间的协作活动。

该示例中事件的层次关联体现在对同类地理实体行为过程由"个体-群体"、由"局部-整体"递进细节层次的认知。

(2) 建立行为过程特征参数与事件标签 E 的映射关系：

首先，提取各地理视频镜头内容中表达"人员"的移动行为过程的语义元数据，并划分为内容语义元组 (T_c) 和地理语义元组 (T_g)：

$$\begin{cases} T_c = \{CSE, CSB\} \\ T_g = \{GSE, GSB\} \end{cases}$$

根据 3.4.3 节解析的特征项，有

T_c："人员"对象的专题对象类型、性别、年龄段、脸型、着装、发型、体型、体表特殊标记，"人员"对象各状态经历的像素位置、空间位置、语义位置(建筑结构部件，室内功能空间)；

T_g："人员"行为过程的二维图像轨迹 (T_{2d_OID})、高维几何轨迹 (T_{4d_OID})，以及轨迹局部结构特征、全局统计特征、行为动作模式和地理运动模式。

　　然后，从 T_c 的相似性和(或) T_g 的相关性角度，建立从语义特征子集到各层次事件标签 E 的映射 Ru：

Ru = {$r1$, $r2$, $r3$}

$r1$：$\exists(O_{gs}.\mathrm{SID}=i, O_{gs}.\mathrm{SID}=j)$,

　　　$\forall\left[T_c(i).\mathrm{CSE}.\text{专题对象类型}=T_c(j).\mathrm{CSE}.\text{专题对象类型}=\text{外来人员}\right]$

　　　$\wedge\left[T_g(i).\mathrm{CSB}.T_{4d\_\mathrm{OID}}\bigcap T_g(j).\mathrm{CSB}.T_{4d\_\mathrm{OID}}\neq\varnothing\right]$；

$r2$：$\exists(O_{gs}.\mathrm{SID}=i, O_{gs}.\mathrm{SID}=j)$,

　　　$\forall\left[T_c(i).\mathrm{CSE}.\text{专题对象类型}=T_c(j).\mathrm{CSE}.\text{专题对象类型}=\text{外来人员}\right]$

　　　$\wedge\left[T_g(i).\mathrm{CSE}.\mathrm{OID}=T_g(j).\mathrm{CSE}.\mathrm{OID}\right]$

$r3$：$\exists(O_{gs}.\mathrm{SID}=i, O_{gs}.\mathrm{SID}=j)$,

　　　$\forall\left[T_g(i).\mathrm{CSE}.\mathrm{OID}\neq T_g(j).\mathrm{CSE}.\mathrm{OID}\right]$

　　　$\wedge\left[\max|T_g(i).\mathrm{CSB}.T_{4d\_\mathrm{OID}}-T_g(j).\mathrm{CSB}_b.T_{4d\_\mathrm{OID}}|<\sigma\right]$

　　在具体实现过程中，映射条件的判别遵循计算量较小优先原则，以实现快速排出不相关的内容；如示例数据判断中，判别对象类型的计算量小于轨迹数据对象，因此，Ru 各层次映射均以对象类型的判别优先。

　　(3) 解析地理视频镜头间行为过程关系的感知测度，分别考虑关联层次、关联度、关联方向各感知分量。

　　首先，建立对应各关联层次的地理视频镜头变化语义元数据关联图。根据 A 和 B 中行为过程特征参数与事件标签 E 的映射关系 Ru，实例中 5 个地理视频镜头 C01-01、C01-02、C02-02、Cn-02、Cn-04 可建立如下变化语义元数据关联图：$G\left[\{O_{gs}\},\{\mathrm{PM}_{d(i,j)}\}\right]$：

　　点集 $\{O_{gs}\}$ = {C01-01, C01-02, C02-02, Cn-02, Cn-04}

　　边集 $\{\mathrm{PM}_{d(i,j)}\}$：

　　$\mathrm{PM}_{d(\mathrm{C01\text{-}01},\mathrm{C01\text{-}02})}:\{e3\}$；

　　$\mathrm{PM}_{d(\mathrm{C01\text{-}01},\mathrm{C02\text{-}02})}:\{e1,e2\}$；

　　$\mathrm{PM}_{d(\mathrm{C01\text{-}01},\mathrm{C}n\text{-}04)}:\{e2\}$；

　　$\mathrm{PM}_{d(\mathrm{C01\text{-}02},\mathrm{C}n\text{-}02)}:\{e2\}$；

　　$\mathrm{PM}_{d(\mathrm{C02\text{-}02},\mathrm{C}n\text{-}04)}:\{e2\}$。

　　$G(\{O_{gs}\},\{\mathrm{PM}_{d(i,j)}\})$ 的图形示意如图 5-15，该关联图是地理视频聚类提供单元聚集的基本依据。

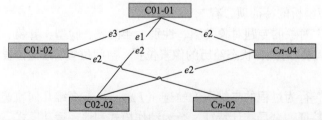

图 5-15　具有层次属性的地理视频镜头变化语义元数据关联图示例

　　然后，解析关联度与关联方向。基于内容特征参数的相似度和地理特征参数的相关度定义面向关联层次 n 的"O_{gs} 语义距离 $Dijn$"表达关联度分量 $|PM_d(E_{Oob})|$。对于示例数据，以事件流程回放为过程关系的组织目标，因此面向其地理特征相关性解析，即令 $W_c=0, W_g=1$；在解析地理相关性的特征上，以时间维为基本度量空间（粒度：s），利用轨迹对象的时态关系计算 $|PM_d(E_{Oob})|$；同时将关联方向实例化为时序关联，表示为 $sgn(\Delta T_{ij})$；$sgn(\Delta T_{ij})$ 的正负取值决定过程关系的作用方向，由此，示例中的关联度计算公式实例化为

$$|PM_d(E_{Oob})| = Dijn =$$
$$\begin{cases} sgn(\Delta T_{ij}) \cdot |\Delta t_{gn}(T_{4d\_OID\_i}, T_{4d\_OID\_j})|, & \text{if } \exists e_n \in PM_{0(i,j)}, n=1,2,3 \\ +\infty, & \text{else} \end{cases}$$

　　由此，计算并保存语义距离为关联图各边的定量属性，得到带语义距离权值的有向边集 $\{PM_{d(i,j)}\}$。

边集 $\{PM_{d(i,j)}\}$：

$PM_{d\,(C01\text{-}01,C01\text{-}02)} : \{(e3,6)\}$；

$PM_{d\,(C01\text{-}01,C02\text{-}02)} : \{(e1,5),(e2,5)\}$；

$PM_{d\,(C01\text{-}01,Cn\text{-}04)} : \{(e2,21)\}$；

$PM_{d\,(C01\text{-}02,Cn\text{-}02)} : \{(e2,9)\}$；

$PM_{d\,(C02\text{-}02,Cn\text{-}04)} : \{(e2,16)\}$。

　　其对应的有向带权关联图如图 5-16 所示，该图为地理视频聚类提供类内变化过程有序组织的支撑条件。

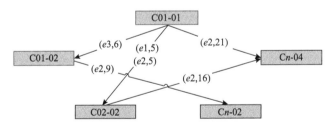

图 5-16　地理视频镜头变化语义元数据有向带权关联图示例

2）语义关联约束的地理视频数据多层次聚类

　　对于示例数据中的 5 个地理视频镜头，可根据第 2 章提出的方法规则，利用地理视频镜头（O_{gs}）语义元数据建立的语义关系，层级递进地关联聚合；其处理流程及结果实例如下。

　　A. 地理视频镜头的层次聚集

　　基于图 5-16 获得的有向带权语义关系图，以关联原子事件的两个 O_{gs}：C01-01、C01-02 为中心，自关系层次 $e1$ 到 $e3$ 得到对应递进层次的 O_{gs} 聚类，如图 5-17 所示。

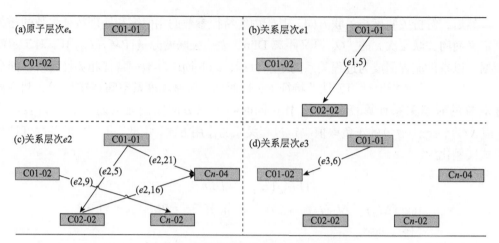

图 5-17　地理视频镜头的层次聚集示意图

B. 层次内局部关系简化

由图 5-17 中可见，聚合层次 $e2$ 中存在需要简化的关系网。根据简化规则的处理结果如图 5-18 所示。

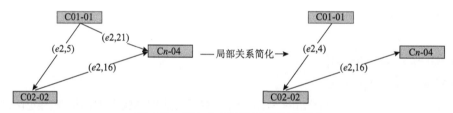

图 5-18　层次内局部关系简化示意图

C. 多层次地理视频镜头组（O_{gsg}）对象的构建

对关系简化后的聚合集进行基于有向性关联的地理视频镜头有序组织。基于 e_a，示例数据中 5 个地理视频镜头 C01-01、C01-02、C02-02、Cn-02、Cn-04 可依次得到的 $e1 \sim e3$ 逐层继承且面向变化流程的有序组织如下。

原子层次 e_a：
$$e_a - 01 = \{C01 - 01\}$$
$$e_a - 02 = \{C01 - 02\}$$

聚合层次 $e1$：$e1 - 01 = \{C01 - 01, C02 - 02\}$

聚合层次 $e2$：
$$e2 - 01 = \{\{C01 - 01, C02 - 02\}, Cn - 04\}$$
$$e2 - 02 = \{C01 - 02, Cn - 02\}$$

聚合层次 $e3$：$e3 - 01 = \{\{\underline{C01 - 01}, C02 - 02, Cn - 02\}, \{\underline{C01 - 02}, Cn - 04\}\}$

基于各层次有序组织的地理视频镜头集合构建地理视频镜头组（O_{gsg}）对象，相应的地理视频镜头集合作为 O_{gsg} 的基础数据；最后，利用该层次事件标签 e_n、事件规则 r_n，以及与有序地理视频镜头集合对应的行为过程，构建多层次聚合事件对象，将其作为 O_{gsg} 的语义元数据，如图 5-19 所示。保存 O_{gsg} 作为已知信息用于后续数据的分析、组织与检索。

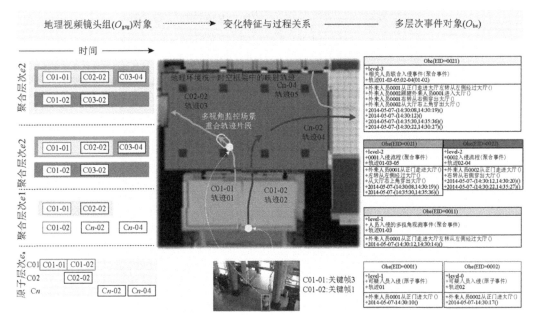

图 5-19　语义关联约束的地理视频数据多层次聚类实例图

本实例选用的三路监控视频内容对应案件"实施"周期中的"入侵"阶段。在面向更大时空尺度的复杂场景时，可依次将与事件相关的"各执行阶段"、"各生命周期阶段"以及"完整发展过程"的地理视频镜头进一步层级递进地聚合表达为以触发入室盗窃案件的行为过程为中心的有序地理视频镜头组，从而支持案件过程的表达。

5.3.3　专题模拟数据的多事件任务关联聚类分析

为了在 5.3.2 节关联聚集方法可行性的基础上，进一步展示对多版本语义元数据的灵活支持能力，基于 5.3.2 节实例数据特征，扩展一组典型模拟数据。在面向地理视频镜头层次增强其语义元数据表达后，给出面向多事件任务标签的地理视频镜头组聚类结果，阐述其特征并分析其价值。

基于专题实例场景模拟的地理视频镜头与移动行为过程如图 5-20 所示。图中室内环境的精细三维模型由 CAD 建模工具创建的表面模型构成。图中以空间轨迹形式展示了指定时段内从 13 路监控视频中解析出的 4 个人员[依次标识为外来人员（A）、外来人员（B）、本地人员（C）、本地人员（D）]的移动行为过程。轨迹表达出行为过程的空间分布情况。从各路视频中划分出与连续轨迹所对应的 31 个地理视频镜头对象，采用摄像机 ID附加时间顺序编号记录各对象 ID。

1. 地理视频镜头的语义元数据增强表达

1）监控环境统一的地理语义增强

在地理语义的增强表达方面，对于位置语义，由于面向室内环境，实例中位置尺度的划分与具体位置命名参考国际标准中城市地理标识语言 OGC CityGML 和室内多维位

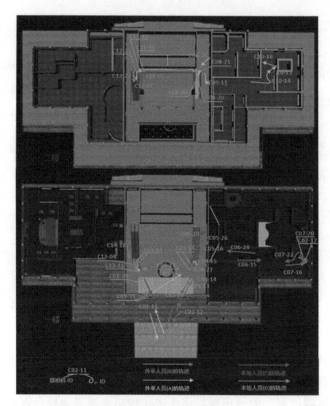

图 5-20　基于专题实例场景模拟的地理视频镜头与移动行为过程

置信息标识语言 OGC IndoorGML 中室内对象的类型划分和定义。其中，

(1)位置描述尺度采用以<LOD4>为标识的细节层次框架作为基准。

(2)位置命名，如图 5-21(a)所示。

核心位置概念采用建筑内部空间名称(包括：楼/F、厅、廊、通道等)和建筑结构名称(包括：门、台、柜、楼梯等)表达；

位置修饰结构采用功能与用途(如<接待>厅、<展>厅)或形态结构特征(如<回>廊)描述词汇表达；

相对空间关系采用度量描述(如<一>楼、<二>楼)或方位描述(如<右>楼梯(左/L、右/R、中/ M)表达相对位置概念。

(3)位置特征的表达针对轨迹的定位判断及运动模式描述需求，如图 5-21(b)～图5-21(d)所示。

对于以建筑结构构建的位置对象，侧重表达其定位点和定位置信域，如图 5-21(b)中<正门>；

对于以建筑内部空间构建的位置对象，则侧重表达其位置边界和位置接口，如图5-21(c)中<2F-L-M 展厅>。其中，对于每个位置对象，在室内场景表面表示的基础上，位置边界的几何与拓扑完备性检查以及虚拟面、虚拟边的创建通过以下步骤实现。

步骤 1：提取表面模型中表达位置实际边界的面对象集合；

步骤 2：提取面对象集合中点集与边集的拓扑关系，并创建边的索引；

步骤 3：遍历边索引获取每条边的引用次数；

步骤 4：依次判断边索引的引用次数，若每条边都被引用 2 次，则完成检查，否则进行步骤 5；

步骤 5：提取所有不满足引用条件的边集，并在边集中搜索封闭多边形直到边集中所有元素被处理；

步骤 6：以步骤 5 中获取的多边形作为边界创建位置边界的虚拟面对象。

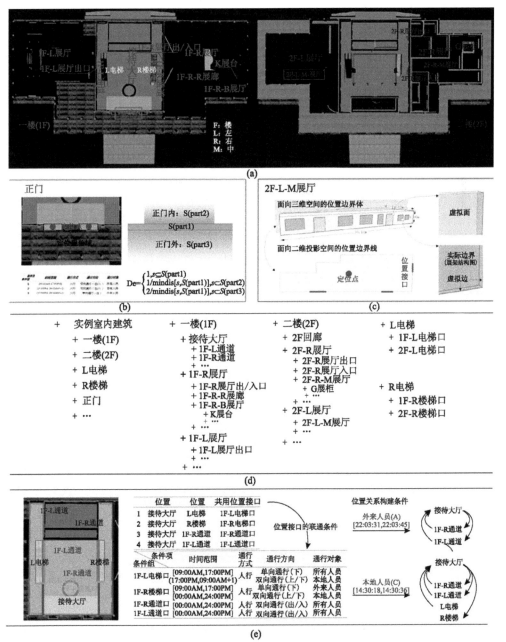

图 5-21　实例中位置语义的增强表达

在位置对象作为位置接口时（如<正门>作为实例室内建筑和户外空间的接口），以条件组形式描述其联通条件。本实例中考虑的联通条件项包括时间范围、通行方式、通行方向和通行对象，图 5-21（b）中，<正门>作为位置接口具有 3 组特定的联通条件。

在面向实例室内建筑表达位置场景时，根据其空间包含关系判定各位置概念的语义层次，以树形层次结构记录；如图 5-21（d）所示，图中列举了各地理视频镜头中所记录的位置。

（4）位置关系的表达针对连续行为轨迹分析需求，记录具有共同位置接口的两两位置联通关系，如图 5-21（e）所示，<接待大厅>与<1F-R 通道>、<1F-L 通道>、<L 电梯>、<R 楼梯>4 个位置具有共同的位置接口；在面向指定问题分析其联通性时，则进一步通过共同位置接口的联通条件组确定与其直接联通的上行联通位置和下行联通位置。例如，设定图 5-21（e）中，在面向"外来人员（A）、[22:03:31,22:03:45]"的条件组时，<接待大厅>的上行联通位置和下行联通位置均为<1F-R 通道><1F-L 通道>；而当面向"本地人员（C）、[14:30:18,14:30:36]"的条件组时，<接待大厅>的上行联通位置增加了<L 电梯>，下行联通位置增加了<R 楼梯>。

2）基于轨迹对象的动作语义增强

对于轨迹语义，首先依据窦丽莎（2013）一文提出人的移动行为隶属特征（速度均值、最值、标准差以及加速度等物理统计量）及相应取值区间，将轨迹从特征空间映射到语义空间，表达为"跑步""行走"等行为动作类型。如果轨迹依次满足两个或两个以上不同的动作类型，则将与不同动作类型相对应的轨迹划分为第一级时序结构；然后对时序结构中每一段子轨迹，利用增强的位置特征，判断其运动模式。如果子轨迹依次满足两个或两个以上不同的运动模式，则进一步将与不同运动模式相对应的轨迹阶段划分为第二级时序结构，第二级时序结构中的轨迹继承第一级时序结构中的动作类型。轨迹时序结构的尺度关联性通过对行为特征有细节区分度差异的特征参数组<移动行为，<移动行为类型，运动模式>>记录。

3）融合内容语义和地理语义的地理视频镜头语义元数据描述

对应图 5-12 所示的地理视频镜头划分，按照各路摄像机编号次序，并以地理视频镜头为描述粒度，列举模拟行为过程的语义增强描述，如表 5-7。其中，重点表达视频数据地理关联所需要的位置语义和轨迹语义。对于地理视频镜头中对应多个对象状态定位的位置语义，首先利用位置概念的语义层次关系，按照定位优先级排序，然后对于同一级别的位置，按照定位置信度排序。特别地，为了增强语义表达的直观性，轨迹语义的描述采用自然语言表述习惯，综合表达时序结构和轨迹运动模式，如"跑步"动作和"去往"模式可综合表达为"跑向"。其他采用的轨迹运动模式自然语言描述用语包括：①（走/跑）向：去往；②（走/跑）到：抵达；③（走/跑）近：接近；④（走/跑）离：远离；⑤从…离开/来自。同时，根据专题中事件的触发条件，表 5-7 中地理视频镜头 C07-16 和 C10-15 中分别模拟了触发入室盗窃案件的行为过程。

表 5-7　多路监控视频实例的语义增强描述

编号	O_{gs}ID	O_ge		O_ob
		人（ACE）/ 展品（PCE）	室内环境部件（SS） （位置语义）	主动行为<ACE>/被动行为<PCE> 轨迹语义<SS>
1	C02-11	外来人员（A） 外来人员（B）	正门	<A>走向<实例建筑> <B>走向<实例建筑> 徘徊于<正门外>
2	C02-20	外来人员（B）	正门	<B>跑离<实例建筑>
3	C02-34	外来人员（A）	正门	<A>跑离<实例建筑>
4	C03-12	本地人员（D）	接待大厅	<D>从<接待大厅 L 侧>跑向<接待大厅 R 侧>
5	C03-13	外来人员（A） 外来人员（B）	正门 接待大厅	<A,B>从<正门>走进<接待大厅> 走向<接待大厅右侧>
6	C03-18	外来人员（B）	正门 接待大厅	<B>跑到<正门>
7	C03-29	外来人员（A）	正门 接待大厅	<A>跑到<正门>
8	C03-31	本地人员（C） 本地人员（D）	正门 接待大厅	<C,D>从<正门>跑出<实例建筑>
9	C04-14	外来人员（B）	1F-R 通道	<B>从<1F-R 通道口>走进<1F-R 通道>
10	C04-15	外来人员（A）	1F-R 楼梯口	<A>从<1F-R 楼梯口>走进<R 楼梯>
11	C04-21	本地人员（C） 本地人员（D）	1F-R 楼梯口 接待大厅	<C>从<接待大厅后方>跑到<1F-R 楼梯口> 从<1F-R 楼梯口>跑进<R 楼梯> <D>从<R 楼梯 L 侧>跑到<1F-R 楼梯口> 从<1F-R 楼梯口>跑进<R 楼梯>
12	C04-27	外来人员（B）	1F-R 通道	<B>从<1F-R 通道口>跑进<接待大厅>
13	C05-16	外来人员（B）	1F-R 通道 1F-R 展厅出/入口	<B>从<1F-R 展厅出/入口>走进<1F-R 展厅>
14	C05-20	本地人员（C）	1F-R 通道	<C>跑向<接待大厅>
15	C05-26	外来人员（B）	1F-R 通道 1F-R 展厅出/入口	<B>从<1F-R 展厅出/入口>跑出<1F-R 展厅>
16	C06-15	外来人员（B）	1F-R-R 展廊	<B>走向<1F-R-B 展厅>
17	C06-24	外来人员（B）	1F-R-R 展廊	<B>跑向<1F-R-前厅>
18	C07-16	外来人员（B） 展品（1）	1F-R-B 展厅 K 展台	<B>走到<K 展台> 环绕<K 展台> 走近<展品(1)>(<安全距离>) 跑离<K 展台> <展品(1)>被<B>移动
19	C08-20	本地人员（C） 本地人员（D）	2F-R 展厅出口 2F-R 楼梯口 2F 回廊	<C,D>从<2F-R 楼梯口>跑进<2F 回廊>

续表

编号	O_{gs}ID	O_{ge}		O_{ob}
		人（ACE）/ 展品（PCE）	室内环境部件（SS） （位置语义）	主动行为\<ACE\>/被动行为\<PCE\> 轨迹语义\<SS\>
20	C08-21	外来人员（A）	2F-R 展厅出口 2F-R 楼梯口 2F 回廊	\<A\>从\<2F-R 楼梯口\>走进\<2F 回廊\>
21	C08-25	外来人员（A）	2F-R 展厅出口 2F-R 楼梯口 2F 回廊	\<A\> 从\<2F-R 展厅出口\>跑出\<2F-R 展厅\>
22	C09-11	外来人员（A）	2F 回廊	\<A\>从\<2F-R 展厅入口\>进入\<2F-R 展厅\>
23	C10-14	外来人员（A） 展品（2）	G 展柜 2F-R-M 展厅出口 2F-R-M 展厅	\<A\>走向\<G 展柜\> 走近\<展品(2)\>(\<安全距离\>) 跑离\<G 展柜\> 从\<2F-R-M 展厅出口\>跑出\<2F-R-M 展厅\>
24	C11-33	外来人员（A）	2F 回廊	\<A\>从\<2F-R 楼梯口\>跑向\<2F-L 电梯口\>
25	C11-35	本地人员（C） 本地人员（D）	2F 回廊	\<C,D\>从\<2F-R 楼梯口\>跑向\<2F-电梯口\>
26	C12-25	外来人员（A）	2F-L 电梯口	\<A\>从\<2F-L 电梯口\>跑进\<L 电梯\>
27	C12-27	本地人员（C） 本地人员（D）	2F-L 电梯口	\<C,D\>从\<2F-L 电梯口\>跑进\<L 电梯\>
28	C13-04	本地人员（D）	1F-L 电梯口	\<D\>从\<1F-L 通道\>经过\<1F-L 电梯口\>跑向\<接待大厅\>
29	C13-11	外来人员（A）	1F-L 电梯口	\<A\> 从\<1F-L 电梯口\>跑出\<1F-L 电梯\>
30	C13-13	本地人员（C） 本地人员（D）	1F-L 电梯口	\<C,D\> 从\<1F-L 电梯口\>跑出\<1F-L 电梯\> 跑向\<正门\>
31	C14-18	本地人员（D）	1F-L 展厅出口 1F-L 通道	\<D\>从\<1F-L 展厅出口\>跑出\<1F-L 展厅\>

5.4　室内监控应用实验

在实现了视频 GIS 数据管理原型系统的基础上，本节阐述基于原型系统实现的面向公共安全事件自适应处理和检索的特色功能实例，以验证利用"面向时空变化的多层次地理视频语义关联模型"和"内容变化感知的地理视频数据自适应关联聚类方法"进行数据表达和组织的科学性和创新价值。

5.4.1　实例一：基于变化检测的地理视频数据自动事件探测

监控网络的大规模布设使作为安防监控信息的地理视频数据已包含总量 PB 级甚至

EB 级的历史档案和实时接入的大规模密集型视频流。复杂城市环境中高发和突发的公共安全事件，使安防系统中的事件应急响应需求面临着日益严峻的警力资源匮乏和人力成本过高等现实挑战；实现对安防监控数据的事件自动探测成为发挥监控视频安防价值的重要功能。现有地理视频相关的原型系统与商业软件主要通过摄像机时空元数据标签描述(具体包括 XML/ KML/ GeoRSS 等方式)进行可定位视频媒体文件组织、存储与管理，因而缺乏与地理环境中监控场景的耦合交互能力，难以支持事件特征的定义与自动事件探测。实例一即针对上述专题应用需求，基于原型系统，实现基于数据内容变化检测的地理视频自动事件探测。

1. 实例实现的核心思想

该实例实现的核心思想是：基于地理视频内外场景的关联映射，将专题领域对监控场景认知的事件转化为对地理视频内容变化(集)特征的专题表达，具体通过系统中显示存储的变化语义对象及对象关系特征项，实现对事件特征的形式化表达，进而通过扫描地理视频数据包含的事件特征，自动探测地理视频数据中的事件，并检索出事件相关地理视频镜头组。

2. 实验设计

为了验证应用实例的可执行性，引用一组面向室内监控专题变化语义项的典型事件特征定义与探测实验案例给予说明(Wu et al., 2015)。实例通过面向博物馆监控数据中的"人员"和"展品"特征对象的距离关系定义事件特征；利用所设定的"对应不同专题层次的特征值"形式化事件触发条件，进而分别基于原型系统分布式数据库的三种不同的搜索执行模式，通过在线探测基于特征对象距离关系的事件触发条件进行原子事件探测。

在效率方面，具体通过云服务基础测试工具，模拟第 3 章方法流程所述的室内多路监控网地理视频实例数据特征，创建 1000 万条地理视频，进行在线事件探测测试；同时，比较基于触发机制的事件探测模式(mode 1)和基于同一服务器局域网内的定期扫描探测模式(mode 2)以及跨应用服务器的定期扫描探测模式(mode 3)对该数据集事件的探测效率，如图 5-22 所示。

3. 实验分析

实验结果表明，"面向时空变化的多层次地理视频语义关联模型"突破了传统"面向数据流存档管理的视频媒体数据组织方式"和"现有地理视频利用摄像机时空参考信息实现基于地理空间位置/时间交互调用的整体视频流应用模式"，能支持内容自适应的地理视频数据自动事件探测；同时测试效率还表明，原型系统对大规模的网络监控数据具备适用性；其中，基于在线变化检测的模式一(mode 1)能获得最高的探测效率，且随事件量增长，其效率变化幅度减小，因此，模式一(mode 1)相对于现有常用的模式二(mode 2)和模式三(mode 3)更适宜处理持续接入的动态地理视频数据集。

基于变化语义对象关系的事件特征表达实例

要素	类型	描述
eid	RowID	事件唯一标识
event_type	int	事件类型
exhibit_id	int	与事件相关的展品标识
visitor_id	int	与事件相关的访客ID
distance	float	访客与展品距离
camera_id	int	捕捉场景相机的唯一标识

基于变化特征触发的事件探测实例与在线效率测试结果

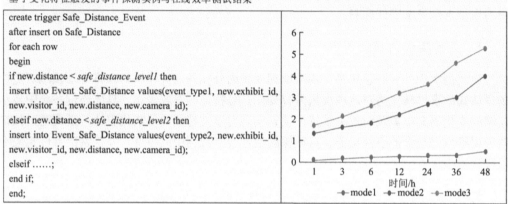

图 5-22　面向室内监控专题变化语义项的事件特征表达实例与探测效率结果

5.4.2　实例二：事件特征约束的离散地理视频数据聚焦检索

根据第 1 章对地理视频数据特征的现状分析：复杂城市环境中公共安全事件逐步呈现出时间上多频次、空间上跨区域的多尺度流动性，以及多阶段演化、单体引发群体等多因素复杂性的新特征。这些特征使涉案地理视频的时空范围从局部扩大到整体，造成检索结果中地理视频数据大数据量和低价值密度的矛盾日益突出，成为制约数据检索效率和检索结果内容理解效率的瓶颈问题；实现对网络监控环境"事件特征约束的离散地理视频数据聚焦检索"，成为决定安防数据专题信息表达效率的重要功能。而现有地理视频相关的原型系统与商业软件主要以摄像机时空元数据为检索条件且面向整体数据流实施检索；由此缺乏面向地理视频事件价值特征的组织与关联检索核心机制，在数据组织粒度和所能提供的检索约束条件方面均难以获得直接匹配事件特征的地理视频数据。实例二即针对上述专题应用需求，基于原型系统实现事件特征约束的离散地理视频数据聚焦检索。

1. 实例实现的核心思想

该实例实现的核心思想是：①以基于"兼顾特征加密与关系优化的地理视频变化语义清洗"方法，从现有地理视频中提取的"规则映射到模型变化语义对象的地理视频镜头"为数据组织管理基本粒度。②以面向"事件感知驱动的地理视频数据多层次关联聚类"方法获得的地理视频镜头组为数据检索逻辑粒度；联合地理视频镜头所映射的"内容语义特征项和地理语义特征项"建立"多专题事件任务"和"特定专题多层次事件"的检索约束条件；基于原型系统提供的面向变化语义的检索接口实现面向多层次事件的离散地理视频聚焦检索。

2. 实验 1：事件聚焦检索的可实施性和有效性实验

1)实验设计

为了验证实例的可实施性和有效性，本节面向第 3 章方法流程论述中采用的"室内多路监控网地理视频实例数据"；在利用原型系统根据关联聚类方法对原始数据进行处理和聚类组织管理的基础上，基于原型系统提供的事件信息查询接口 QueryInner GeovideoEvent，面向事件层次 $e2$（可疑人员个体持续活动），对涉及不同摄像机时空离散的地理视频进行事件聚焦检索。图 5-23 展示了原型系统中面向事件的离散地理视频多层次关联检索运行流程[图 5-23(a)]和面向事件检索的有序地理视频镜头组主界面运行示例检索结果[图 5-23(b)]。

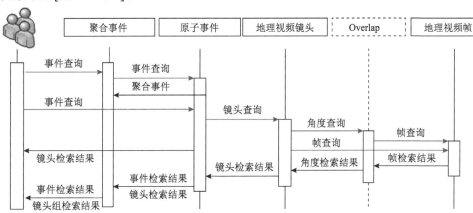

(a)面向事件的离散地理视频多层次关联检索运行流程图

(b)面向事件检索的有序地理视频镜头组主界面运行示例

图 5-23　事件特征约束的离散地理视频数据聚焦检索实施示意图

2）实验分析

实验表明，"面向时空变化的多层次地理视频语义关联模型"及基于模型的"变化内容感知的地理视频关联聚类方法"能支持事件特征约束的离散地理视频数据检索。基于原型系统实现的检索功能，在建库和检索接口支持下，将检索结果以有序地理视频镜头记录的形式显示在主界面中，在数据信息项显示的基础上，还可通过语义元数据查询每条数据记录的具体事件信息，并支持对信息内容的编辑更新以及通过视频播放窗口展示事件发展流程。

特别地，由于地理视频变化语义元数据将宏观的地理语义与微观的视频内容语义相结合，实现了地理视频内外场景的统一映射（如实例数据中地理视频帧与对应相机位置点、姿态及拍摄场景的视域面的映射，以及地理视频镜头组与行为轨迹线的映射），因此可以支持局域地理视频空间（如运行示例中的播放窗口）与全局监控场景空间（如运行示例中的地图窗口）的有机集成。

在实现基于事件特征检索地理视频的基础上，仍利用上述"室内多路监控网中 3 路地理视频实例数据"，继而设计以下三项面向检索结果的子实验，以进一步验证"变化语义感知的地理视频数据关联聚类方法"对地理视频数据约束检索的创新支持能力。

3. 实验 2：检索结果的事件内容聚焦性实验

1）实验设计

实验目的是验证聚类组织方法对检索结果中事件内容特征的聚焦作用。实验具体面向相同原始测试数据集并面向相同检索条件，分别基于语义关联的组织方法和现有常用组织方法进行检索；实验验证通过检索结果数据中"有效事件特征所占结果总帧数的比例"进行直观的对比分析实现，具体对比的两种组织粒度特征如下。

（1）组织粒度 1：采用现有以时长基准分割的整体地理视频数据块；

（2）组织粒度 2：采用聚类组织方法中规则映射到变化语义对象的地理视频镜头。

不同组织粒度下的基本数据信息如表 5-8 所示。

表 5-8　面向相同数据集/不同粒度特征的基本数据信息表

组织粒度	地理视频数据对象信息
1	6 段以指定时长截取的地理视频序列（每路摄像机对应 2 段）
2	5 个面向特征对象/行为过程对象提取的地理视频镜头组+4 段不包含变化特征的地理视频帧序列

三组检索条件下的检索结果对比如表 5-9 所示。

表 5-9　三组检索条件下的结果对比

实验组别	检索条件	组织粒度 1		组织粒度 2	
		数据对象个数	有效信息比例/%	数据对象个数	有效信息比例/%
1	可疑人员入侵	1	93	2	100
2	人员 1 的活动	3	44	4	78
3	人员 2 的活动	2	47	2	100

2) 实验分析

通过逐行对比实验结果，可见相比现有常用方法，聚类组织方法所采用的地理视频组织粒度具有面向事件特征的聚焦约束作用，能较大程度地避免涉案检索结果存在大量无关信息，提高检索结果中有效知识信息的价值密度，因此，有助于地理视频内容中事件特征的直观展示并提高对事件知识的理解效率。

4. 实验 3：检索结果的事件尺度适应性实验

1) 实验设计

实验目的是验证聚类组织方法的检索结果是否对不同尺度特征事件具有适应性。实验仍然具体面向相同原始测试数据集并面向相同检索条件，分别基于自适应组织方法和常用组织方法进行检索；实验验证通过比较各粒度实验组在不同事件层次特征的检索条件下的有效信息比例的差异性实现。

实验所面向的数据集及其基本粒度划分同实验 2；有效信息比例仍采用"有效事件特征所占结果总帧数的比例"指标。实验面向的事件层次特征依据关联聚类实例中所述：

(1) $e0$=可疑人员入侵/逃离；

(2) $e1$=可疑人员局部多视角监控区域中的活动；

(3) $e2$=可疑人员个体持续活动；

(4) $e3$=可疑人员间的协作活动。

四组分别对应事件 4 个特征层次检索条件下的结果对比如表 5-10。

表 5-10　事件特征层次检索条件下的结果对比

实验组别	检索条件	组织粒度 1		组织粒度 2	
		数据对象个数	有效信息比例/%	数据对象个数	有效信息比例/%
1	$e0$	1	93	2	100
2	$e1$	2	49	2	100
3	$e2$	4	45	5	87
4	$e3$	4	82	5	100

2) 实验分析

通过纵向对比实验结果中组织粒度 1 和组织粒度 2 在不同事件层次特征下的检索的有效信息比例，可见相比现有常用方法，事件聚类组织方法所采用的地理视频组织粒度在不同事件尺度的检索条件下保持相对平稳且高比例的有效信息比。因此，面向事件特征尺度自适应的检索结果提取特点得到验证。该特点也有助于支持面向环境中局域小尺度、阶段中尺度和全局大尺度下等复杂多尺度事件特征约束的有效检索。

5. 实验 4：检索结果的事件特征关联性实验

1) 实验设计

实验目的是验证聚类组织方法对检索结果的关联约束作用。实验具体在利用 "兼顾特征加密与关系优化的地理视频变化语义清洗"方法，从实例数据中提取"规则映射到模型变化语义对象的地理视频镜头"的基础上，利用原型系统的"地理视频数据对象入库接口 AddGeovideoStructure"，首先，设定以下两种建库方式。

(1)建库方式 1：直接以各个地理视频镜头入库；

(2)建库方式 2：在关联聚类后以各层次地理视频镜头组入库。

然后，分别对每种建库方式以数据集对象不同的排列顺序入库。之后，分别对建库结果以相同特征条件进行事件聚焦检索。最后，利用原型系统主界面查询结果窗口的有序排列特征，分别对比两种建库方式在不同入库顺序下的查询结果，一组典型对比结果如图 5-24 所示。

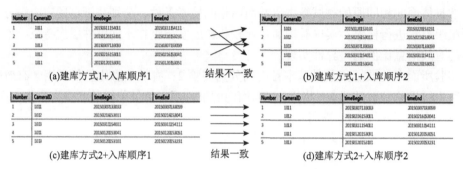

图 5-24　检索结果事件特征关联性实验示意图

2)实验分析

实验结果表明，对比不同入库顺序下的两种建库方式的查询结果，对于关联聚类后入库的地理视频数据，其检索结果的有序性不受数据入库顺序的影响，而直接以地理视频镜头入库的检索结果顺序则随着入库顺序的变化而改变。其差异存在的原因在于关联聚类的地理视频镜头组构建并保存了聚类内和聚类间的面向事件特征的有序关联关系，因此，在基于事件特征进行数据检索时，能反馈面向事件特征的有序性查询结果，也即验证了聚类组织方法对事件聚焦检索结果产生关联约束作用，该约束有助于发现、挖掘和理解地理视频数据中的事件特征。

5.4.3　实例的意义和价值分析

1. 自动事件探测实例实现的意义和价值

该实验案例实现的意义和价值在于：充分利用了对地理视频"多层次变化语义对象及对象关系"的建模结果，实现了专题事件特征的形式化表达。其不仅为从地理视频大数据中准确定义、发现和获取用户所需的数据提供支持，也为其在线计算和语义关联约束的高效组织检索策略的设计奠定基础。支持基于语义特征项定义事件的触发机制，有助于从人们认识事件变化语义特征的层面探测符合直观理解需求的安全事件。此外，对于在线探测到的事件，还有助于支持进一步实现网络监控数据的优化存储研究，即顾及以事件为核心的热点数据优化分布，将地理视频语义元数据智能地分布在多个服务器上，并基于事件的时空相关性维护统一的命名空间映像，进而采用分级聚集机制来组织地理视频数据。

2. 事件聚焦检索实例实现的意义和价值

该实验案例实现的意义和价值在于：充分利用了变化特征建模与面向地理视频件价值特征的聚类组织方法，从核心模型层面支持面向不同事件层次特征的多粒度结构地理视频数据的存储、检索和展示。基于原型系统的功能实现一种面向地理视频内容事件特征的关联检索核心机制。基于该机制可以建立面向不同事件理解任务的检索约束条件，灵活准确地从所建立的网络监控地理视频数据库中，根据事件的变化特征约束，快速准确地提取映射多层次事件特征的多粒度地理视频数据。该机制的实现有效克服了"传统以摄像机为单位的组织管理方式"因"涉案地理视频的时空范围从局部扩大到整体"而产生数据粒度与信息粒度不匹配的问题，支持地理视频数据对多层次事件信息尺度表达，有效避免了传统以"时长基准"或"固定场景背景基准"分割的整体数据块中大量的冗余信息，实现了高效的事件信息视图表达，从而有助于提高检索目标数据中事件信息的价值密度，进而有助于增强"基于监控数据的涉案信息准确理解与快速反应"的能力。

5.5　本 章 小 结

本章基于"面向变化的多层次地理视频语义关联模型"设计实现了视频 GIS 数据管理原型系统。该系统的创新性在于：从决定系统组织管理能力的核心数据模型和数据结构层面，为"监控网络环境多摄像机地理视频数据"提供了一种"面向变化语义"的新型组织管理模式，突破了现有地理视频管理系统缺乏"视频数据与监控场景地理空间要素的耦合交互能力"，存在"管理粒度单一、应用功能单一、检索方式单一"，难以实现"面向安防事件价值特征的地理视频组织与关联检索"的问题。

原型系统的设计与实现验证了地理视频大数据语义模型的可实施性和实用价值；基于原型系统设计的应用实例和综合实验分析，继而验证了"面向时空变化的多层次地理视频语义关联模型"和"内容变化感知的地理视频数据自适应关联聚类方法"对网络监控环境涉案地理视频数据组织管理与综合利用的创新价值。

第6章　总结与展望

地理视频是智慧城市和城市安全领域普适化、社会化的重要战略资源。公共安全监测与应急管理需求下的大规模视频监控网建设，使监控网络中的多路地理视频数据集呈现全局内容相关的大数据核心价值特征；发展地理视频大数据内容自适应的组织方法由此成为决定涉案数据快速整合与涉案信息高效理解的重大基础理论与科学问题。

本章在总结全书对上述基础理论与科学问题研究工作的基础上，凝练创新点，探讨可进一步思考的研究方向并提出值得发展的研究问题。

6.1　总　　结

针对"知识表达核心理论"和"分组聚集策略关键问题"，本书展开了以地理视频内容变化为核心特色的系统研究：首先，提出了"面向时空变化的多层次地理视频数据语义关联模型"；其次，基于模型要素表达，提出了"内容变化感知的地理视频数据自适应关联聚类方法"；再次，基于上述核心理论方法，面向具有数据特征典型性和领域应用代表性的室内公共安全监控数据，构建了专题语义模型并实施数据聚类组织；最后，基于核心理论方法设计，实现了视频 GIS 数据组织管理原型系统并结合室内监控专题实施了综合实验。主要贡献与结论如下：

(1)综合分析了联合地理视频内外场景的变化语义：具体从监控场景与监控环境联合作用的变化成因、外在表征到内在机制层次递进的变化特征、基于时间维的变化关联三个角度系统分析了地理视频内容的变化语义，归纳了各角度下的变化语义要素。在此基础上，根据人们解析、感知、理解视频内容变化层次递进的认知规律，分类总结了不同"变化成因"对理解监控场景动态演变的影响，以及不同层次"变化特征"对变化含义和变化关联性的表达能力。

对地理视频变化语义的归纳和分析为系统理解地理视频内容变化及面向变化的地理视频语义建模提供了基础参考框架。

(2)将地理视频的变化作为一种新的地理信息类型和知识建模对象，面向较高变化特征抽象层次的"变化过程"要素，提出了地理视频的语义建模层次：具体将公共安全监控场景变化过程涉及的载体、驱动力和领域呈现模式三个共性关键因素及其相互作用具体化为具有关联性的地理实体和场景、对象行为以及多层次事件对象，并依次抽象出相互关联的特征域、行为过程域和事件域；采用面向对象方法形式化定义各层次域对象，并详细论述各形式化元素的语义内涵。

面向变化的地理视频语义建模为地理视频数据提供了一个高效表征涉案知识的高

层语义视图，该视图在表达地理视频面向公共安全事件的数据特征和多视频间关联性的同时，避免了直接理解原始数据的冗繁细节，因而有助于对监控场景全生命周期多尺度危机事件的感知和理解，以及建立针对事件的监控视频组织与搜索任务的关联约束，为从地理视频大数据中准确定义、发现和获取用户所需的数据提供支持。

(3) 面向地理视频语义层次提出了地理视频的数据建模层次：具体将与"各层次语义对象"具有可解析映射关系的"地理视频数据结构"划分为对应"地理实体和场景—对象行为—多层次事件"，且由细到粗的"地理视频帧—地理视频镜头—地理视频镜头组"三个粒度层次；同样采用面向对象方法形式化定义各层次数据结构对象，并详细论述了各形式化元素的内涵。

对地理视频数据结构层次的划分实现了从原始视频流抽象出含有丰富语义信息的不同粒度地理视频数据，有利于降低信息维度，有助于提高理解复杂地理视频内容的效率，并能支持不同粒度层次的时空关联分析和决策。

(4) 在地理视频语义层次表达和数据粒度划分的基础上，结合传统 GIS 对象模型发展了多层次语义耦合关联的地理视频数据模型：具体从空间、时间、专题、尺度和属性维度实现了地理视频和地理空间对象面向变化语义的耦合集成表示。

语义耦合集成数据模型实现了多尺度、多视角、多时态的视频地理空间对象、视频特征、对象语义和时空过程的统一描述，实现了地理空间数据和地理视频数据对象的紧耦合表达。

(5) 在实现地理视频内容变化建模表达的基础上，系统分析了网络监控环境多摄像头地理视频区别于传统社会媒体视频数据价值的内容变化特征：具体从变化要素的时空非均衡分布、变化过程的时空多要素耦合、变化过程耦合的多尺度效应三个方面，系统归纳了综合分析网络环境多摄像头地理视频内容变化特征对数据聚类组织的影响和需求。

对网络监控环境多摄像头地理视频的内容变化特征的归纳和分析为聚类策略的设计提供了基本依据。

(6) 基于网络监控环境多摄像头地理视频的内容变化特征，提出了一种内容变化的多层次事件感知模型：具体在从事件和变化的关系角度分析现有事件概念、分类、共性要素及其与变化过程表达关系的基础上，定义了面向异常变化过程认知的事件概念；针对事件特征提出联合异常状态发现与异常过程理解的事件感知模型，定义了模型构建中事件层次感知测度与测度函数。

内容变化的多层次事件感知模型为基于事件感知模型的多概念层次聚类方法设计提供了理论支撑。

(7) 基于以上研究，提出一种事件感知驱动的地理视频数据多层次关联聚类方法：具体面向地理视频内容变化的事件感知，提出了基于语义元数据的地理视频多层次概念聚类策略，设计了适应网络监控环境多摄像头地理视频的内容变化特征的聚类算法流程。

关联聚类方法为网络监控环境多摄像头地理视频数据提供了一种多尺度复杂公共安全事件信息快速整合与高效知识理解的关联组织策略。

(8) 基于上述核心理论方法，面向具有数据特征典型性和领域应用代表性的室内公共安全监控数据构建了专题语义模型并实施数据聚类组织。

专题实例的实施验证了基础理论方法在领域应用的可行性。

(9)基于核心理论方法设计实现了视频 GIS 数据管理原型系统，具体详细论述了系统特色研发运行环境与核心数据结构、数据库表达结构和功能接口的设计；结合室内监控专题开展了事件自动探测与离散地理视频事件聚焦检索综合实验。

原型系统的设计与综合实验的开展进一步验证了理论方法的可实施性和实用价值，以及对网络监控环境涉案地理视频数据组织管理与综合利用的创新价值。

6.2　展　　望

智慧城市的大力建设与信息技术的蓬勃发展，使安防行业进入大数据时代跨越式发展时期。面向构成安防大数据核心数据内容的全局相关地理视频组织管理战略需求，利用地理空间的自相关特征，结合 GIS 对地理信息的表达与分析能力，发展支持关联约束检索与关联分析的地理视频自适应组织研究，突破关联机制与关联组织策略的基础性关键技术，因而其具有基础理论和专项应用的前瞻性。

本书针对该科学问题的核心模型、关键算法策略和典型实例应用开展了系统研究工作，其对于切实发挥地理视频大数据价值及进一步发展从数据到决策服务的监控网络建设及其深度应用具有重要意义。作为面向新机制的探索式研究，侧重于地理视频自身内容全局地理相关的开放式建模表达，并基于数据间的内容相似性与地理相关性设计了多摄像机离散地理视频数据层次定性、作用定向和特征定量的关联聚集策略。然而，考虑到单摄像机获取的地理视频内容受成像窗口时空局域性的影响，记录的是特征对象在特定地点或区域的短时行为过程，因而基于单摄像机的地理视频内容仅局限于解析局部异常变化对应的局域小尺度事件；网络监控环境下全局关联的多摄像头地理视频虽然有效扩展了监控时空窗口的整体范围，提供了记录多尺度复杂事件信息的地理视频数据集，但数据内容中的事件知识仍受到监控设备作用域普遍的离散和无重叠分布影响而存在大量信息盲区。

因此，为了支持对复杂事件发生发展过程的完整认知，并为面向不同层次事件信息的地理视频数据组织检索提供丰富的检索入口和正确的约束条件，发展面向事件信息盲区的地理视频关联语义增强方法，成为继"实现多摄像机离散地理视频数据层次定性、作用定向和特征定量的关联聚集"之后，"支持关联约束检索的地理视频组织研究"值得研究的又一关键问题。对于该问题，充分利用已知的内容变化信息及其与全局过程关系合理推断盲区中的变化过程，定量评价推断的准确性并理解其演化机理，成为发展地理视频关联语义增强方法的一种可行的研究思路。

此外，盲区问题还进一步产生对目前城市视频监控网布局合理性的研究需求。对于该问题，如何基于现有地理视频大数据的历史档案，针对警用与安防实践中已经侦破的案件信息，结合作案者心理活动的案件特征，对涉案地理视频内容进行统计和分析推理，从而建立对监控网络布设的评估体系，检验目前城市视频监控布局的合理性并为网络优化提供指导意见，也是值得本书研究进一步推进的着眼点。

参 考 文 献

曹建明. 2013. 最高人民检察院工作报告—第十二届全国人民代表大会第一次会议. 中华人民共和国最高人民检察院公报, (3): 1-14.

常军. 2011. 基于语义的视频内容检索中模糊不确定性问题研究. 武汉: 武汉大学.

陈光, 郑宏伟. 2017. 三维场景中无人机地理视频数据的集成方法. 地理与地理信息科学, 33(1): 40-43, 72.

陈军. 2012. 多维动态地理空间框架数据的构建. 地球信息科学学报, 4(1): 7-13.

陈利, 吕格莉, 潘正清. 2010. 流媒体视频存储服务器设计与研究. 计算机工程与设计, 31(4): 903-906.

陈贤明, 王小铭. 2007. 基于本体与 MPEG-7 视频语义描述模型. 华南师范大学学报(自然科学版), (2): 51-56.

陈新保. 2011. 基于对象、事件和过程的时空数据模型及其时变分析模型的研究. 长沙: 中南大学.

成勋. 2013. 面向人的移动行为建模技术研究. 绵阳: 中国工程物理研究院.

丁国祥, 吴仁炳, 张振亚, 等. 2005. 一种用于 MAM 的语义可扩展视频编目与检索方法. 中国图象图形学报, 10(8): 1036-1041.

窦丽莎. 2013. GPS 轨迹信息的语义挖掘. 淄博: 山东理工大学.

杜清运, 刘涛. 2007. 户外增强现实地理信息系统原型设计与实现. 武汉大学学报(信息科学版), 32(11): 1046-1049.

方帅. 2005. 计算机智能视频监控系统关键技术研究. 沈阳: 东北大学.

傅伯杰, 冷疏影, 宋长青. 2015. 新时期地理学的特征与任务. 地理科学, 35(8): 939-945.

丰江帆, 宋虎. 2014. 利用随机图语法的地理视频运动要素解析. 武汉大学学报(信息科学版), 39(2): 206-209.

高广宇. 2013. 影视视频结构解析及自动编目技术研究. 北京: 北京邮电大学.

高田, 杜军平, 王肃. 2011. 基于领域知识本体的突发事件演化. 中南大学学报(自然科学版), 42(1): 487-493.

高勇. 2010. 城市报警与监控系统建设迎来新起点——公安部下发《关于深入开展城市报警与监控系统应用工作的意见》. 中国安防, (6): 2-9.

龚俊, 柯胜男, 朱庆, 等. 2015. 一种集成 R 树, 哈希表和 B* 树的高效轨迹数据索引方法. 测绘学报, 44(5): 570-577.

郭华东, 王力哲, 陈方, 等. 2014. 科学大数据与数字地球. 科学通报, (12): 1047-1054.

韩志刚, 孔云峰, 秦奋, 等. 2013. 地理立体视频数据分析与模型设计. 地理与地理信息科学, 29(1): 1-7.

郝忠孝. 2011. 时空数据库新理论. 北京: 科学出版社.

何贝, 王贵锦, 沈永玲, 等. 2012. 结合地理参数的航拍视频实时拼接算法. 应用科学学报, 30(2): 151-157.

何娣. 2017. 基于语义的地理视频索引方法. 成都: 电子科技大学.

胡宏斌. 2000. 视频索引技术研究. 武汉水利电力大学(宜昌)学报, 22(4): 329-333.

胡明远. 2008. 基于语义的多层次三维动态房产模型及其应用研究. 武汉: 武汉大学.

黄波士, 陈福民, 史丰, 等. 2005. 视频内容结构化技术在视频编目系统中的应用 // 中国图象图形学学会. 第十二届全国图象图形学学术会议论文集. 北京: 清华大学出版社: 610-614.

孔云峰. 2010. 地理视频数据模型设计及网络视频 GIS 实现. 武汉大学学报(信息科学版), (2): 133-137.

李德仁, 胡庆武. 2007. 基于可量测实景影像的空间信息服务. 武汉大学学报(信息科学版), 32 (5): 377-380.

李德仁, 姚远, 邵振峰. 2014a. 智慧城市中的大数据. 武汉大学学报(信息科学版), 39(6): 631-640.

李德仁, 张良培, 夏桂松. 2014b. 遥感大数据自动分析与数据挖掘. 测绘学报, 43(12): 1211-1216.

李霖, 应申. 2005. 空间尺度基础性问题研究. 武汉大学学报(信息科学版), 30(3): 199-203.

李锋, 万刚, 蒋秉川, 等. 2018. 虚拟地理环境时空建模及其作战计划推演应用. 测绘学报, 47(8): 1072-1079.

李佳. 2018. 基于视频影像的地理场景全景立体图生成方法研究. 测绘学报, 47(12): 1695.

李强. 2010. 城市公共安全应急响应动态地理模拟研究. 北京: 清华大学.

李强, 顾朝林. 2015. 城市公共安全应急响应动态地理模拟研究. 中国科学: 地球科学, 45(3): 290-304.

李清泉, 李德仁. 2014. 大数据 GIS. 武汉大学学报(信息科学版), 39(6): 641-646.

李瑞峰, 王亮亮, 王珂. 2014. 人体动作行为识别研究综述. 模式识别与人工智能, 27(1): 35-48.

李小文, 曹春香, 张颢. 2009. 尺度问题研究进展. 遥感学报, 13(s1): 12-20.

李渊. 2007. 面向实际车道的三维道路网络模型及其应用研究. 武汉: 武汉大学.

李志俊. 2006. 新形势下公安经侦部门应如何加强与其他行政执法机关的办案协作. 公安理论与实践: 上海公安高等专科学校学报, 16(6): 42-45.

刘学军, 闾国年, 吴勇, 等. 2007. 侧面看世界-视频 GIS 框架综述 // 中国地理信息系统协会 GIS 理论与方法专业委员会. 2007 年学术研讨会暨第 2 届地理元胞自动机和应用研讨会论文集: 205-211.

刘振东, 戴昭鑫, 李成名, 等. 2020. 三维 GIS 场景与多路视频融合的对象快速确定法. 测绘学报, 49(5): 632-643.

刘宗田, 黄美丽, 周文, 等. 2009. 面向事件的本体研究. 计算机科学, 36(11): 189-192.

陆泉, 韩阳, 陈静. 2014. 图像语义标注方法及其语义鸿沟问题研究进展. 图书馆学研究, (10): 1-5.

吕金娜, 周兵, 张志军. 2009. 嵌入式数字视频监控系统通用存储与检索方案. 计算机工程与设计, (21): 4864-4867.

罗霄月, 王艳慧, 张兴国. 2022. 视频与 GIS 协同的交通违规行为分析方法. 武汉大学学报(信息科学版): 1-12.

马凯. 2009. 落实科学发展观 推进应急管理工作. 求是, 3(8): 11.

美国国家科学院研究理事会. 2011. 理解正在变化的星球: 地理科学的战略方向. 刘毅, 刘卫东, 等译. 北京: 科学出版社.

牛文元, 刘怡君. 2012. 2012 中国新型城市化报告. 北京: 科学出版社.

舒红. 2007. Gail Langran 时空数据模型的统一. 武汉大学学报(信息科学版), 32(8): 723-729.

宋宏权. 2013. 区域人群状态与行为的时空感知方法. 南京: 南京师范大学.

宋宏权, 刘学军, 闾国年, 等. 2012. 基于视频的地理场景增强表达研究. 地理与地理信息科学, 28(5): 6-9.

宋宁远, 王晓光. 2015. 面向数字人文的图像语义标注工具调查研究. 数字图书馆论坛, (131): 7-13.

孙俊, 潘玉君, 汤茂林, 等. 2013. 地理学发展的战略方向探讨. 地理学报, 68(2): 268-283.

孙新博, 李英成, 王凤, 等. 2018. 无人机地理信息视频系统的设计与实现. 测绘科学, 43(10): 131-136, 156.

王飞跃, 解愉嘉, 毛波. 2021. 顾及相机可观测域的地理场景多相机视频浓缩. 武汉大学学报(信息科学版), 46(4): 595-600.

王磊, 周鑫鑫, 吴长彬. 2021. 无人机实时视频与三维地理场景融合. 测绘通报, (12): 33-37, 43.

王美珍, 刘学军, 孙开新, 等. 2019. 最优视频子集与视频时空检索. 计算机学报, 42(9): 2004-2023.

王晓峰, 张大鹏, 王绯, 等.2010. 基于语义轨迹的视频事件探测. 计算机学报, (10): 009.

王煜, 周立柱, 邢春晓.2007. 视频语义模型及评价准则. 计算机学报, 30(3): 337-351.

吴波.2005. 自适应三角形约束下的立体影像可靠匹配方法. 武汉: 武汉大学.

向隆刚, 吴涛, 龚健雅. 2014. 面向地理空间信息的轨迹模型及时空模式查询. 测绘学报, 43(9): 982-988.

向南.2009. 复杂背景下移动人体实时分割与动作捕获方法研究. 重庆: 重庆邮电大学.

解愉嘉, 刘学军. 2017. 顾及轨迹地理方向的监控视频浓缩方法. 武汉大学学报(信息科学版), 42(1): 70-76.

谢建国, 陈松乔.2002. 视频存储技术发展综述. 计算机工程与应用, 38(9): 17-19.

谢炯, 刘仁义, 刘南, 等. 2007. 一种时空过程的梯形分级描述框架及其建模实例. 测绘学报, 36(3): 321-328.

谢炯, 薛存金, 张丰. 2011. 时态 GIS 的面向过程语义与 HAS 表达框架. 地理与地理信息科学, 27(4): 1-7.

谢毓湘, 栾悉道, 吴玲达, 等. 2004. 层次化新闻视频处理框架的设计与实现. 国防科技大学学报, 26(5): 99-103.

徐丙立, 荆涛, 林珲, 等. 2017. 利用 CryEngine 构建虚拟地理环境. 武汉大学学报(信息科学版), 42(1): 28-34.

徐志胜, 冯凯, 白国强, 等. 2004. 关于城市公共安全可持续发展理论的初步研究. 中国安全科学学报, 14(1): 3-6.

许源.2006. 视频语义特征提取算法研究. 上海: 复旦大学.

薛存金, 谢炯.2010. 时空数据模型的研究现状与展望. 地理与地理信息科学, 26(1): 1-6.

薛存金, 周成虎, 苏奋振, 等.2010. 面向过程的时空数据模型研究. 测绘学报, 39(1): 95-101.

杨朝阳, 刘永坚.2013. 智能视频内容构建及无线投送系统的设计. 武汉理工大学学报(信息与管理工程版), 35(4): 500-502.

杨戈.2021. 基于视频分析的区域人群密度地理分布估计. 深圳: 中国科学院大学(中国科学院深圳先进技术研究院).

杨淑珍, 赵源.2010. 公安部力推城市报警与监控系统深入应用. 中国公共安全: 政府版, (3): 27-29.

游雄, 田江鹏.2020. 面向无人自主平台的战场地理环境模型研究. 系统仿真学报, 32(9): 1645-1653.

余卫宇, 谢胜利, 余英林, 等. 2005. 语义视频检索的现状和研究进展. 计算机应用研究, 5(7): 1-7.

袁冠.2012 移动对象轨迹数据挖掘方法研究. 北京: 中国矿业大学.

袁冠, 夏士雄, 张磊, 等. 2011. 基于结构相似度的轨迹聚类算法. 通信学报, 32(9): 103-110.

张春菊.2015. 面向中文文本的事件时空与属性信息解析方法研究. 测绘学报, 44(5): 590-590.

张娟, 毛晓波, 陈铁军.2009. 运动目标跟踪算法研究综述. 计算机应用研究, 26(12): 4407-4410.

张旭, 郝向阳, 李建胜, 等. 2019. 监控视频中动态目标与地理空间信息的融合与可视化方法. 测绘学报, 48(11): 1415-1423.

张璇.2007. 城市流动人口的犯罪思考. 成都: 四川大学.

赵君峤.2013. 复杂三维建筑物模型的多细节层次自动简化方法. 测绘学报, 42(1): 156.

郑宇.2013. 城市计算与大数据. 中国计算机学会通讯, 29(8): 8-18.

周楠, 曹金山, 肖蕾, 等. 2021. 带有地理编码的光学视频卫星物方稳像方法. 武汉大学学报(信息科学版): 1-15.

朱庆, 李晓明, 张叶廷, 等. 2011. 一种高效的三维 GIS 数据库引擎设计与实现. 武汉大学学报(信息科学版), 36(2): 127-132.

朱欣焰, 周成虎, 呙维, 等. 2015. 全息位置地图概念内涵及其关键技术初探. 武汉大学学报(信息科学版), 40(3): 285-295.

朱旭东. 2011. 基于语义主题模型的人体异常行为识别研究. 西安: 西安电子科技大学.

朱杰, 张宏军. 2020. 面向仿真事件的战场地理环境时空过程建模. 武汉大学学报(信息科学版), 45(9): 1367-1377, 1437.

朱欣焰, 周成虎, 呙维, 等. 2015. 全息位置地图概念内涵及其关键技术初探. 武汉大学学报(信息科学版), 40(3): 285-295.

赵维淞, 钱建国, 汤圣君, 等. 2020. 一种移动视频与地理场景的融合方法. 测绘通报, (12): 11-16.

张兴国, 周英迪, 罗霄月, 等. 2022. 多摄像机协同的室内实时地图构建方法. 测绘科学, 47(1): 188-195.

CCF Multimedia Technology Committee. 2013. 多媒体技术研究: 2012 多媒体数据索引与检索技术研究进展. 中国图象图形学报, 18(11): 1-7.

Abbasi A, Sarker S, Chiang R H L. 2016. Big Data research in information systems: toward an inclusive research agenda. Journal of the Association for Information Systems, 17(2): 32.

Andrew C, Jacqueline W C, Jayakrishnan A, et al. 2018. Same space-different perspectives: comparative analysis of geographic context through sketch maps and spatial video geonarratives. International Journal of Geographical Information Science, 33(6): 1224-1250.

Agius H W, Angelides M C. 2001. Modeling content for semantic-level querying of multimedia. Multimedia Tools and Applications, 15(1): 5-37.

Ai T, Cheng J. 2005. Key issues of multi-scale representation of spatial data. Editorial Board of Geomatics and Information Science of Wuhan University, 30(5): 377-382.

Aleksandar M, Dejan R, Aleksandar D, et al. 2016. Integration of GIS and video surveillance. International Journal of Geographical Information Science, 30(10): 2089-2107.

Armstrong K. 2014. Big data: a revolution that will transform how we live, work, and think. Information, Communication & Society, 17(10): 1300-1302.

Baber C, Smith P, Butler M, et al. 2009. Mobile technology for crime scene examination. International Journal of Human-Computer Studies, 67(5): 464-474.

Baskurt K B, Samet R. 2019. Video synopsis: a survey. Computer Vision and Image Understanding, 181: 26-38.

Bennett J. 2002. What events are // Casati R, Varzi A C. Events. Aldershot: Dartmouth: 137-151.

Berry J K. 2000. Capture" Where" and" When" on video-based GIS. GeoWorld, 13: 26-27.

Bertini M, Del Bimbo A, Pala P. 2002. Indexing for reuse of TV news shots. Pattern Recognition, 35(3): 581-591.

Bloehdorn S, Petridis K, Saathoff C, et al. 2005. Semantic Annotation of Images and Videos for Multimedia Analysis. The Semantic Web: Research and Applications. Berlin, Heidelberg: Springer.

Bouthemy P, Gelgon M, Ganansia F. 1999. A unified approach to shot change detection and camera motion characterization. Circuits and Systems for Video Technology, IEEE Transactions on, 9(7): 1030-1044.

Bradski G R. 1998. Computer vision face tracking for use in a perceptual user interface. Intel Technical Journal, (Q2): 1-15.

Cai Y, Lu Y, Kim S H, et al. 2015. Gift: a geospatial image and video filtering tool for computer vision applications with geo-tagged mobile videos // Multimedia & Expo Workshops (ICMEW). Turin: 2015 IEEE International Conference on IEEE: 1-6.

Chen M, Lv G, Zhou C, et al. 2021. Geographic modeling and simulation systems for geographic research in the new era: some thoughts on their development and construction. Science China Earth Sciences, 64(8): 1207-1223.

Casati R, Varzi A C. 2008. Event concepts // Shipley T F, Zacks J. Understanding Events: From Perception to Action. New York: Oxford University Press.

Casati R. 2005. Commonsense, philosophical and theoretical notions of an object: some methodological problems. The Monist, 88(4): 571-599.

Caudle D E, Vitt J L. 2015. Geo-location video archive system and method. U. S. Patent Application, 9: 196-307.

Chang J. 2003. Event structure and argument linking in Chinese. Language and Linguistics, 4(2): 317-351.

Chen D, Wang L, Ouyang G, et al. 2011. Massively parallel neural signal processing on a many-core platform. Computing in Science & Engineering, 13(6): 42-51.

Chiang C C, Yang H F. 2015. Quick browsing and retrieval for surveillance videos. Multimedia Tools and Applications, 74(9): 2861-2877.

Croft W. 1998. Event structure in argument linking. The Projection of Arguments: Lexical and Compositional Factors, (8): 21-63.

Christel M G, Olligschlaeger A M, Huang C. 2000. Interactive maps for a digital video library. MultiMedia, IEEE, 7(1): 60-67.

Cukier K, Mayer-Schoenberger V. 2013. Rise of Big Data: how it's changing the way we think about the world. Foreign Affair, (92): 28.

Davidson D. 2001. Essays on Actions and Events: Philosophical Essays. New York: Oxford University Press.

Devaraju A, Kuhn W, Renschler C S. 2015. A formal model to infer geographic events from sensor observations. International Journal of Geographical Information Science, 29(1): 1-27.

Du D H C, Lee Y J. 1999. Scalable server and storage architectures for video streaming // ICMCS. Florence: IEEE: 62-67.

Feng S, Liao S, Yuan Z, et al. 2010. Online principal background selection for video synopsis // 2010 20th International Conference on Pattern Recognition. Istanbul: IEEE: 17-20.

Flickner M, Sawhney H, Niblack W, et al. 1995. Query by image and video content: the QBIC system. Computer, 28(9): 23-32.

Frank A U. 2001. Socio-economic units: their life and motion. Life and Motion of Socio-Economic Units. GISDATA, 8: 21-34.

Fu W, Wang J, Zhu X, et al. 2011. Video reshuffling with narratives toward effective video browsing // 2011 Sixth International Conference on Image and Graphics. Hefei: IEEE: 821-826.

Fu Y, Guo Y, Zhu Y, et al. 2010. Multi-view video summarization. IEEE Transactions on Multimedia, 12(7): 717-729.

Gargi U, Kasturi R, Strayer S H. 2000. Performance characterization of video-shot-change detection methods. Circuits and Systems for Video Technology, IEEE Transactions on, 10(1): 1-13.

Goodchild M F, Quattrochi D A. 1997. Scale, multiscaling, remote sensing, and GIS. Scale in Remote Sensing and GIS, 406.

Goodchild M, Haining R, Wise S. 1992. Integrating GIS and spatial data analysis: problems and possibilities. International Journal of Geographical Information Systems, 6(5): 407-423.

Haan G, Piguillet H, Post F. 2010. Spatial navigation for context-aware video surveillance. IEEE Computer Graphics and Applications, (5): 20-31.

Hatzivassiloglou V, Filatova E. 2003. Domain-independent detection, extraction, and labeling of atomic events // Proceedings of the Fourth International Conference on Recent Advances in Natural Language Processing (RANLP-2003). New York: Columbia University.

Hauptmann A, Yan R, Lin W H, et al. 2007. Can high-level concepts fill the semantic gap in video retrieval: a case study with broadcast news. Multimedia, IEEE Transactions on, 9(5): 958-966.

He Y, Gao C, Sang N, et al. 2017. Graph coloring based surveillance video synopsis. Neurocomputing, 225:

64-79.

Helbing D. 2013. Globally networked Risks and how to respond. Nature, 497(7447): 51-59.

Heyer L J, Kruglyak S, Yooseph S. 1999. Exploring expression data: identification and analysis of coexpressed genes. Genome Research, 9(11): 1106-1115.

Hornsby K, Egenhofer M J. 2000. Identity-based change: a foundation for spatio-temporal knowledge representation. International Journal of Geographical Information Science, 14(3): 207-224.

Hu Z, Tang G, Lu G. 2014. A new geographical language: a perspective of GIS. Journal of Geographical Sciences, 24(3): 560-576.

Hwang T H, Choi K H, Joo I H, et al. 2003. MPEG-7 metadata for video-based GIS applications // Geoscience and Remote Sensing Symposium, 2003. IGARSS'03. Proceedings. 2003 IEEE International, 6: 3641-3643.

Jian H, Fan X, Liu J, et al. 2019. A quaternion-based piecewise 3D modeling method for indoor path networks. ISPRS International Journal of Geo-Information, 8(2): 89.

Kasamwattanarote S, Cooharojananone N, Satoh S, et al. 2010. Real time tunnel based video summarization using direct shift collision detection // Pacific-Rim Conference on Multimedia. Berlin, Heidelberg: Springer: 136-147.

Kim K H, Kim S S, Lee S H, et al. 2003a. The interactive Geographic Video // Geoscience and Remote Sensing Symposium, 2003. IGARSS'03. Proceedings. 2003 IEEE International. IEEE, (1): 59-61.

Kim K H, Kim S S, Lee S H, et al. 2003b. GeoVideo: the video geographic information system as a first step toward MediaGIS. ASPRS, 2003: 1-6.

Kim S H, Arslan Ay S, Zimmermann R. 2010. Design and implementation of geo-tagged video search framework. Journal of Visual Communication and Image Representation, 21(8): 773-786.

Klamma R, Spaniol M, Cao Y, et al. 2006. Pattern-based cross media social network analysis for technology enhanced learning in Europe // Innovative Approaches for Learning and Knowledge Sharing. Berlin Heidelberg: Springer: 242-256.

Koh J L, Lee C S, Chen A L P. 1999. Semantic video model for content-based retrieval // Multimedia Computing and Systems, 1999. IEEE International Conference, 2: 472-478.

Kompatsiaris Y, Hobson P. 2008. Semantic Multimedia and Ontologies. London, UK: Springer-Verlag Limited.

Kong Y, Liu X. 2011. A web-based geographic hypermedia system: data model, system design and prototype applications. Geo-Spatial Information Science, 14(4): 294-302.

Kushwaha A K S, Srivastava R. 2015. Automatic moving object segmentation methods under varying illumination conditions for video data: comparative study, and an improved method. Multimedia Tools and Applications, 75: 16209-16264.

Kwan M P, Lee J. 2005. Emergency response after 9/11: the potential of real-time 3D GIS for quick emergency response in micro-spatial environments. Computers, Environment and Urban Systems, 29(2): 93-113.

Labrinidis A, Jagadish H V. 2012. Challenges and opportunities with big data. Proceedings of the VLDB Endowment, 5(12): 2032-2033.

Lew M S, Sebe N, Djeraba C, et al. 2006. Content-based multimedia information retrieval: state of the art and challenges. ACM Transactions on Multimedia Computing, Communications, and Applications (TOMCCAP), 2(1): 1-19.

Lewis P, Fotheringham S, Winstanley A. 2011. Spatial video and GIS. International Journal of Geographical Information Science, 25(5): 697-716.

Li C, Wu Y T, Yu S S, et al. 2009. Motion-focusing key frame extraction and video summarization for lane surveillance system // 2009 16th IEEE International Conference on Image Processing (ICIP). Cario: IEEE: 4329-4332.

Lin C H, Lee A H C, Chen A L P. 2002. A semantic model for video description and retrieval // Advances in Multimedia Information Processing-PCM 2002. Berlin, Heidelberg: Springer: 183-190.

Lindsay P H, Norman D A. 2013. Human Information Processing: An Introduction to Psychology. SanDiego: Academic Press.

Lin H, Chen M, Lu G, et al. 2013. Virtual geographic environments (VGEs): a new generation of geographic analysis tool. Earth-Science Reviews, 126: 74-84.

Li S, Li W, Hu D. 2019. Research on monitoring location model based on geo-video semantics. Abstracts of the ICA, 1: 1-2.

Lin L, Lin W, Xiao W, et al. 2017. An optimized video synopsis algorithm and its distributed processing model. Soft Computing, 21 (4): 935-947.

Lippman A. 1980. Movie-maps: an application of the optical videodisc to computer graphics. ACM SIGGRAPH Computer Graphics, 14 (3): 32-42.

Liu C, Fan K, Yang Z, et al. 2014. A distributed video share system based on Hadoop // Cloud Computing and Intelligence Systems (CCIS), 2014 IEEE 3rd International Conference on. IEEE: 587-590.

Lloyd C D. 2014. Exploring Spatial Scale in Geography. New York: John Wiley & Sons.

Mahapatra A, Sa P K, Majhi B, et al. 2016. MVS: a multi-view video synopsis framework. Signal Processing: Image Communication, 42: 31-44.

Manyika J, Chui M, Brown B, et al. 2011. Big data: the next frontier for innovation, competition, and productivity. McKinsey Global Institute, (5): 1-13.

Mehboob F, Abbas M, Rehman S, et al. 2017. Glyph-based video visualization on Google Map for surveillance in smart cities. EURASIP Journal on Image and Video Processing, (1): 1-16.

Miller H J, Goodchild M F. 2014. Data-driven geography. GeoJournal, 80: 449-461.

Navarrete T. 2006. Semantic Integration of Thematic Geographic Information in a Multimedia Context. Barcelona: Universitat Pompeu Fabra.

Negroponte N. 1996. Being Digital. Random House Digital, Inc.

Nelson K, Gruendel J. 1986. Event knowledge: structure and function in development. Lawrence Erlbaum Associates, 1(4): 363-381.

Nie Y, Xiao C, Sun H, et al. 2012. Compact video synopsis via global spatiotemporal optimization. IEEE Transactions On Visualization And Computer Graphics, 19 (10): 1664-1676.

Nobre E M N, Câmara A S. 2002. Spatial video // Multimedia 2001. Springer Vienna: 177-188.

O'Connor N E, Duffy T, Ferguson P, et al. 2008. A content-based retrieval system for UAV-like video and associated metadata // SPIE Defense and Security Symposium. International Society for Optics and Photonics.

Olawale B O, Chatwin C R, Young R C D, et al. 2015. A four-step ortho-rectification procedure for geo-referencing video streams from a low-cost UAV. International Journal of Computer, Electrical, Automation, Control and Information Engineering, 9 (8): 1445-1452.

Openshaw S, Wymer C, Charlton M. 1986. A geographical information and mapping system for the BBC Domesday optical discs. Transactions of the Institute of British Geographers, 11(3): 296-304.

Pianesi F, Varzi A C. 1996. Events, topology and temporal relations. The Monist, 79 (1): 89-116.

Pan C, Chen Y, Wang G. 2016. Virtual-real fusion with dynamic scene from videos // 2016 International Conference on Cyberworlds (CW). Chongqing: IEEE: 65-72.

Lewis Q W, Park E. 2018. Volunteered geographic videos in physical geography: data mining from YouTube. Annals of the American Association of Geographers, 108 (1) : 52-70.

Pissinou N, Radev I, Makki K. 2001. Spatio-temporal modeling in video and multimedia Geographic information systems. GeoInformatica, 5 (4) : 375-409.

Ren W, Singh S, Singh M, et al. 2009. State-of-the-art on spatio-temporal information-based video retrieval. Pattern Recognition, 42 (2) : 267-282.

Roshannejad A A, Kainz W. 1995. Handling identities in spatio-temporal databases // ACSM/ASPRS Annual Convention & Exposition Technical Papers. Bethesda: ACSM/ASPRS, (4) : 119-126.

Ra M, Kim W Y. 2018. Parallelized tube rearrangement algorithm for online video synopsis. IEEE Signal Processing Letters, 25 (8) : 1186-1190.

Rui Y, Huang T S, Chang S F. 1999. Image retrieval: current techniques, promising directions, and open issues. Journal of Visual Communication and Image Representation, 10 (1) : 39-62.

Shopen T. 1985. Language Typology and Syntactic Description: Grammatical Categories and the Lexicon. Cambridge: Cambridge University Press.

Shkundalov D, Vilutiene T. 2021. Bibliometric analysis of building information modeling, geographic information systems and web environment integration. Automation in Construction, 128: 103757.

Sotnykova A, Vangenot C, Cullot N, et al. 2005. Semantic mappings in description logics for spatio-temporal data-base schema integration. Journal on Data Semantics II, 6 (3) : 143-167.

Sun L, Ai H, Lao S. 2013. The dynamic VideoBook: a hierarchical summarization for surveillance video // 2013 IEEE International Conference on Image Processing. IEEE: 3963-3966.

Shen L, Hong R, Zhang H, et al. 2019. Video retrieval with similarity-preserving deep temporal hashing. ACM Transactions on Multimedia Computing, Communications, and Applications (TOMM), 15 (4) : 1-16.

Stauffer C, Grimson E. 2001. Tracking-based Automatic Object Recognition. Cambridge: Artificial Intelligence Laboratory, Massachusetts Institute of Technology.

Stefanakis E, Peterson M P. 2006. Geographic Hypermedia. Berlin, Heidelberg: Springer.

USA National Research Council. 2010. Understanding the changing planet. Washington DC: The National Academies Press.

Uglješa Stankov, et al. 2019. Shared aerial drone videos-prospects and problems for volunteered geographic information research. Open Geosciences, 11 (1) : 462-470.

von Kutschera F. 1993. Sebastian's strolls. Grazer Philosophische Studien, 45: 75-88.

Voudouris V. 2010. Towards a unifying formalization of geographic representation: the object-field model with uncertainty and semantics. International Journal of Geographical Information Science, 24 (12) : 1811-1828.

Wu C, Zhu Q, Zhang Y, et al. 2015. A hybrid spatio-temporal data organization method for real-time GIS databases. ISPRS International Journal of Geo-Information 2015.

Wu Z, Jiang Y G, Wang J, et al. 2014. Exploring inter-feature and inter-class relationships with deep neural networks for video classification // Proceedings of the ACM International Conference on Multimedia. ACM: 167-176.

Wojke N, Bewley A, Paulus D. 2017. Simple online and realtime tracking with a deep association metric // 2017 IEEE International Conference on Image Processing (ICIP). Phoenix: IEEE: 3645-3649.

Wang S, Wang Z, Hu R. 2013. Surveillance video synopsis in the compressed domain for fast video browsing. Journal of Visual Communication and Image Representation, 24 (8) : 1431-1442.

Wang S, Yang J, Zhao Y, et al. 2011. A surveillance video analysis and storage scheme for scalable synopsis browsing // 2011 IEEE International Conference on Computer Vision Workshops (ICCV Workshops). Barcelona: IEEE: 1947-1954.

Wang X. 2013. Intelligent multi-camera video surveillance: a review. Pattern Recognition Letters, 34(1): 3-19.

Wu C, Zhu Q, Zhang Y, et al. 2018. Movement-oriented objectified organization and retrieval approach for heterogeneous GeoVideo data. ISPRS International Journal of Geo-Information, 7(7): 255.

Wang S, Liu H, Xie D, et al. 2012. A novel scheme to code object flags for video synopsis// Visual Communications and Image Processing. San Diego: IEEE: 1-5.

Xu W, Zhu Q, Zhang Y, et al. 2013. Real-time GIS and its application in indoor fire disaster. ISPRS-Int. Arch. Photogram. Rem. Sens. Spatial Inform, 1: 121-127.

Xue W, Zhang Y, Yu Y, et al. 2016. The live service of video geo-information // 2015 ISPRS International Conference on Computer Vision in Remote Sensing. Xiamen: International Society for Optics and Photonics.

Xiu W, Gao Z, Liang W, et al. 2018. Information management and target searching in massive urban video based on video-GIS // 2018 8th International Conference on Electronics Information and Emergency Communication (ICEIEC). Beijing: IEEE: 228-232.

Xiao X I E. 2016. A semantics-aware self-adaptive associated organization method of GeoVideo Big Data. Acta Geodaetica et Cartographica Sinica, 45(10): 1260.

Yin Y, Yu Y, Zimmermann R. 2015. On generating content-oriented geo features for sensor-rich outdoor video search. Multimedia, IEEE Transactions on, 17(10): 1760-1772.

Yi J, Du Y, Liang F, et al. 2014. A representation framework for studying spatiotemporal changes and interactions of dynamic, geographic phenomena. International Journal of Geographical Information Science, 28(5): 1010-1027.

Yuan M. 1999. Use of a Three-domain representation to enhance GIS support for complex spatiotemporal queries. Transactions in GIS, 3(2): 137-159.

Zacks J M, Tversky B. 2001. Event structure in perception and conception. Psychological Bulletin, 127(1): 3.

Zhang Y, Zimmermann R. 2012. DVS: a dynamic multi-video summarization system of sensor-rich videos in geo-space // Proceedings of the 20th ACM international Conference on Multimedia. ACM: 1317-1318.

Zhao G, Zhang M, Li T, et al. 2015a. City recorder: virtual city tour using geo-referenced videos // Information Reuse and Integration (IRI). San Francisco: 2015 IEEE International Conference on IEEE: 281-286.

Zhao G, Zhang M, Li T, et al. 2015b. Moving video mapper and city recorder with geo-referenced videos//Web Information Systems Engineering-WISE 2015. Singapore: Springer International Publishing: 324-331.

Zhu X, Elmagarmid A K, Xue X, et al. 2005. InsightVideo: toward hierarchical video content organization for efficient browsing, summarization and retrieval. Multimedia, IEEE Transactions on, 7(4): 648-666.

Zhong R, Hu R, Wang Z, et al. 2014. Fast synopsis for moving objects using compressed video. IEEE Signal Processing Letters, 21(7): 834-838.

Zhu J, Liao S, Li S Z. 2015. Multicamera joint video synopsis. IEEE Transactions on Circuits and Systems for Video Technology, 26(6): 1058-1069.

Zhou Y, Wang Z, He D. 2016. Spatial-temporal reasoning of Geovideo data based on ontology//2016 IEEE International Geoscience and Remote Sensing Symposium (IGARSS). Beijing: 2016 IEEE, 4470-4473.

Zhang F, Xu Y, Chou J. 2016. A novel petri nets-based modeling method for the interaction between the sensor and the geographic environment in emerging sensor networks. Sensors, 16(10): 1571.